中等职业学校规划教材

塑料模具结构与制造

陈 为 黄元勤 主编

化学工业出版社

·北京·

本书讲述了塑料及其制品的基本知识，注塑模具、压缩模具、压注模具、挤出模具、中空吹塑模具的结构与工艺等内容，并与企业生产典型实例结合，实用性强。书中配有模具拆装、调试、测绘等实训课题，可供学习参考；还配有注塑模具设计与制造全程实例，包括分析制件、确定工艺、确定模具结构、选择模架、估算成本、签订合同、绘制模具总装图与零件图、模具制造等，有助于了解模具设计制造生产实际。另外书中每章所配习题大多来自企业生产实际案例，具有技术性和拓展性。

本书可作为中等职业学校教材和培训教材，还可供高职高专院校和相关技术人员参考。

图书在版编目（CIP）数据

塑料模具结构与制造/陈为，黄元勤主编．—北京：化学工业出版社，2008.2（2023.9重印）
中等职业学校规划教材
ISBN 978-7-122-02047-5

Ⅰ．塑…　Ⅱ．①陈…②黄…　Ⅲ．①塑料模具-结构-专业学校-教材②塑料模具-制模工艺-专业学校-教材
Ⅳ．TQ320.5

中国版本图书馆CIP数据核字（2008）第014296号

责任编辑：韩庆利　　　　装帧设计：史利平
责任校对：陶燕华

出版发行：化学工业出版社（北京市东城区青年湖南街13号　邮政编码100011）
印　　装：北京虎彩文化传播有限公司
787mm×1092mm　1/16　印张12¾　字数320千字　　2023年9月北京第1版第7次印刷

购书咨询：010-64518888　　售后服务：010-64518899
网　　址：http://www.cip.com.cn
凡购买本书，如有缺损质量问题，本社销售中心负责调换。

定　　价：32.00元

前　言

本书是一本实用性的教材，面向中等职业学校模具设计与制造、机械制造及数控加工等专业的学生，以及在生产一线从事塑料模具设计和塑料模具制造等相关技术人员。

其主要特色如下。

(1) 按一体化教学的需要，合理地编排教材内容，增加了大量的模具实例，特别是书中引用了20多套典型塑料模具详细的结构与制造技术，能够充分培养学生的应用能力。

(2) 根据模具专业实践性强的特点，为贴合职业类院校学生的文化理论薄弱的实际，本书相关章节删减了高深理论的讲述与计算，突出理论的够用性、适用性与技术的实用性、操作性。

用大量图例与精简说明讲述塑料制品的结构工艺性与塑料模具结构，以课题指导串联模具测绘（含模具CAD）以及模具制造等内容，以求系统地培养学生塑料模具的结构与塑料模具制造两方面的能力。

(3) 每章后均配有练习和思考题，大部分思考题是模具企业的实际生产案例，技术含量较高，打破了思考练习中尽是名词解释与问答等老一套做法。在第二章与第五章练习和思考题后还特别编写了案例式的测试题，让学习者完成后必大有收获。

书中带*号内容，为选学内容。

本书由陈为、黄元勤主编，郑平平、陆元三、欧阳波仪、龙满秀和谢玉书等参加了本书的编写。在本书的编写过程中得到了广东省工商技工学校吴悦钦、颜思廷、曲永珊、张卫平、唐绍同、麻庆华等的鼎力相助。另外，还得到了有关模具企业和模具技术人员的大力支持。

由于编者水平所限，书中难免存在不妥之处，恳请广大读者提出宝贵意见。

编　者

2008年1月

目　录

第一章　塑料及制品基本知识

第一节　塑料的组成及分类

一、塑料的主要成分

塑料一般由树脂和添加剂组成，树脂在塑料中起决定性作用。添加剂对塑料也有非常重要的影响。有些塑料（如聚四氟乙烯）在树脂中不加任何添加剂，树脂就是塑料。但大多数塑料若不加添加剂，就没有实用价值。

可以根据塑料的不同用途和不同的性能要求，适当地在树脂中加入一定量的添加剂，来获取某种性能的塑料。

（一）树脂

树脂属于高分子化合物，称为高聚物，是塑料中主要的、必不可少的成分。它决定塑料的类型，影响塑料的基本性能。

树脂可分为天然树脂和合成树脂两种。天然树脂有的是从树木和昆虫中分泌出来的。合成树脂是用人工合成的方法按天然树脂的分子结构制成的树脂，在生产中，一般采用合成树脂。

（二）添加剂

常见的添加剂主要有填充剂、增塑剂、着色剂、润滑剂、稳定剂等。此外还有阻燃剂、抗静电剂等。填充剂又称填料，可分为有机填充剂和无机填充剂。

1. 填充剂

在塑料中的作用主要是：减少树脂的含量，降低塑料成本，起增量的作用；改善塑料性能，扩大塑料的应用范围。

填充剂的形状有粉状、纤维状和层（片）状，如玻璃纤维、碳素纤维、碳酸钙($CaCO_3$)、二氧化硅（SiO_2）、金属粉、木粉、棉布、石棉、云母、石粉等。

2. 增塑剂

对于一些可塑性小、柔软性差的树脂，加入增塑剂可以使塑料的塑性、流动性和柔韧性得到改善，并可降低刚性和脆性。

增塑剂一般为高沸点液态和低熔点固态的有机化合物，要求与树脂相溶性好、不易挥发、化学稳定性好、耐热、无色、无臭、无毒、价廉。

常用的增塑剂有樟脑、邻苯二甲酸二丁酯、邻苯二甲酸二辛酯、癸二酸二丁酯等。

3. 着色剂

主要是使塑料具有不同的颜色，起装饰作用，有的着色剂还能提高塑料的光稳定性、热稳定性和耐候性。

着色剂包括颜料和染料。颜料又分为无机颜料和有机颜料。

无机颜料是不溶性的固态有色物质，它在塑料中分散成微粒而着色，其着色能力、透明性和鲜艳性较差，但耐光性、耐热性和化学稳定性较好。

染料可溶于树脂中，有强烈的着色能力，且色泽鲜艳，但耐光性、耐热性和化学稳定性较差。

有机颜料的特性介于染料与无机颜料之间。

4. 润滑剂

润滑剂的作用是防止塑料在成型过程中发生粘模，同时还能改善塑料的流动性并提高塑件表面光泽度。常用的热塑性塑料中一般都要加入润滑剂。常用润滑剂有硬脂酸、石蜡和金属皂类（硬脂酸钙、硬脂酸锌）等。

5. 稳定剂

高分子化合物在热、力、氧、水、光、射线等作用下，大分子链或化学结构发生分解变化的反应，称为降解。为了防止或抑制降解，需在树脂中加入稳定剂。

稳定剂可分为热稳定剂、光稳定剂、抗氧化剂。

热稳定剂：抑制和防止树脂在加工或使用过程中受热而降解。

光稳定剂：阻止树脂因受到光的作用而引起的降解。

抗氧化剂：防止树脂在加工、储存和使用过程中发生氧化，导致树脂降解而失去使用价值。

二、塑料分类

1. 按树脂的分子结构及热性能分类

（1）热固性塑料　此类塑料的分子最终呈体型结构。它在受热之初，分子呈线型结构，故具有可塑性和可熔性，可成型为一定形状，当继续加热时，线型分子间形成化学键结合（交联），分子间呈网状结构，当温度达到一定值后，交联反应进一步发展，形成体型结构，此时树脂既不熔融，也不溶解，形状固定后不再变化，又称固化。如果再加热，不再软化，也不再具有可塑性，在上述过程中既有物理变化，又有化学变化。此类塑料制品的边角料和废料不能再回收利用。

（2）热塑性塑料　此类塑料的分子呈线型或支链型结构。加热时软化并熔融，成为可流动的黏稠液体（熔体），成型为一定形状，冷却后成为固体，并保持已成型的形状。如果再次加热，又可以软化并熔融，可再次成型，并可反复多次使用。在熔化、成型过程中只有物理变化而无化学变化。所以热塑性塑料的边角料（水口料）及废品可以回收并掺入原料中再次使用。

2. 按塑料的性能和用途分类

（1）通用塑料　此类塑料具有产量大、用途广、价格低的特点，主要有酚醛塑料、氨基塑料、聚氯乙烯、聚苯乙烯、聚乙烯和聚丙烯六大品种。

（2）工程塑料　指在工程上作为结构件的塑料。这类塑料的力学性能、耐磨性、耐腐蚀性、尺寸稳定性均较高，具有一定的金属特性，常代替金属制造一些零部件。常用的有聚酰胺、聚碳酸酯、聚甲醛、ABS 等。

工程塑胶就是被用做工业零件或外壳材料的工业用塑胶，其强度、耐冲击性、耐热性、硬度及抗老化性均优的塑胶。日本业界的定义为“可以作为构造用及机械零件用之高性能塑胶，耐热性在 100℃以上，主要运用在工业上”。其性能包括以下几方面。

① 热性质：玻璃转移温度（T_g）及熔点（T_m）高、热变形温度（HDT）高、长期使用温度高（UL-746B）、使用温度范围大、热膨胀系数小。

② 机械性质：高强度、高机械模数、潜变性低、耐磨损、耐疲劳性。

③ 其他：耐化学药品性、抗电性、耐燃性、耐候性、尺寸安定性好。

(3) 增强塑料　在塑料中加入玻璃纤维等填料作为增强材料进一步改善塑料的力学、电气性能，形成复合材料，通常称为增强塑料。增强塑料具有优良的力学性能，比强度和比刚度高。热固性的增强塑料俗称玻璃钢。

第二节　塑料的性能

塑料的性能包含使用性能和工艺性能。使用性能体现塑料的使用价值；工艺性能体现塑料的成型特性。

塑料的使用性能包括物理性能、化学性能、力学性能、热性能、电性能等，这些性能都可以进行衡量和测定。

塑料的工艺性能主要有：热固性塑料的工艺性能和热塑性塑料的工艺性能。

一、塑料的使用性能

1. 物理性能

(1) 密度　单位体积中塑料的质量（重量）。塑料的密度一般比金属的密度小，在 $0.83\sim2.20g/cm^3$ 之间。

(2) 透湿性　塑料透过蒸气的性质，用透湿系数表示。透湿系数是指在一定的湿度下，试样两侧在单位压力差情况下，单位时间内在单位面积上通过的蒸气量与试样厚度的乘积。

(3) 透气性　塑料阻止空气穿过的性质，是衡量塑料制品密封能力的一个指标。

(4) 吸水性　塑料吸收水分的性质。它可用吸水率表示。吸水率是指在一定温度下，将塑料放在水中浸泡一定时间后质量（重量）增加的百分率。

(5) 透明性　塑料透过可见光的性质，用透光率表示。透光率是指透过塑料的光通量与其入射光通量的百分比的比值。

2. 化学性能

(1) 耐化学性　指塑料耐酸、碱、盐、溶剂和其他化学物质的能力。

(2) 耐候性　指塑料暴露在日光、冷热、风雨等气候条件下，保持其性能的能力。

(3) 耐老化性　指塑料暴露于自然环境或人工条件下，随着时间的推移，不产生化学结构变化，并保持其性能的能力。

(4) 光稳定性　指塑料在日光或紫外线照射下，抵抗褪色、变黑或降解的能力。

(5) 抗霉性　指塑料对霉菌的抵抗能力。

3. 力学性能

塑料的力学性能主要包括抗拉强度、抗压强度、抗弯强度、断裂伸长率、冲击韧度、抗疲劳强度、耐蠕变性、硬度、摩擦系数及磨耗等。

磨耗是塑料试样与特定的砂纸摩擦一定时间后损失的体积，其他指标与金属的力学性能指标有相似的意义。

4. 热性能

塑料的热性能主要由线膨胀系数、导热系数、玻璃化温度、耐热性、热变形温度、熔体指数、热稳定性、热分解温度等来体现。

(1) 玻璃化温度　塑料从黏流态或高弹态（橡胶态）向玻璃态（固态）转变（或反向转变）的温度。

(2) 耐热性　塑料在外力作用下受热而不变形的性质，用热变形温度或马丁耐热温度衡量。

（3）熔体指数　热塑性塑料在一定的温度和压力下，其熔体在10min内通过标准毛细管的质量，以g/10min表示，是反映塑料在熔融状态下流动性的一个量值。

（4）热稳定性　塑料在加工或使用过程中受热而不分解变质的性质。

（5）热分解温度　塑料在受热时发生分解的温度，是衡量塑料热稳定性的一个指标。塑料加热时应控制在此温度以下。

5. 电性能

塑料的电性能包括表面电阻率、体积电阻率、介电常数、介电强度、耐电弧性、介电损耗等，是衡量塑料在各种频率的电流作用下表现出来的性能。

二、塑料的工艺性能

1. 热固性塑料的工艺性能

（1）收缩性　热固性塑料在高温下成型后冷却至室温，其尺寸会发生收缩，使尺寸减小，一般在0.5%左右。

（2）流动性　塑料在一定温度与压力下，充满模具型腔的能力称为塑料的流动性。衡量塑料流动性的指标通常用拉西格流动性表示。

（3）比容和压缩率　比容是单位质量塑料所占的体积，单位是cm^3/g。压缩率是成型前塑料原材料的体积与成型后制品的体积之比，其值恒大于1。

（4）水分和挥发物的含量　一定的水分和挥发物在热固性塑料的成型中起增塑作用。但含量过多，会造成塑料流动性增大，易产生溢料、成型周期长、收缩率大，产品易产生气泡、疏松、变形、翘曲、波纹等缺陷。

（5）固化特性　热固性塑料在成型过程中树脂发生交联反应，分子结构由线型变为体型，塑料由既可熔化又可溶解变成既不可熔化又不可溶解的状态。这个过程又称为固化（熟化）。

2. 热塑性塑料的工艺性能

（1）收缩性　热塑性塑料的收缩性基本上与热固性塑料的收缩性相同。

（2）流动性　指塑料在一定的温度和压力下充满型腔的能力，可以用熔体指数来衡量，其数值用熔体指数测定仪测定。

（3）吸水性　表示塑料吸收水分的能力。对具有吸水或黏附水分倾向的塑料必须在成型前进行干燥处理去除水分。

（4）结晶性　塑料在冷凝时是否具有结晶的特性。可将塑料分为结晶型和非结晶型两种。

（5）热敏性　指某些热稳定差的塑料，在温度高和受热时间长的情况下产生降解、分解、变色的特性。

（6）应力开裂　有些塑料质地较脆，成型时又容易产生内应力，在外力作用下容易产生开裂。

（7）熔体破裂　塑料熔料通过喷嘴孔或浇口时，流速超过一定值后，挤出的熔体表面会发生明显的横向裂纹，这种现象称为熔体破裂。

第三节　常用塑料及应用

一、通用塑料

目前世界上生产的已有三百多种，规格、牌号数千计。其中产量最大、价格低、应用范围广的是通用料，叫通用塑料，有聚乙烯、聚氯乙烯、聚苯乙烯、聚丙烯、ABS塑料、酚醛塑料和氨基塑料，占世界塑料总产量的四分之三。

1. PC/ABS

(1) 介绍　聚碳酸酯和丙烯腈-丁二烯-苯乙烯共聚物和混合物，俗称防火胶。

(2) 性能　PC/ABS具有PC和ABS两者的综合特性。例如ABS的易加工特性和PC的优良力学特性和热稳定性。二者的比率将影响PC/ABS材料的热稳定性。PC/ABS这种混合材料还显示了优异的流动特性。收缩率在0.5%左右。

(3) 成型性能及应用　干燥处理：加工前的干燥处理是必须的。湿度应小于0.04%，建议干燥条件为90～110℃，2～4h。熔化温度：230～300℃。模具温度：50～100℃。注射压力：取决于塑件。注射速度：尽可能地高。

典型应用范围：计算机和商业机器壳体、电器设备、草坪园艺机器、汽车零件仪表板、内部装修以及车轮盖。

2. HDPE

(1) 介绍　高密度聚乙烯，俗称硬性软胶，一般采用低压法制造。

(2) 性能　HDPE的高结晶度导致了它的高密度、抗张力强度、高温扭曲温度、黏性以及化学稳定性。HDPE比LDPE有更强的抗渗透性。HDPE的抗冲击强度较低，成型后收缩率较高，在1.5%～4%之间。HDPE很容易发生环境应力开裂现象。可以通过使用很低流动特性的材料以减小内部应力，从而减轻开裂现象。HDPE当温度高于60℃时很容易在烃类溶剂中溶解，但其抗溶解性比LDPE还要好一些。

(3) 成型性能及应用　如果存储恰当则无须干燥。熔化温度：220～260℃。对于分子量较大的材料，建议熔化温度范围在200～250℃之间。模具温度：50～95℃。6mm以下壁厚的塑件应使用较高的模具温度，6mm以上壁厚的塑件使用较低的模具温度。塑件冷却温度应当均匀以减小收缩率的差异。对于最优的加工周期时间，冷却腔道直径应不小于8mm，并且距模具表面的距离应在1.3d之内（这里d是冷却腔道的直径）。注射压力：700～1050bar[1]。注射速度：建议使用高速注射。流道和浇口：流道直径在4～7.5mm之间，流道长度应尽可能短。可以使用各种类型的浇口，浇口长度不要超过0.75mm。特别适用于使用热流道模具。

典型应用范围：电冰箱容器、存储容器、家用厨具、密封盖等。

3. LDPE

(1) 介绍　低密度聚乙烯，俗称软胶，一般采用高压法制造。

(2) 性能　商业用的LDPE材料的密度为0.91～0.94 g/cm^3。LDPE对气体和水蒸气具有渗透性。LDPE的热膨胀系数很高，不适合于加工长期使用的制品。如果LDPE的密度在0.91～0.925g/cm^{3}之间，那么其收缩率在2%～5%之间；如果密度在0.926～0.94g/cm^{3}之间，那么其收缩率在1.5%～4%之间。当前实际的收缩率还要取决于注塑工艺参数。LDPE在室温下可以抵抗多种溶剂，但是芳香烃和氯化烃溶剂可使其膨胀。同PE-HD类似，LDPE容易发生环境应力开裂现象。

(3) 成型性能及应用　一般不需要干燥。熔化温度：180～280℃。模具温度：20～40℃。为了实现冷却均匀以及较为经济的去热，建议冷却腔道直径至少为8mm，并且从冷却腔道到模具表面的距离不要超过冷却腔道直径的1.5倍。注射压力：最大可到1500bar。

[1] 1bar=10^{5}Pa，下同。

保压压力：最大可到750bar。注射速度：建议使用快速注射速度。流道和浇口：可以使用各种类型的流道和浇口，PE特别适合于使用热流道模具。

典型应用范围：碗，箱柜，管道连接器。

4. ABS

（1）介绍　俗称超不碎胶，是一种高强度改性PS。

（2）性能　ABS材料具有超强的易加工性，外观特性，低蠕变性和优异的尺寸稳定性以及很高的抗冲击强度。

（3）成型性能及应用　ABS材料具有吸湿性，在加工之前进行干燥处理，建议干燥条件为80～90℃下最少干燥2h。材料湿度应保证小于0.1%。熔化温度：210～280℃，建议温度245℃。模具温度：25～70℃，模具温度将影响塑件光洁度，温度较低则导致光洁度较低。注射压力：500～1000bar。注射速度：中高速度。

典型应用范围：汽车（仪表板，工具舱门，车轮盖，反光镜盒等），电冰箱，大强度工具（头发烘干机，搅拌器，食品加工机，割草机等），电话机壳体，打字机键盘，娱乐用车辆，如高尔夫球手推车以及喷气式雪橇车等。

5. PMMA

（1）介绍　聚甲基丙烯酸甲酯，俗称有机玻璃、亚克力。

（2）性能　PMMA具有优良的光学特性及耐气候变化特性。白光的穿透性高达92%。PMMA制品具有很低的双折射，特别适合制作影碟等。PMMA具有室温蠕变特性。随着负荷加大、时间增长，可导致应力开裂现象。PMMA具有较好的抗冲击特性。收缩率在0.5%左右。

（3）成型性能及应用　PMMA具有吸湿性，因此加工前的干燥处理是必须的。建议干燥条件为90℃、2～4h。熔化温度：240～270℃。模具温度：35～70℃。注射速度：中等。

典型应用范围：汽车工业（信号灯设备、仪表盘等），医药行业（储血容器等），工业应用（影碟、灯光散射器），日用消费品（饮料杯、文具等）。

6. PP

（1）介绍　聚丙烯，俗称百折软胶。

（2）性能　PP是一种半结晶性材料。它比PE要更坚硬并且有更高的熔点。由于均聚物型的PP在温度高于0℃以上时非常脆，因此许多商业的PP材料是加入1%～4%乙烯的无规则共聚物或更高比率乙烯含量的钳段式共聚物。共聚物型的PP材料有较低的热扭曲温度（100℃）、低透明度、低光泽度、低刚性，但是有更强的抗冲击强度。PP的强度随着乙烯含量的增加而增大。由于结晶度较高，这种材料的表面刚度和抗划痕特性很好。PP不存在环境应力开裂问题。通常，采用加入玻璃纤维、金属添加剂或热塑橡胶的方法对PP进行改性。由于结晶，PP的收缩率相当高，一般为1.8%～2.5%。并且收缩率的方向均匀性比PE-HD等材料要好得多。加入30%的玻璃添加剂可以使收缩率降到0.7%。均聚物型和共聚物型的PP材料都具有优良的抗吸湿性、抗酸碱腐蚀性、抗溶解性。然而，它对芳香烃（如苯）溶剂、氯化烃（四氯化碳）溶剂等没有抵抗力。PP也不像PE那样在高温下仍具有抗氧化性。

（3）成型性能及应用　如果储存适当则不需要干燥处理。熔化温度：220～275℃，注意不要超过275℃。模具温度：40～80℃，建议使用50℃。结晶程度主要由模具温度决定。注射压力：可大到1800bar。注射速度：通常使用高速注塑，可以使内部压力减小到最小。如果制品表面出现了缺陷，那么应使用较高温度下的低速注塑。流道和浇口：对于冷流道，典型的流道直径范围是4～7mm。建议使用通体为圆形的注入口和流道。所有类型的浇口都可以使用。典型的浇口直径范围是1～1.5mm，但也可以使用小到0.7mm的浇口。对于边缘浇口，最小的浇口深度应为壁厚的一半；最小的浇口宽度应至少为壁厚的两倍。PP材料完全可以使用热流道系统。

典型应用范围：汽车工业（主要使用含金属添加剂的PP：挡泥板、通风管、风扇等），器械（洗碗机门衬垫、干燥机通风管、洗衣机框架及机盖、冰箱门衬垫等），日用消费品（草坪和园艺设备，如剪草机和喷水器等）。

7. PS

(1) 介绍　聚苯乙烯，简称PS、GPS，俗称通用级PS或硬胶。

(2) 性能　大多数商业用的PS都是透明的、非晶体材料。PS具有非常好的几何稳定性、热稳定性、光学透过特性、电绝缘特性以及很微小的吸湿倾向。它能够抵抗水、稀释的无机酸，但能够被强氧化酸（如浓硫酸）所腐蚀，并且能够在一些有机溶剂中膨胀变形。典型的收缩率在0.4%～0.7%之间。

(3) 成型性能及应用　除非储存不当，通常不需要干燥处理。如果需要干燥，建议干燥条件为80℃、2～3h。熔化温度：180～280℃。对于阻燃型材料其上限为250℃。模具温度：40～50℃。注射压力：200～600bar。注射速度：建议使用快速的注射速度。流道和浇口：可以使用所有常规类型的浇口。

典型应用范围：产品包装，家庭用品（餐具、托盘等），透明容器，光源散射器，绝缘薄膜等。

8. PVC

(1) 介绍　聚氯乙烯。

(2) 性能　刚性PVC是使用最广泛的塑料材料之一。PVC材料是一种非结晶性材料。PVC材料在实际使用中经常加入稳定剂、润滑剂、辅助加工剂、色料、抗冲击剂及其他添加剂。PVC材料具有不易燃性、高强度、耐气候变化性以及优良的几何稳定性。PVC对氧化剂、还原剂和强酸都有很强的抵抗力。然而它能够被浓氧化酸如浓硫酸、浓硝酸所腐蚀，并且也不适用于芳香烃、氯化烃接触的场合。PVC在加工时熔化温度是一个非常重要的工艺参数，如果此参数不当将导致材料分解的问题。PVC的流动特性相当差，其工艺范围很窄。特别是大分子量的PVC材料更难于加工（这种材料通常要加入润滑剂改善流动特性），因此通常使用的都是小分子量的PVC材料。PVC的收缩率相当低，一般为0.2%～0.6%。

(3) 成型性能及应用　通常不需要干燥处理。熔化温度：185～205℃。模具温度：20～50℃。注射压力：可大到1500bar。保压压力：可大到1000bar。注射速度：为避免材料降解，一般要用相当的注射速度。流道和浇口：所有常规的浇口都可以使用。如果加工较小的部件，最好使用针尖型浇口或潜入式浇口；对于较厚的部件，最好使用扇形浇口。针尖型浇口或潜入式浇口的最小直径应为1mm；扇形浇口的厚度不能小于1mm。

典型应用范围：供水管道，家用管道，房屋墙板，商用机器壳体，电子产品包装，医疗器械，食品包装等。

二、工程塑料

工程塑料，是指机械强度好，能做工程材料和代替金属制造各种机械设备或零件的塑料。这类塑料主要有聚碳酸酯、聚酰胺、聚甲醛、聚氯醚、聚砜等。特殊塑料是指具有特殊性能和特殊性用途的塑料，如含氟塑料、硅树脂、聚酚酯、环氧树脂、不饱和聚酯、离子交换树脂等。

1. PA

(1) 介绍 聚酰胺，俗称尼龙（Nylon），尼龙是最重要的工程塑料，产量在五大通用工程塑料中居首位。

(2) 性能 尼龙为韧性角状半透明或乳白色结晶性树脂。

尼龙具有很高的机械强度，软化点高，耐热，摩擦系数低，耐磨损，自润滑性，吸振性和消音性，耐油，耐弱酸，耐碱和一般溶剂，电绝缘性好，有自熄性，无毒，无臭，耐候性好，染色性差。缺点是吸水性大，影响尺寸稳定性和电性能，纤维增强可降低吸水率，使其能在高温、高湿下工作，如 PA66＋GF15％、PA66＋GF30％耐温达 180～210℃。因此，尼龙与玻璃纤维亲和性良好，没有加玻璃纤维的尼龙不得用于有耐高温要求的部件上。

尼龙中尼龙 66 的硬度、刚性最高，但韧性最差。各种尼龙按韧性大小排序为：PA66＜PA66/6＜PA6＜PA610＜PA11＜PA12。

尼龙的燃烧性为 ULS44-2 级，氧指数为 24～28，尼龙的分解温度＞299℃，在 449～499℃时会发生自燃。

尼龙的熔体流动性好，故制品壁厚可小到 1mm。

(3) PA 的主要技术性能指标和用途 见表 1-1。

表 1-1 聚酰胺（尼龙）主要技术性能指标

项目	PA6	PA66	PA610	PA612	PA9	PA11	PA12	PA1010
密度/(g/cm^3)	1.13	1.15	1.07	1.07	1.05	1.04	1.02	1.07
熔点/℃	215	252	220	—	185	186	178	210
热变形温度/℃	68	75	82	—	—	54	55	—
耐寒温度/℃	－30	－30	－40	—	－30	－40	—	－40
成型收缩率/%	0.8～2.5	1.5～2.2	1.5～2.0	—	1.5～2.5	1.2	—	1.0～2.5
用途	轴承，齿轮，凸轮，滚子，滑轮，辊轴，螺钉，螺帽，垫片，高压油管，储油容器等	用途与尼龙 6 基本一样，还可作把手，壳体，支承架等	汽车用齿轮，衬垫，轴承、滑轮等精密部件，输油储油容器，传动带，仪表体，纺织机械部件	精密机械部件，电线电缆绝缘层，枪托，弹药箱，工具架，线圈	齿轮，机械部件，电缆护套，医疗特种消毒包，渔网，金属涂层	输送汽油的硬管和软管，电缆护套，食品包装膜，发泡建材，静电喷涂	轴承，齿轮，精密部件，电子部件，油管软管，电线电缆护套	机械部件，轴承架，轴套，油箱衬里，电线电缆护套，工业滤布，筛网，毛刷等

2. PC

(1) 介绍 聚碳酸酯，俗称百折胶，力学性能优良，亦称防弹玻璃胶。

(2) 性能 PC 是一种无定型、无臭、无毒、高度透明的无色或微黄色热塑性工程塑料，具有优良的物理力学性能，尤其是耐冲击性优异，拉伸强度、弯曲强度、压缩强度高；蠕变性小，尺寸稳定；具有良好的耐热性和耐低温性，在较宽的温度范围内具有稳定的力学性能，尺寸稳定性，电性能和阻燃性，可在－60～120℃下长期使用；无明显熔点，在220～230℃呈熔融状态；由于分子链刚性大，树脂熔体黏度大；吸水率小，收缩率小，一般为 0.4％～0.8％。缺点是因抗疲劳强度差，容易产生应力开裂，抗溶剂性差，耐磨性欠佳。

（3）成型性能及应用　PC可注塑、挤出、模压、吹塑热成型、印刷、粘接、涂覆和机加工，最重要的加工方法是注塑。成型之前必须预干燥，水分含量应低于0.02%，微量水分在高温下加工会使制品产生白浊色泽、银丝和气泡，PC在室温下具有相当大的强迫高弹形变能力，高冲击韧性，因此可进行冷压，冷拉，冷辊压等冷成型加工，注-吹、注-拉-吹成型高质量、高透明瓶子。

PC合金种类繁多，改进PC熔体黏度大（加工型）和制品易应力开裂等缺陷，PC与不同聚合物形成合金或共混物，提高材料性能。具体有PC/ABS合金、PC/ASA合金、PC/PBT合金、PC/PET合金、PC/PET/弹性体共混物、PC/MBS共混物、PC/PTFE合金、PC/PA合金等，具有两种材料性能优点，并降低成本，如PC/ABS合金中，PC主要贡献高耐热性，较好的韧性和冲击强度，高强度、阻燃性，ABS则能改进可成型性，提高表面质量，降低密度。

PC的三大应用领域是玻璃装配业，汽车工业和电子、电器工业，其次还有工业机械零件、计算机等办公室设备，医疗及保健，休闲和防护器材等。

PC可做门窗玻璃，PC层压板广泛用于银行、使馆、拘留所和公共场所的防护窗，用于飞机舱罩，照明设备，工业安全挡板和防强玻璃。

PC板可做各种标牌，如汽油泵表盘、汽车仪表板、货栈及露天商业标牌、点式滑动指示器。

PC树脂用于汽车仪表盘系统和内装饰系统，用做前灯罩，带加强筋汽车前后挡板，反光镜框，门框套，操作杆护套，阻流板。

PC还被用做接线盒、插座、插头及套管、垫片、电视转换装置，电话线路支架下通讯电缆的连接件，电闸盒、电话总机、配电盘元件，继电器外壳。

PC可做低载荷零件，用于家用电器电动机、真空吸尘器、洗头器、咖啡机、烤面包机、动力工具的手柄，各种齿轮、蜗轮、轴套、导轨、冰箱内搁架。

PC是光盘储存介质理想的材料。PC瓶（容器）透明、重量轻、抗冲性好，耐一定的高温和腐蚀溶液洗涤，为可回收利用瓶（容器）。

PC及PC合金可做计算机架，外壳及辅机，打印机零件。改性PC耐高能辐射杀菌，耐蒸煮和烘烤消毒，可用于采血标本器具，血液充氧器，外科手术器械，肾透析器等，PC可做头盔和安全帽，防护面罩，墨镜和运动护眼罩。

PC薄膜广泛用于印刷图表，医药包装等。

3. POM

（1）介绍　聚甲醛有金属塑料之称，俗名赛钢。

（2）性能　POM为乳色不透明结晶性线性热塑性树脂，具有良好的综合性能和着色性，具有较高的弹性模量，很高的刚性和硬度，比强度和比刚性接近于金属；拉伸强度、弯曲强度、耐蠕变性和耐疲劳性优异，耐反复冲击，去载回复性优；摩擦系数小，耐磨耗，尺寸稳定性好，表面光泽好，有较高的黏弹性，吹水性小，电绝缘性优，且不受温度影响；有吸振性、消音性；吸水性小，耐绝缘性好且不受湿度影响；耐化学药品性优，除了强酸、酚类和有机卤化物外，对其他化学品稳定，耐油；力学性能受温度影响小，具有较高的热变形温度。缺点是阻燃性较差，遇火徐徐燃烧，即使添加阻燃剂也得不到满意的要求，另外耐候性不理想，室外应用要添加稳定剂。

POM的高结晶程度导致它有相当高的收缩率，可高达到2%～3.5%。

（3）成型性能及应用　POM吸水率大于0.2%，成型前应预干燥，POM熔融温度与分解温度相近，成型性较差，可进行注塑、挤出、吹塑、滚塑、焊接、粘接、涂膜、印刷、电镀、机加工。注塑是最重要的加工方法，成型收缩率大，模具温度空高些，或进行退火处理，或加入增强材料（如无碱玻璃纤维）。

POM 强度高，质轻，常用于建材来代替铜、锌、锡、铅等有色金属，广泛用于工业机械、汽车、电子电器、日用品、管道及配件、精密仪器等部门。

POM 被广泛用于制造各种滑动、转动机械零件，做各种齿轮、杠杆、滑轮、链轮，特别适宜做轴承、热水阀门、精密计量阀、输送机的链环和辊子、流量计、汽车内外部把手、曲柄等车窗转动机械，油泵轴承座和叶轮燃气开关阀、电子开关零件、坚固体、接线柱镜面罩、电风扇零件、加热板、仪表钮；各种管道和农业喷洒系统以及阀门、喷头、水龙头、洗浴盆零件；开关键盘、按钮、音像带卷轴；温控定时器；动力工具；另外可作为冲浪板、帆船及各种雪橇零件，手表微型齿轮、体育用设备的框架辅助件和背包用各种环扣、坚固件、打火机、拉链、扣环；医疗器械的心脏起搏器；人造心脏瓣膜、顶椎、假肢等。

第四节　塑料制品的结构工艺特点

塑料制品能够用模塑工艺成型，一方面体现了模具结构的工艺合理，另一方面也体现了塑料制品的工艺合理。

塑料制的结构工艺主要体现在以下以个方面。

一、脱模斜度

当塑件成型后因塑料收缩而包紧型芯，若塑件外形较复杂时，塑件的多个面与型芯紧贴，从而脱模阻力较大。为防止脱模时塑件的表面被擦伤和锥顶变形，需设脱模斜度（见图 1-1）。

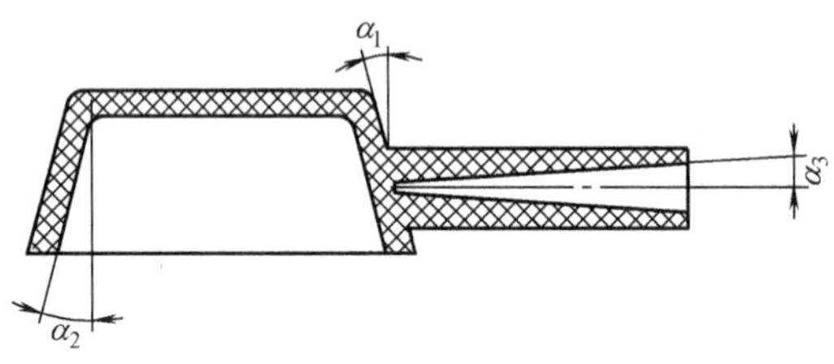

图 1-1　脱模斜度

沿脱模方向的制品表面与脱模方向的夹角称为脱模斜度。也叫拔模斜度或拔模角，常用 α 表示。

一般来说，塑件高度在 25mm 以下者可不考虑脱模斜度。但是，如果塑件结构复杂，即使脱模高度仅几毫米，也必须认真设计脱模斜度。

1. 确定脱模斜度大小的原则

一般情况下，脱模斜度为 $30'\sim1°30'$。

① 若制品所用塑料的收缩率较大，采用较大的脱模斜度。

② 当制品精度要求较高时，选用较小的脱模斜度。外表面的脱模斜度可小至 $5'$，内表面斜度可小至 $10'\sim20'$。

③ 高度不大的塑料制品，可以不要脱模斜度；尺寸较高、较大的制品可选用较小的脱模斜度。

④ 形状复杂、不易脱模的制品，应取较大的脱模斜度；制品上的凸起或加强筋单边应

有 4°～5°斜度；侧壁带皮革花纹应有 4°～6°的斜度；每 0.025mm 花纹深度要取 1°以上的脱模斜度；制品壁厚大的应选较大的脱模斜度；壳类塑料制品上有成排网格孔板时，要取4°～8°以上型孔斜度；孔越多越密，斜度越大。

2. 脱模斜度的表示方法

① 用线性尺寸标注［见图 1-2(a)］；

② 用角度表示［见图 1-2(b)］；

③ 用比例标注表示［见图 1-2(c)］。

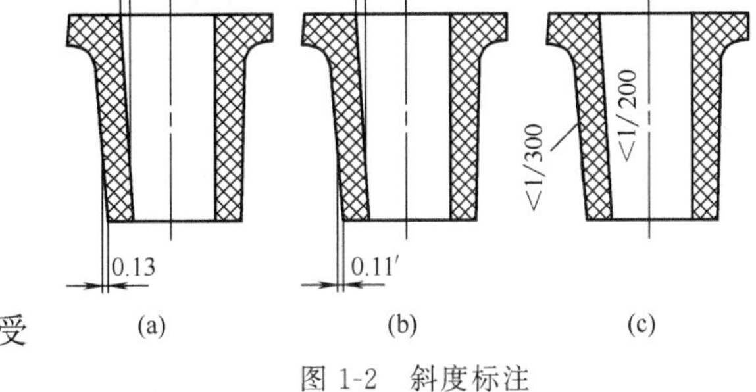

图 1-2　斜度标注

二、塑料制品的壁厚

1. 壁厚选用的原则

(1) 使用要求　强度、刚度、脱模受力、装配紧固力等。

(2) 选用办法　塑件壁厚过小，熔体流动阻力大，成型困难；过大易产生气泡、缩孔、凹痕、翘曲等，用料多，成本增加，成型周期长。

热固性塑料：小型件，1～2mm，大型件，3～8mm；塑件壁厚的取值最薄 0.25mm。热塑性塑料：一般不小于 0.6～0.9mm；通常取 2～4mm。

壁厚的选用原则就是在使用要求和工艺要求的前提下，应遵循以下两点：一是尽量减小壁厚；二是同一塑件其壁厚要尽量均匀一致。

2. 减小壁厚差的方法

(1) 将塑件制品过厚部分挖空（见图 1-3）；

(2) 将塑件制品分解（见图 1-4）。

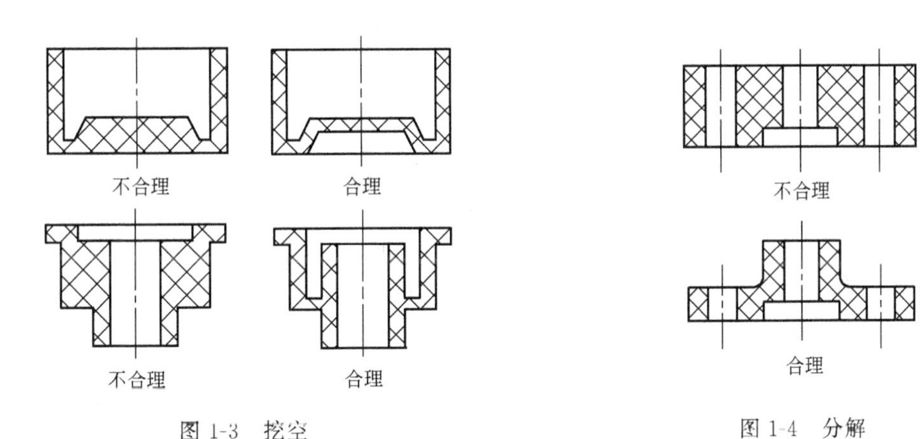

图 1-3　挖空

图 1-4　分解

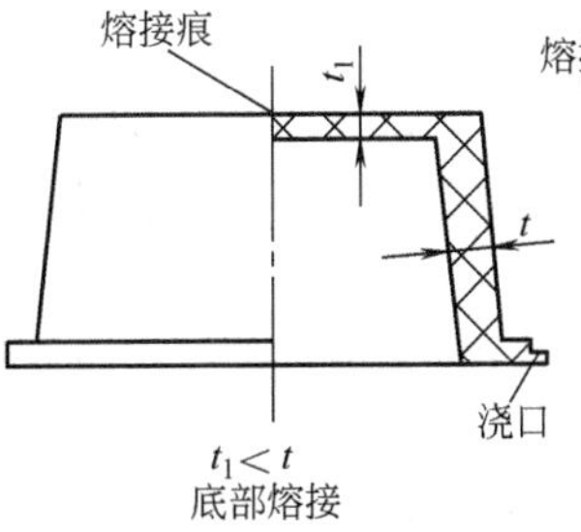

熔接痕　t_1　t　浇口　$t_1<t$ 底部熔接

熔接痕　t_1　t　浇口　$t_1>t$ 口部熔接

图 1-5　壁厚小的地方产生熔接痕

3. 壁厚与熔接痕的关系

(1) 为保证顶部质量，应使 $t>t_1$，以保证顶部不产生熔接痕（见图 1-5）；

(2) 为保证口部质量，应使 $t_1>t$，以保证口部不产生熔接痕（见图 1-5）。

三、圆角

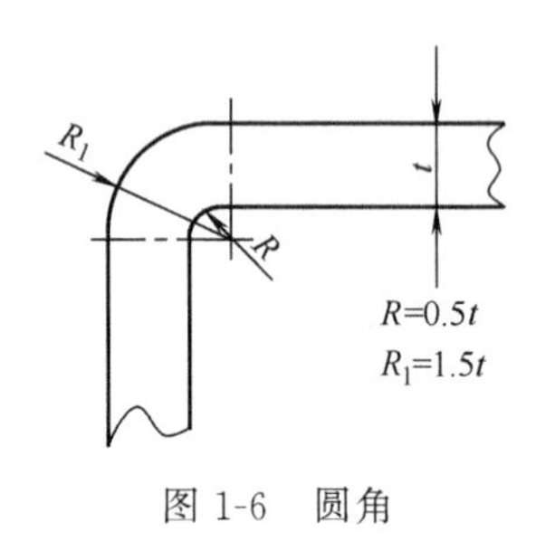

图 1-6 圆角

塑料制品的面与面之间一般均应采用圆弧过渡，这样不仅可避免塑料制品尖角处的应力集中，提高塑料制品强度，而且可改善物料的流动状态，降低充模阻力，便于充模。塑料制品转角处的圆角半径通常不要小于 0.5～1mm，在不影响塑料制品使用的前提下应尽量取大些。对于内外表面的转角处，可采用如图 1-6 所示的圆角半径，以减小应力集中，并能保证壁厚的均匀一致。对于使用上要求必须以尖角过渡或受模具结构限制（如分型面处、成型零件的镶嵌配合处），不便采用圆角过渡之处，则仍以尖角过渡。

塑料制品结构工艺除了脱模斜度、塑料制品的壁厚、圆角三者外，还有如下几个工艺结构需要考虑。

1. 加强筋的结构特点

① 中间加强筋要低于外壁 0.5mm 以上，使支承面易于平直；

② 应避免或减小塑料的局部聚积；

③ 筋的排列要顺着在型腔内的流动方向。

2. 支承面的结构特点

塑件一般不以整个平面作为支承面，而取而代之以边框、底脚作支承面。

3. 孔（槽）

塑件的孔（槽）有三种成型加工方法：模型直接成型出来；成型为盲孔再钻通孔；成型为不带孔（槽）的结构后再钻孔。其中以模具直接成型出来为最好。

① 成型通孔要求孔径比（长度与孔径比）小些，当孔径<1.5mm，由于模芯易弯曲折断，不适于模塑成型。

② 成型盲孔则要求盲孔的深度 $h<(3\sim5)d$，如果 $d<1.5$ 时，则 $h<3d$。

③ 异形孔（槽）设计：塑件如有侧孔或凹槽，则需要活动块或抽芯机构，设计时必须先确定塑件侧孔（槽）是否适合于脱模；热塑性塑料中软而有弹性的，如聚乙烯、聚丙烯、聚甲醛等制品，内孔与外侧浅的孔（槽）可强制脱模。

4. 螺纹

塑件中的螺纹可用模塑成型出来，或切削方法获得；通常拆装或受力大的，要采用金属螺纹嵌件来成型。

5. 嵌件与图案

为了增加塑料制品整体或某一部位的强度与刚度，满足使用的要求，常在塑件体内设置金属嵌件。由于装潢或某些特殊需要，塑料制品的表面常有文字图案。

① 标志。

② 凹凸纹：如把手，旋钮，手轮制品的边，以增加摩擦力，凹凸纹要做成直纹，以便于脱模。

③ 花纹：凹凸纹，皮革纹，橘皮纹，波浪纹，点格纹，菱形纹。加工花纹方法：电火花加工、照相化学磨蚀、雕刻、冷挤压。

思考与练习

一、填空题

1. 塑料由____、____、____、____、____、____组成。

2. 塑料制品的总体尺寸主要受到塑料____的限制。

3. 塑件的表观质量是指塑件成型后的表观缺陷状态，如____、____、____、____等。

4. 塑件的形状应利于其____，塑件侧向应尽量避免设置____或____。

5. 一情况下，____不包括在塑件的公差范围内。

6. 设计底部的加强筋的高度应至少低于支承面____。

7. 在注射成型中应控制合理的温度，即控制____、____和____。

8. 注射模塑过程需要控制的压力有____压力和____压力。

9. 内应力易导致制品____、____、____和____等变形，使不能获得合格制品。

二、判断题

1. 聚乙烯比聚丙烯的抗拉、抗压强度都要好。(　　)

2. 塑料收缩率大、塑件壁厚大则脱模斜度大。(　　)

3. 塑件的外观质量要求越高，表面粗糙度值应越低。(　　)

4. 软质塑料比硬质塑料的脱模斜度大。(　　)

三、问答题

1. 热塑性塑料收缩率的影响因素有哪些？

2. 塑件壁厚对塑件质量有哪些影响？设计时应注意哪些问题？

3. 影响塑件尺寸精度的原则是什么？

4. 为什么塑件要设计成圆角的形式？

5. 对图 1-7 所示塑件的设计进行合理化分析，并对不合理设计进行修改。

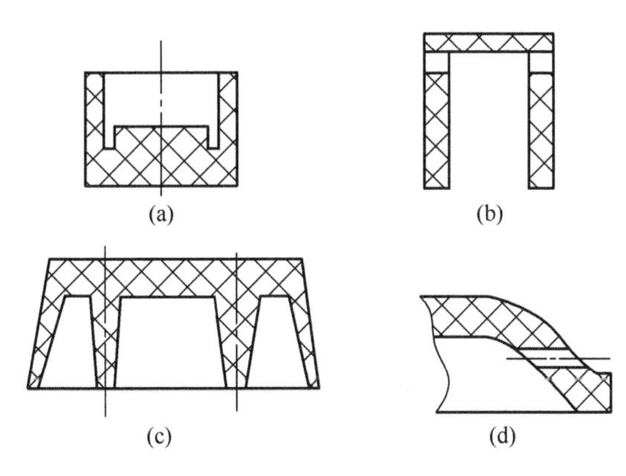

图 1-7　塑件

四、看图 1-8，完成本题

1. 结合机械制图与本章所学的知识，分析并总结塑料制品图样的绘制方法、要求、难点与要点。

2. 列出图中制品中属于塑料制品特殊工艺结构的地方，如果有不合理的工艺结构处，请说明修改办法。

3. 如果该塑料制品分别采用 ABS 与 PS 来生产，请分别列出其工艺特点，并比较产品的优劣。

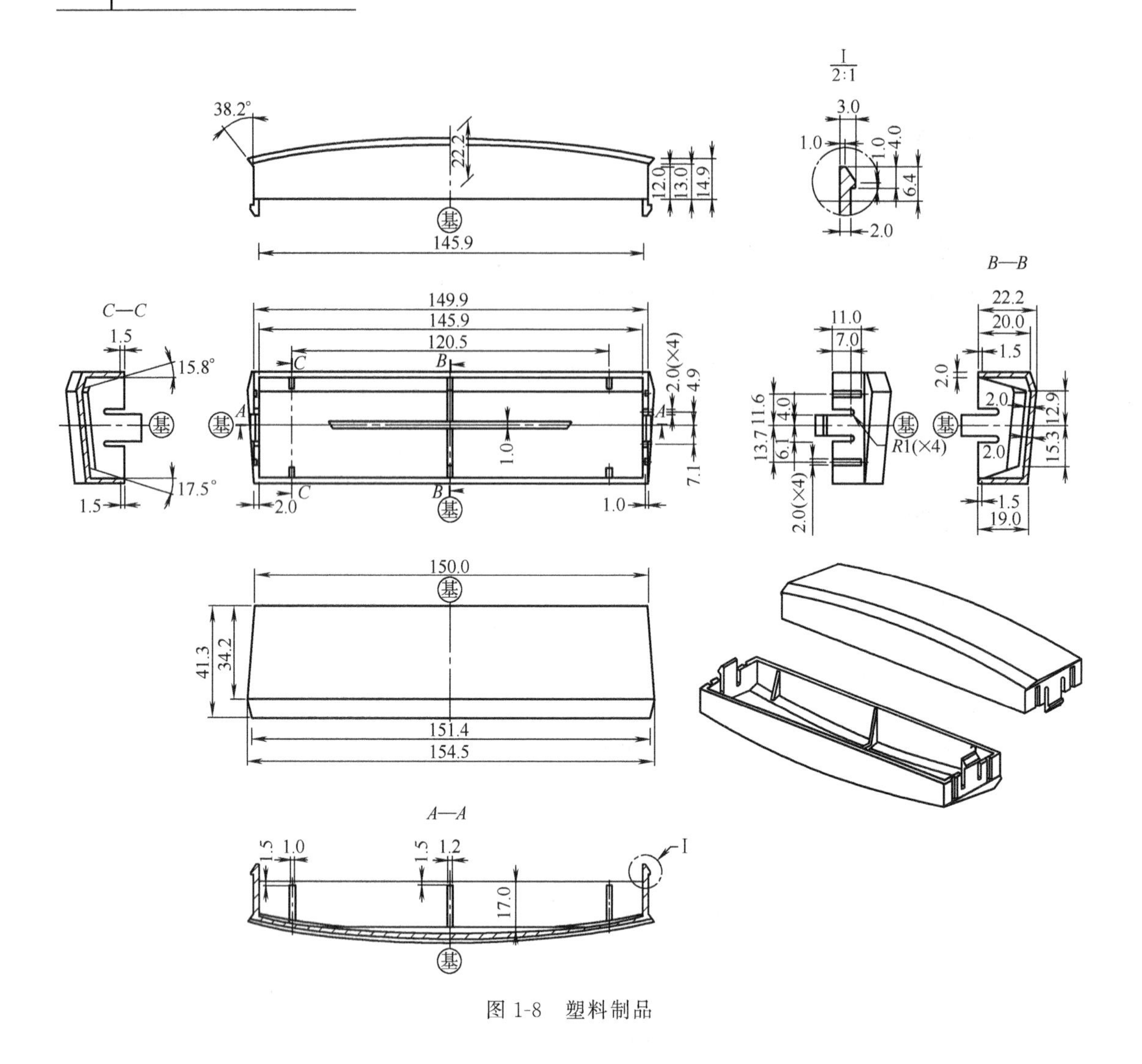

I
2:1
3.0
1.0
1.0
4.0
6.4
2.0
38.2°
22.2
12.0
13.0
14.9
基
145.9
B—B
C—C
149.9
145.9
120.5
1.5
15.8°
17.5°
1.5
2.0
1.0
2.0(×4)
4.9
7.1
1.0
11.0
7.0
22.2
20.0
1.5
11.6
4.0
13.7
6.1
2.0(×4)
R1(×4)
2.0
2.0
2.0
12.9
15.3
1.5
19.0
150.0
41.3
34.2
151.4
154.5
A—A
1.5
1.0
1.5
1.2
17.0

图 1-8 塑料制品

第二章　注塑工艺与模具结构

第一节　注塑模具基本知识

一、塑料模的分类与注射模基本结构

（一）塑料模具的分类

1. 按成型方式分类

（1）压缩模　又称压塑模，主要用于压缩成型工艺，把粉状、粒状和纤维状的热固性材料填于模内，在压力机上压制而成为塑料制品。压缩模是塑料模具中最为简单的成型模具。

（2）压注模　又称传递模、挤塑模和铸压模，主要用于热固性塑料的压注成型工艺。这种模具因有外加料室、柱塞及浇注系统等，其结构比压缩模复杂，可成型较为复杂的热固性塑件。

（3）注射模　又称注塑模，它主要用于热塑性塑料的注射成型工艺。在专用的注射机上也可用来成型部分热固性塑料制品。

此外，还有中空吹塑模、热压成型模、低压发泡模、挤出成型模等。

2. 按模具的安装方式分类

（1）移动式模具　这种模具不固定安装在成型设备上。在整个模塑过程中，除加热加压在设备上进行外，安放嵌件、加料、合模、开模、取出塑件、清理模具等操作过程均在机外进行。常见的移动式模具有：生产批量不大的小型热固性塑料成型的压缩模、压注模和立式注射机上用的小型注射模。

（2）固定式模具　这种模具固定安装在成型设备上，使用时，模塑成型过程完全在设备上进行。它在压缩模、压注模、注射模中广泛采用。

（3）半固定式模具　这种模具一部分固定安装在成型设备上，另一部分固定安装在可以移动的工作台上。成型开模后，将模具可移动的工作台沿滑动轨道移出，以便取出塑件并清理模具。主要用于热固性塑料成型的压缩模和压注模中。

3. 按模具的型腔数目分类

（1）单型腔模具　在一副模具中只有一个型腔，也就是在一个模塑成型周期内只能生产一个塑件的模具。这种模具通常情况下结构简单，制造方便，造价较低。但生产效率不高，不能充分发挥设备的潜力。它主要用于成型较大型的塑件和形状复杂或嵌件较多的塑件，也用于小批量生产或新产品试制的场合。

（2）多型腔模具　在一副模具中有两个以上的型腔，也就是在一个模塑成型周期内可同时生产两个以上塑件的模具。这种模具的生产效率高，设备的潜力能充分发挥，但模具的结构比较复杂，造价较高。它主要用于生产批量较大的场合或成型较小的塑件。

4. 按模具的分型面分类

按模具分型面的数目，可以分为一个、两个、三个或多个分型面的模具。

按模具分型面的特征，可分为水平分型面的模具、垂直分型面的模具和水平与垂直分型面的模具。

水平分型面，并不是指模具处于工作位置时其分型面与地面相平行，而是指分型面的位置垂直于合模方向；垂直分型面，指分型面的位置平行于合模方向。

模具在立式压力机或立式注射机上工作时，其水平分型面与地面相平行，在卧式注射机上工作时，其水平分型面则与地面相垂直。

（二）注塑模具的分类与基本结构

塑料注射成型生产工艺中所使用的模具称为注射塑料模具，简称注塑模具，也叫注射模具。它是塑料注射成型生产的一个十分重要的工艺装置。它与成型设备和成型材料一起构成了塑料注射成型工艺的三要素。

1. 注塑模具的分类

按注射模的分型面数目可以分为单分型面注塑模具（又称两板式注塑模，俗称大水口模具）（见图 2-1）与双（多）分型面注塑模具（又称三板式注塑模，俗称细水口模具）（见图 2-2）两种。在实际使用中这两种模具又包括带侧向分型与抽芯机构的注射模、自动卸螺纹注射模、带活动镶件注射模、无流道注射模四种常用形式。

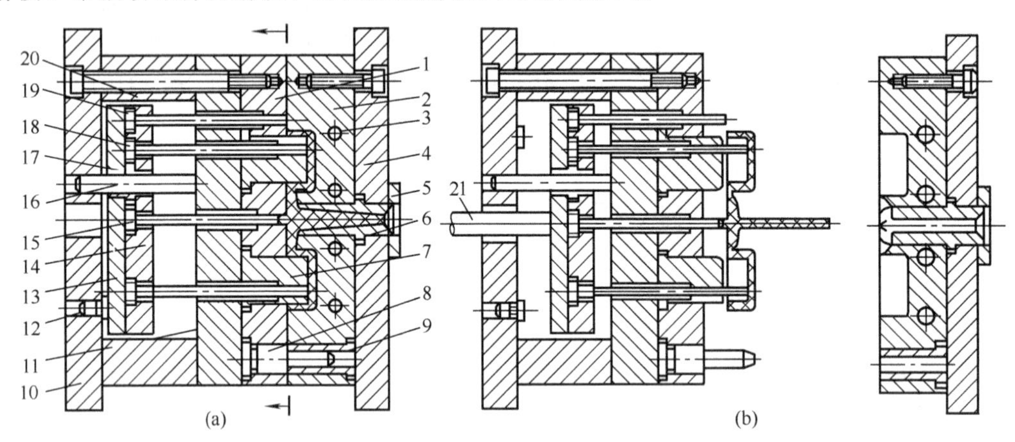

图 2-1 单分型面注塑模具

1—动模板；2—定模板；3—冷却水道；4—定模座板；5—定位圈；6—浇口套；7—型芯；8—导柱；9—导套；10—动模座板；11—支承；12—支承钉；13—推板；14—推板固定板；15—主流道拉料杆；16—推板导柱；17—推板导套；18—推杆；19—复位杆；20—垫块；21—注塑机顶杆

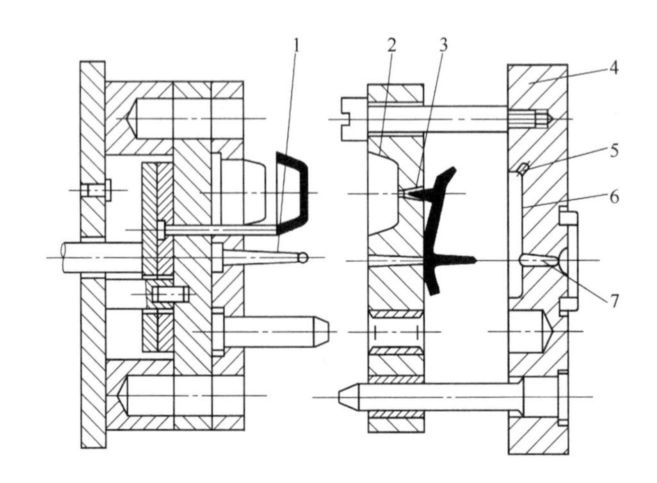

图 2-2 双分型面注塑模具

1—主流道拉料杆；2—型腔板；3—点浇口凝料；4—定模座板；5—分流道斜孔；6—分流道；7—主流道

2. 注塑模具的基本结构

注射模具的结构是由注射机的形式和制件的复杂程度等因素决定的。无论其复杂程度如何，所有注射模具均可分为动模和定模两大部分，定模安装在注射机的固定模板上，而动模则安装在注射机的移动模板上。注射时动、定模闭合构成型腔和浇注系统，开模时动、定模分离，取出塑件。

根据模具上各零部件所起的作用，可细分为以下几个部分。

(1) 成型零件　成型零件是构成模具型腔的零件。通常由型芯、凹模、镶件等组成。

(2) 浇注系统　将熔融塑料由注射机喷嘴引向型腔的流道，一般由主流道、分流道、浇口、冷料穴组成。

(3) 合模导向机构　通常由导柱和导套组成，用于引导动、定模正确闭合，保证动、定模合模后的相对准确位置。有些注射模在动、定模两边分别设置互相吻合的内外锥面，用来承受侧向力。有些注射模为避免顶出过程中推板歪斜，还设有导向零件，使推板平稳运动。

(4) 侧向分型与抽芯机构　塑料制件上如有侧孔或侧凹，需要在塑件被推出前，先抽出侧向型芯。使侧向型芯移动的机构称为侧向抽芯机构。

(5) 脱模机构　将塑件和浇注系统凝料从模具中脱出的机构，又称推出机构，一般情况下，由推杆、复位杆、推杆固定板、推板及推板导柱和导套等组成。

(6) 加热、冷却系统　为满足注射工艺对模具温度的要求，模具设有冷却或加热系统。模具需冷却时，常在模内开设冷却水道，需加热时则在模内或其周围设置加热元件，如电加热元件。

(7) 排气与引气系统　充模过程中，为排出模腔内气体，常在分型面处开设排气槽。小型塑件排气量不大，可直接利用分型面上的间隙排气。许多模具的推杆或其他活动零件之间的间隙均可起排气作用。

(8) 支承零部件　用来安装固定或支承前述的成型零件及各部分机构，如固定板、动、定模座板、支承板、连接螺钉等，均称为支承零部件。支承零部件组装在一起，可以构成注射模具的基本骨架。

需要指出的是，除侧向分型与抽芯机构是非必需的外，其余的七个部分都是注射模具必需的。根据注射模具中各零部件与塑料的接触情况，上述八大部分功能结构也可以分为成型零部件和结构零部件两大类。其中，成型零部件与塑料接触，并构成模具的模腔；结构零部件包括支承、导向、排气、推出塑件、侧向分型与抽芯、温度调节等。在结构零部件中，合模导向机构与支承零部件合称为注射模架，我国已标准化，可查有关手册。任何注射模均可以借用模架为基础，再添加成型零部件和其他必要的零件来形成。

二、注射模分型面及浇注系统结构

分开模具能取出塑件的面，称为分型面，其他的面称为分离面或称分模面，注射模只有一个分型面。在设计模具时从塑料制品上来选取和谈论分型面时，则将分型面称为分型线（*PL* 线）。分型面的方向尽量采用与注塑机开模是垂直方向，形状有平面，斜面，曲面。

选择分型面的位置时，应注意以下 5 点：

① 分型面一般不取在装饰外表面或带圆弧的转角处；

② 使塑件留在动模一边，利于脱模；

③ 将同心度要求高的同心部分放于分型面的同一侧，以保证同心度；

④ 抽芯机构要考虑抽芯距离；

⑤ 分型面作为主要排气面时，分型面设于料流的末端，一般在分型面凹模一侧开设一条深 0.025 ～ 0.1mm、宽 1.5～6mm 的排气槽，亦可以利用顶杆、型腔、型芯镶块排气。

浇注系统（图 2-2 中的 6、7）就是塑料熔体从注塑机喷嘴出来后，到达模腔之前在模具中流经的通道，其作用是将熔体平稳地引入型腔，使之充满型腔内各个角落，在熔体填充和凝固过程中，能充分地将压力传递到型腔的各个部位，获得组织致密、外形清晰、尺寸稳定的塑件。

浇注系统一般分为普通浇注系统与无流道浇注系统，下面主要讲述注射模普通浇注系统的结构。

（一）浇注系统的组成（如图 2-3 所示）及其作用

（1）主流道　从注塑机喷嘴与模具接触位起，到分流道为止的这一段流道。作用是负责将塑料熔体输往分流道。

（2）分流道　介于主流道和浇口之间的一段流道，它开设在分型面上。作用是将主流道送来的塑料分配后，输往各个浇口。

（3）浇口　连接分流道与型腔之间的一段细短通道。

（4）冷却穴　一般在主流道的末端设置，以装纳冷却头。

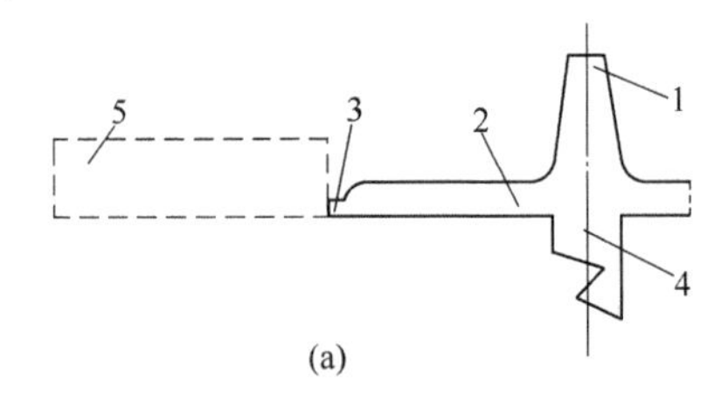

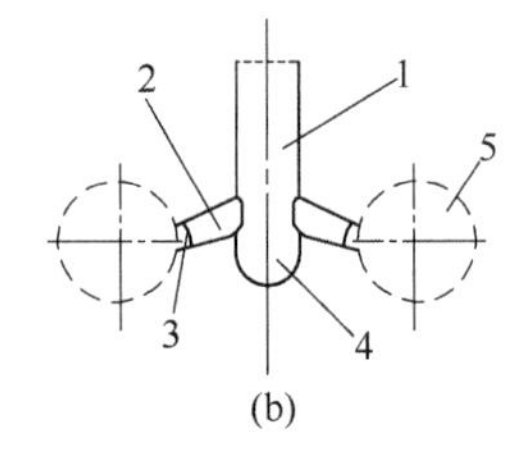

图 2-3　浇注系统的组成

1—主流道；2—分流道；3—浇口；4—冷料穴；5—塑件

（二）主流道的结构

一般将主流道设在模具的中心位置，模腔内的塑料就以模具的中心进行对称平衡布局。卧、立式注塑机使用模具的主流道垂直于水平分型面，而角式注塑机用模具的主流道平行并位于水平分型面上。主流道的端面形状多为圆形。

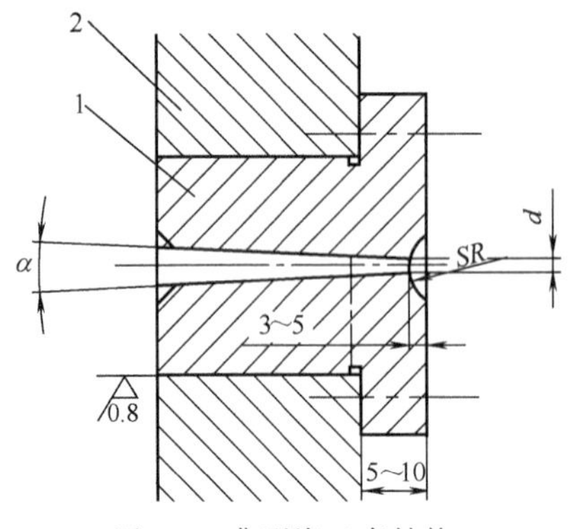

图 2-4　典型浇口套结构

1—定模座板；2—浇口套

一般都不将主流道直接开在定模板上，而是将其单独设在一个衬套中，然后将衬套镶入模板内，此衬套称为浇口套。图 2-4 为浇口套的结构尺寸。

注意：

① 主流道进口端与喷嘴头部接触处应做成球面凹坑（如图 2-5 所示）。通常主流道进口端凹坑的球面半径 SR 要比喷嘴球面半径 sr 大 1～2mm，凹入深度约 5mm，为了补偿主流道与喷嘴的对中误差，主流道进口端的直径 D 应比喷嘴出口直径 d 大 0.5～1mm。

② 主流道的锥角取 2°～4°，对流性差的塑料可增加大到 6°左右。

③ 主流道表壁的表面粗糙度取 R_a0.8～0.4。

④ 主流道出口端应与分流道之间呈圆滑过渡，过渡角 R 为 0.3～3mm。

⑤ 浇口套与安装孔应为过渡配合。

⑥ 浇口套与定模板之间的连接力必须足够，图 2-6 所示为用螺钉来固定定位圈，定位圈压紧浇口套的形式，也可采用注塑机固定模板压住定位圈，从而压紧浇口套的形式。

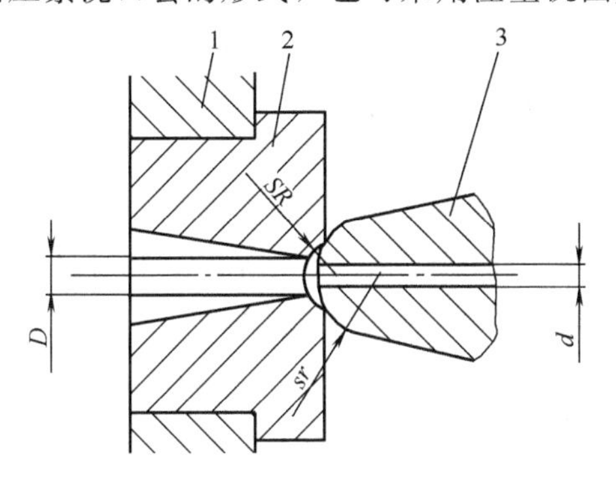

图 2-5　主流道始端与喷嘴不正确的配合

1—定模板；2—浇口套；3—喷嘴

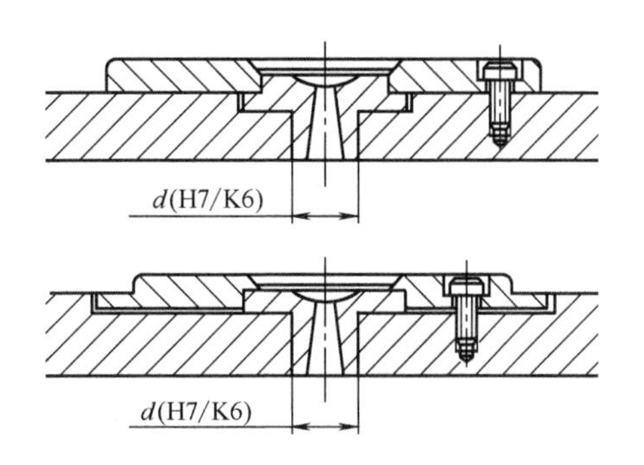

图 2-6　定位圈的安装形式

（三）冷却穴的结构

冷却穴一般设在主流道的末端，在动模或下模一侧。

① 使用推杆推出机构时冷却穴的设计如图 2-7 所示。

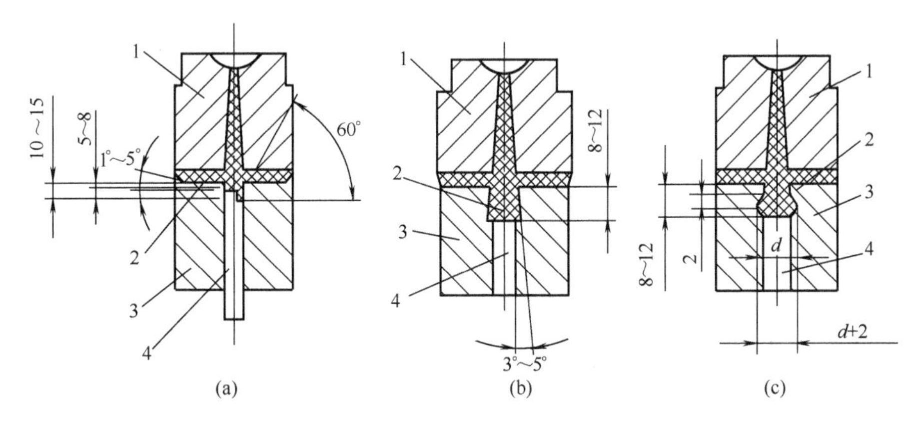

图 2-7　用推杆脱模时的冷料穴设计

1—定模；2—冷料穴；3—动模；4—推杆（拉料杆）

② 用推件板推出机构时冷料穴和拉料杆的设计，如图 2-8 所示。

③ 垂直分型面模具用的拉料穴，如图 2-9 所示。

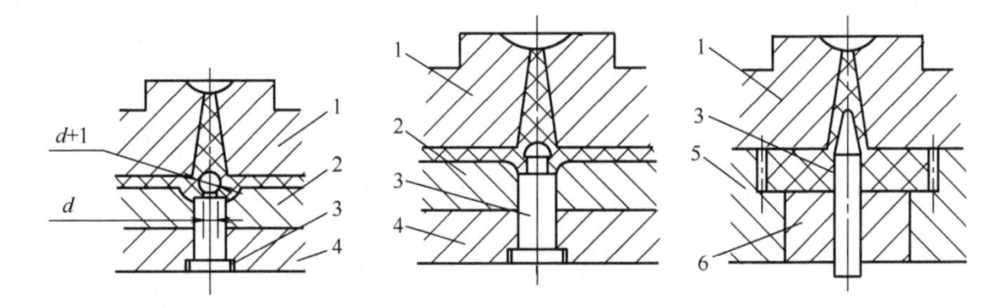

图 2-8　用推件板脱模时的冷料穴、拉料杆设计

1—定模；2—推件板；3—拉料杆；4—型芯固定板；5—动模板；6—推块

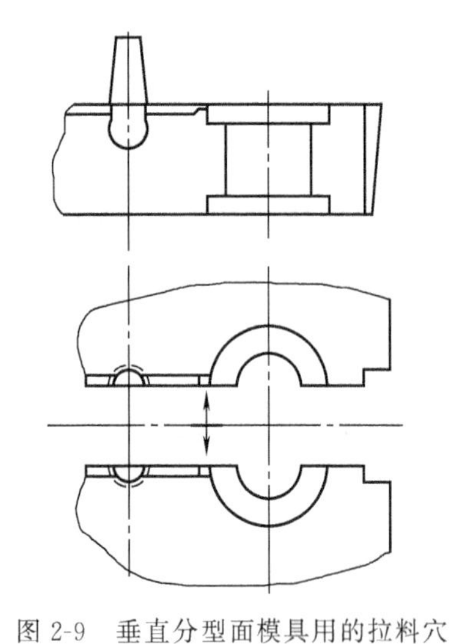

图 2-9 垂直分型面模具用的拉料穴

（四）分流道的结构

1. 分流道的断面形状及尺寸

分流道的断面形状有圆形、U 形、梯形和矩形等，如图 2-10 所示。从传热面积考虑，成型热固性塑料的压注模和注射模宜采用正方形断面的分流道，从散热面积考虑，热塑性塑料注射模分流道的断面形状则宜采用圆形。从分流道的加工难易来讲，半圆形与 U 形断面形状加工最方便。当然，分流道的断面形状及尺寸大小，应根据塑料品种、成型塑料件的体积、塑件壁厚、塑件形状、分流道长度以及注射速度等而定。

2. 分流道的布置形式

分流道的布置形式有平衡式和非平衡式，而平衡式布置较佳。

所谓平衡式布置就是将通往各个型腔的分流道的断面形状、大小及分流道长度都取作一致。如图 2-11 所示。

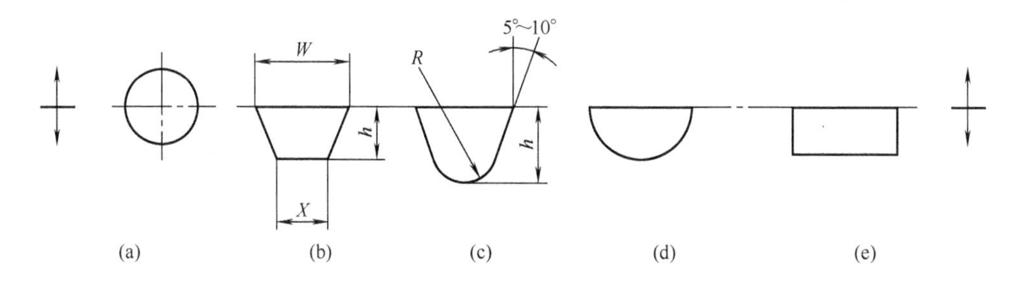

图 2-10 分流道断面形状

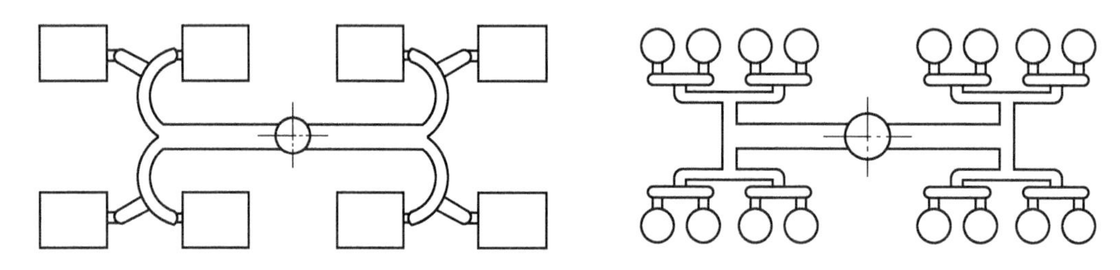

图 2-11 分流道的平衡式布局

非平衡式布置分流道如图 2-12 所示。优点：型腔数量较多时可缩短流道的长度，模具机构紧凑。缺点：精度要求特别高的塑件不宜采用。

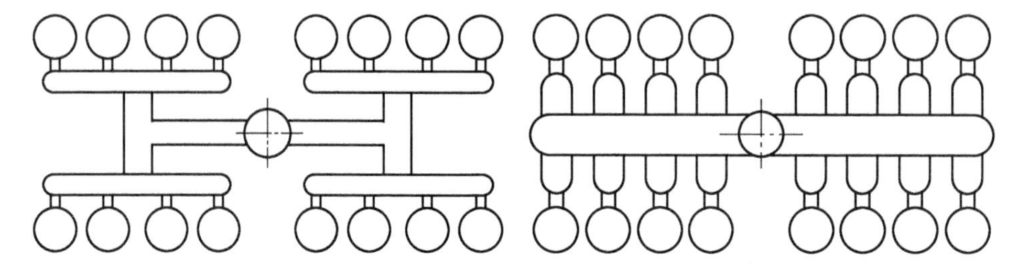

图 2-12 分流道的非平衡式布局

布置分流道时，还应注意使腔内塑料胀模力的中心与设备锁模力的中心重合，以防发生溢料现象。在图 2-13 中，图(a) 流道布置不合理，图(b) 合理。

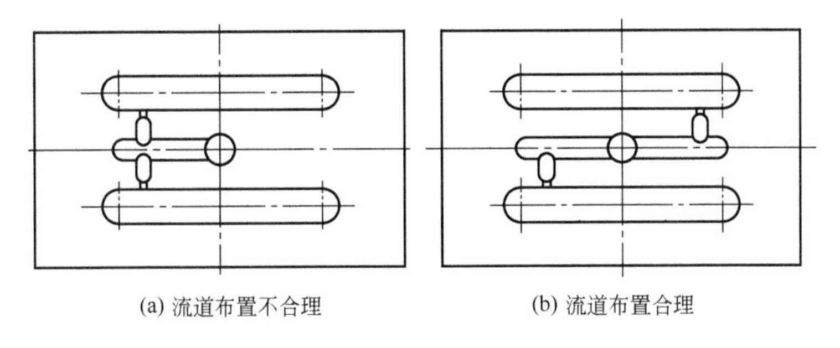

图 2-13　流道布置形式与锁模力的关系

当流道的长度较长时，可将分流道的尽头沿前进方向稍稍延长作为冷料穴，使冷料不致进入型腔。分流道冷料穴的实际参考尺寸为：$b=(1\sim1.5)d$；$b_1=(1\sim1.5)d_1$，如图 2-14 所示。

3. 分流道的转折过渡和表面粗糙度

分流道改变方向时，其转折处应做圆角过渡，使流动阻力减小。分流道的表面粗糙度取 $R_a1.6$。图 2-15(a) 所示的圆形浇口能够达到，图 2-15(b) 所示的梯形流道则不能达到。

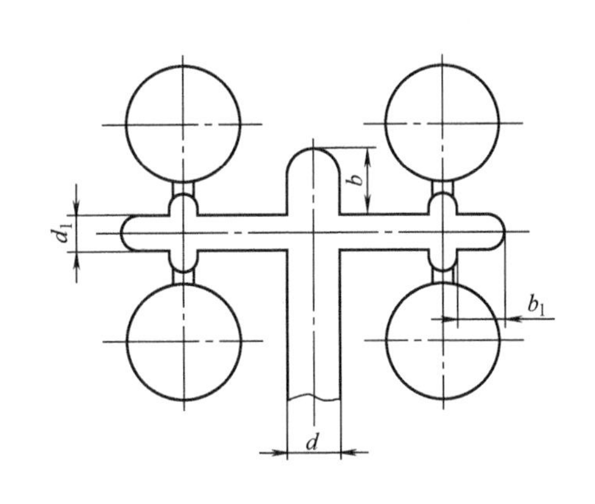

图 2-14　分流道的冷料穴结构

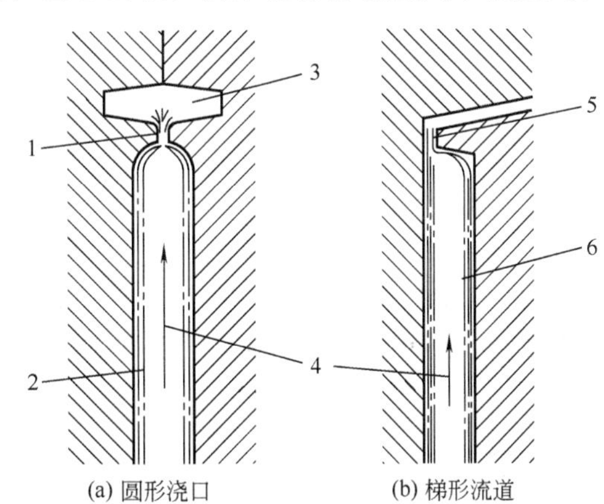

图 2-15　浇口与分流道的相对位置

1—圆形浇口；2—圆形分流道；3—制品；4—熔体流向；5—矩形浇口；6—梯形分流道

(五) 浇口的结构

1. 浇口形状及尺寸所产生的影响

浇口的断面形状有圆形、半圆形、矩形等，尺寸一般很小。

(1) 优点　取较小的浇口，可以增加熔料的充模流速，产生摩擦热或增大剪切速率来提高熔体的流动性，降低模塑周期；浇口处熔料首先凝固，封闭型腔，防止熔料倒流；成型后浇口处凝料最薄，容易与塑件断离。

(2) 缺点　浇口过小会造成太大的流动阻力，延长进料时间，甚至造成料流喷溅现象。

2. 浇口的类型

(1) 直接浇口　又称主流道型浇口，如图 2-16 所示。

优点：利于排气和消除熔接痕，模具机构简单而紧凑。

缺点：周期延长，超压填充，容易产生残余应力。适用于单腔模。

（2）侧浇口　一般开设在分型面上，由塑件侧面进料，如图 2-17 所示。广泛使用于多腔模。图 2-18(a)、(b) 所示浇口与分流道相接处采取斜面或圆弧过渡，图(c) 为分流道与浇口在宽度方向的连接情况。

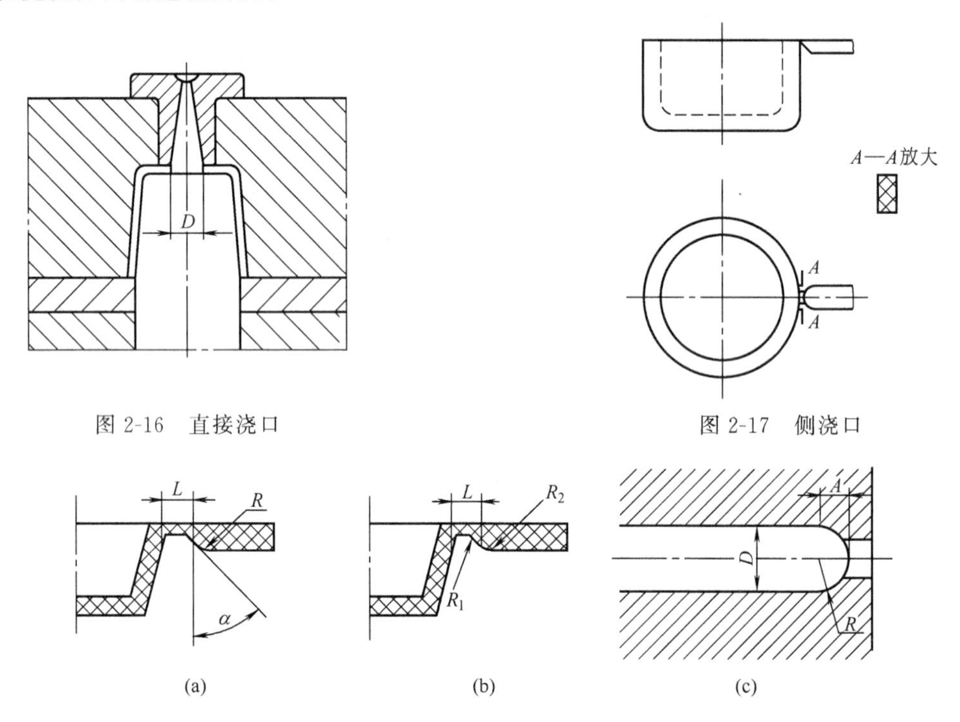

图 2-16　直接浇口

图 2-17　侧浇口

图 2-18　分流道与浇口的连接形式

（3）扇形浇口　如图 2-19 所示，它是矩形侧浇口的一种变异形式。如图 2-20 所示，如此浇口的加工虽困难一些，但有助于熔体均匀地流过扇形浇口。

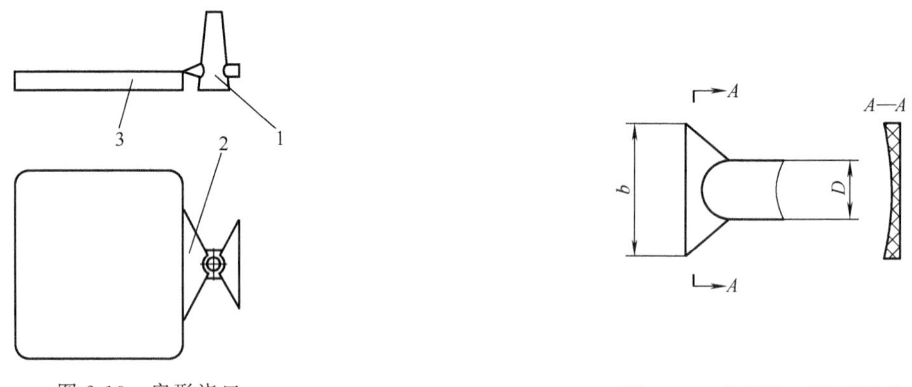

图 2-19　扇形浇口

1—分流道；2—浇口；3—塑件

图 2-20　扇形浇口断面形状

优点：使塑料充模时横向得到更均匀的分配，降低制品的内应力和带入空气的可能性。常用来成型宽度较大的薄片状制品。

（4）薄片浇口

特点：将浇口的厚度减薄，而宽度取作浇口边制品宽度的 1/4 至全宽，浇口台阶长约 0.65mm。

优点：能使物料在平行流道内均匀分配，以较低的线速度呈平行流均匀地进入型腔，降低了制品的内应力，减少了因取向而产生的翘曲。

缺点：提高了制品的生产成本。适于成型大面积的扁平制品，如图 2-21 所示。

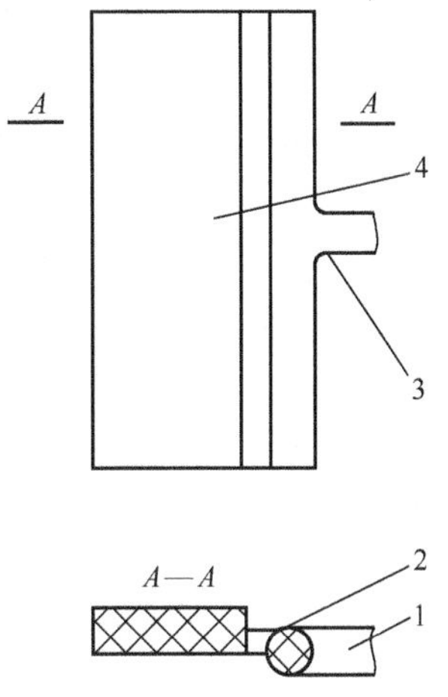

图 2-21　薄片浇口

1—平行浇道；2—浇口；3—分流道；4—制品

(5) 环形浇口

优点：进料均匀，流速大致相同，空气容易顺序排出，同时避免了侧浇口的型芯对面的熔接痕。主要用于圆筒形制品或中间带有孔的制品，如图 2-22 所示。

(6) 轮辐浇口　这种浇口将整圆周进料改成了几小段圆弧进料，如图 2-23 所示。

优点：去除浇口方便，浇口回头料较少。

缺点：熔接痕增多，塑件强度受到影响。

(7) 爪形浇口　分流道与浇口不在同一个平面内，如图 2-24 所示。

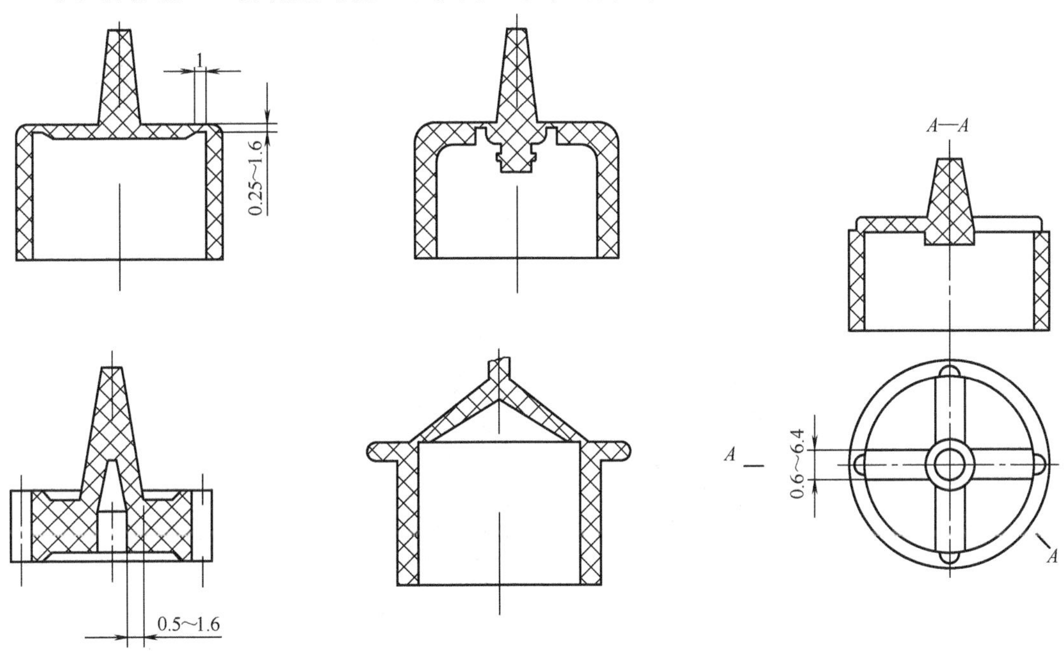

图 2-22　环形浇口

图 2-23　轮辐浇口

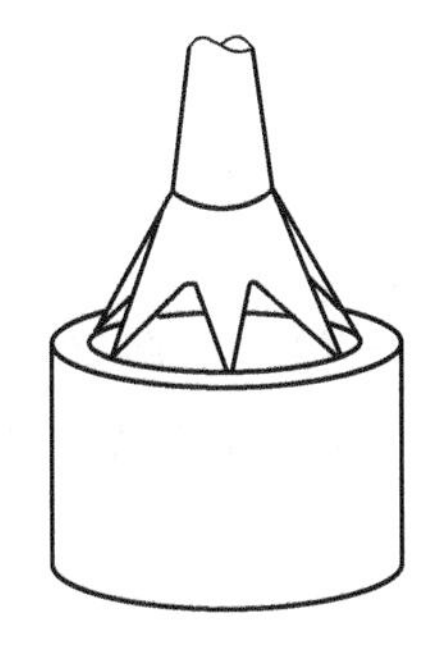

图 2-24　爪形浇口

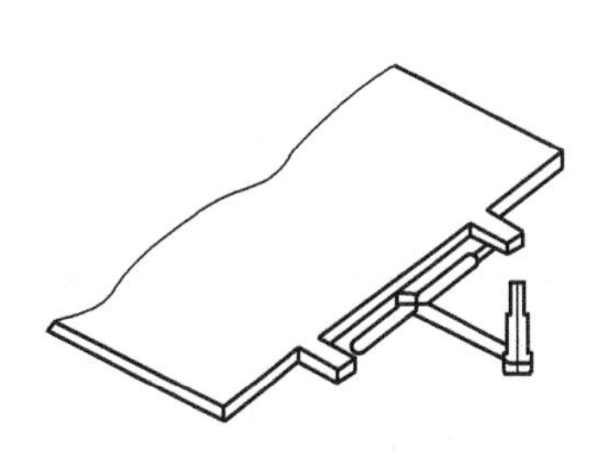

图 2-25　护耳浇口

（8）护耳浇口　小浇口加护耳，如图 2-25 所示。

作用：可以避免喷射现象，降低速度，均匀地进入型腔，确保制件质量。

缺点：割除护耳比较麻烦。适于有机玻璃、聚碳酸酯等透明材料和大型 ABS 塑料成型。

（9）点浇口　是一种断面尺寸很小的浇口。如图 2-26 所示。

优点：自行切断，无需修剪浇口，生产效率高。单腔模多腔模均适用。断离后的点浇口凝料可以由手工取出或靠点浇口自动脱落机构脱模。如图 2-27～图 2-29 所示。

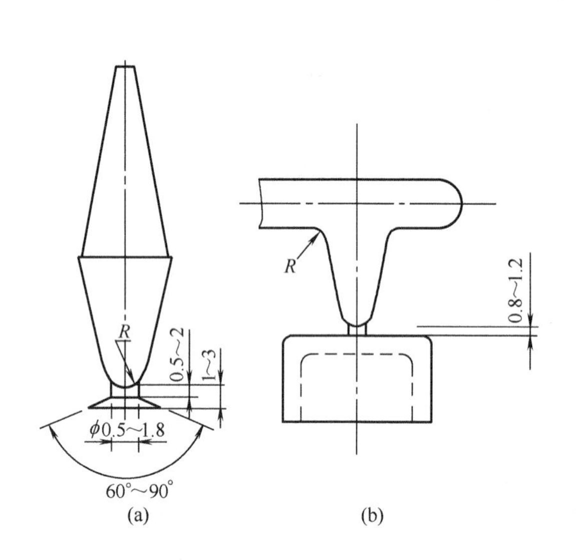

图 2-26　点浇口

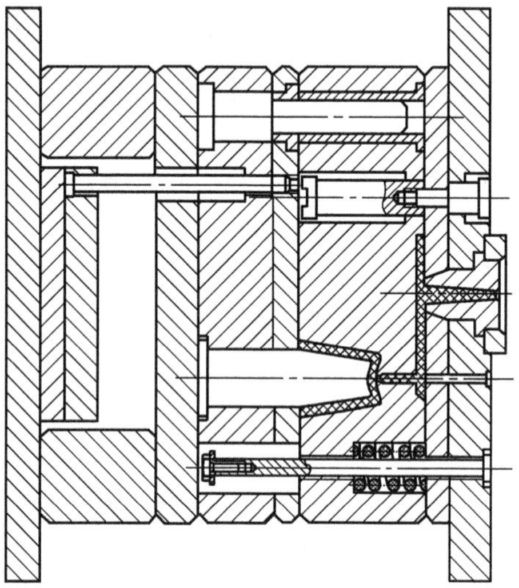

图 2-27　自动脱出点浇口流道凝料（多腔模）（一）

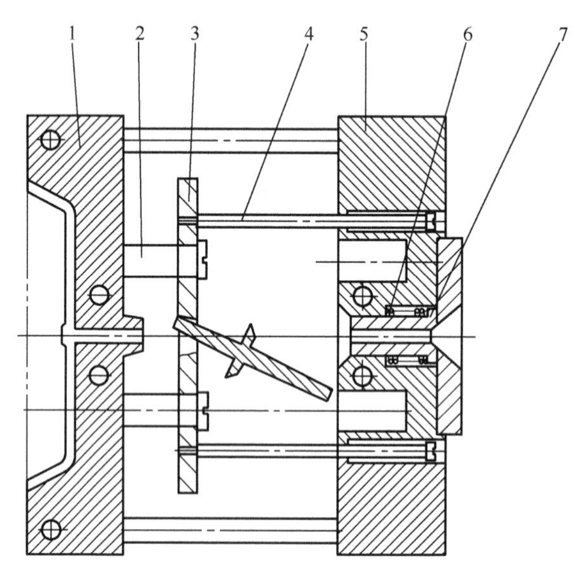

图 2-28　自动脱出点浇口流道凝料（单腔模）（二）

1—凹模板；2—限位螺钉；3—脱流道拉板；4—限位螺钉；5—定模座板；6—弹簧；7—浇口套

（10）潜伏浇口　采用潜伏浇口只需要两板式的单分型面模具，而采用点浇口则需要三板式的双分型面模具。如图 2-30 所示。

特点：

① 浇口位置一般选择在制品侧面不影响外观的地方（见图 2-30）或是加工圆柱形分流

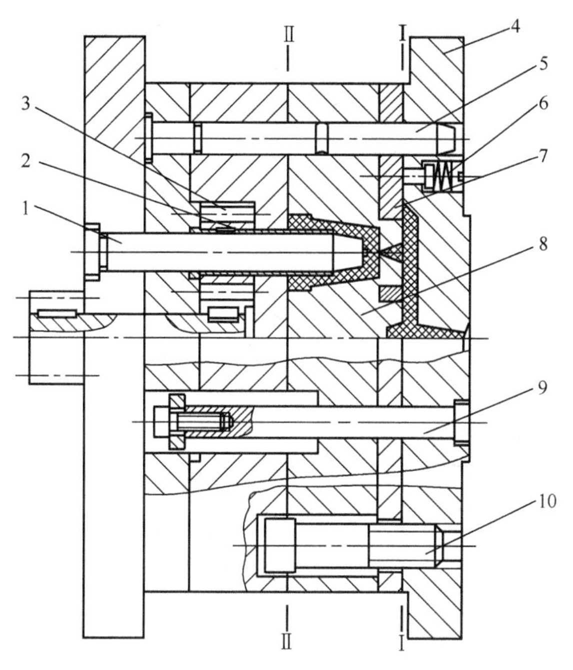

图 2-29　自动脱出点浇口流道凝料（三）

1—凸模；2—螺纹型芯；3—齿轮；4—定模座板；5—导柱；6—弹簧顶销；7—脱流道拉板；8—凹模；9—限位导柱；10—限位螺钉

道（见图 2-31）；

② 分流道设置在分型面上；

③ 浇口部位宜设计为镶拼结构（见图 2-32）。

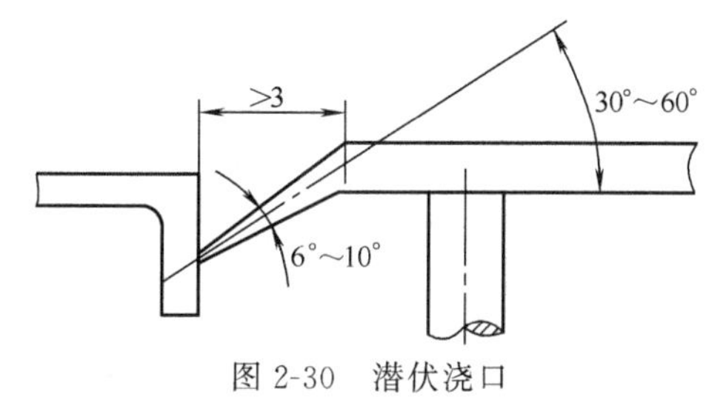

图 2-30　潜伏浇口

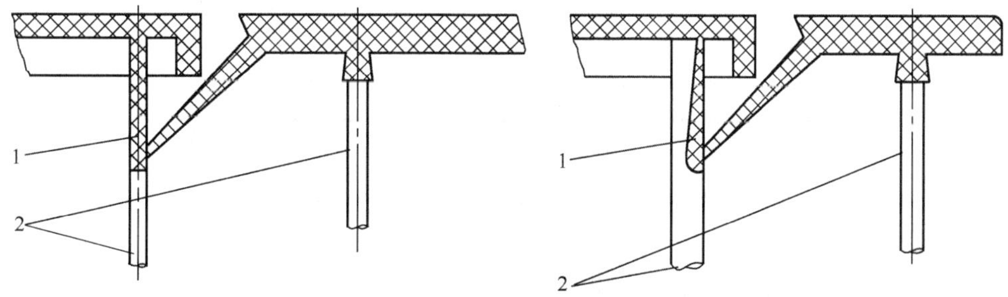

图 2-31　潜伏浇口开在过渡流道（分流道）处

1—过渡流道凝料；2—推杆

三、成型零部件结构

成型零件是直接与塑料接触、成型塑件的零件，也就是构成模具型腔的零件。成型塑件

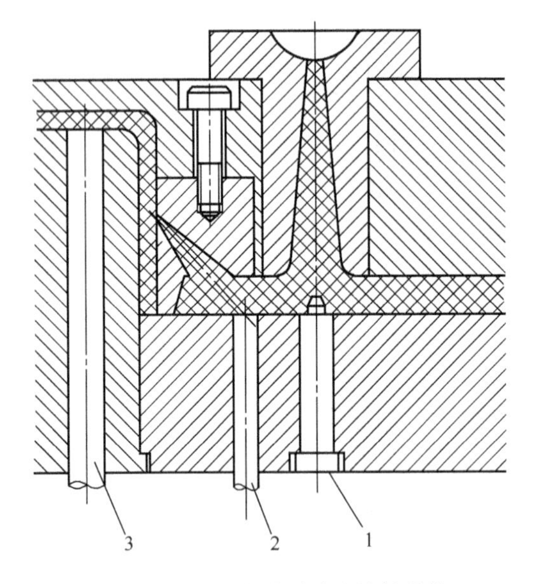

图 2-32 浇口部位设计为镶拼结构

1—拉料杆；2—分流道推杆；3—推杆

外表面的零件为凹模，成型塑件内表面的零件为型芯。由于成型零件直接与高温高压的塑料接触，因此要求其具有足够的强度、刚度、硬度和耐磨性，较高的精度，较低的表面粗糙度。成型零件通常包括凹模、型芯。径向尺寸较大的型芯可称为凸模，径向尺寸较小的型芯可称为成型杆。成型塑件外螺纹的凹模可称为螺纹型环，成型塑件内螺纹的型芯可称为螺纹型芯。成型零件是塑料模中最关键的部位，是模具的心脏。

（一）凹模的结构

凹模是成型塑料制品外形的主要零件。根据塑料制品成型的需要和加工与装配的工艺要求，凹模有整体式和组合式两类。

1. 整体式凹模

整体式凹模如图 2-33 所示，这种凹模结构简单，成型的制品质量较好。随着数控加工技术和电加工技术的发展与应用，采用整体式凹模将会愈来愈多。

2. 组合式凹模

组合式凹模改善了加工性，减少了热处理变形，节约了模具钢，但装配调整较麻烦，有时制品表面可能有拼块的拼接线痕迹。组合式凹模主要用于形状复杂的塑料制品的成型。

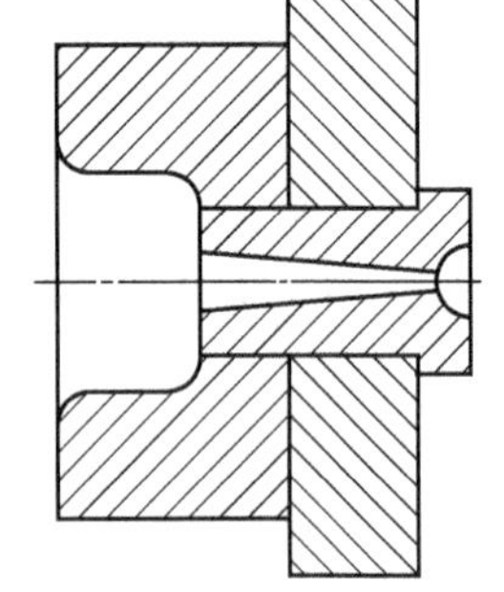

图 2-33 整体式凹模

组合式凹模的组合方式是多种多样的。

(1) 嵌入式组合凹模　一般可以分两种形式：整体嵌入式组合凹模和局部镶嵌式组合凹模。整体嵌入式组合凹模这种结构的凹模形状、尺寸一致性好，更换方便。凹模的外形通常是圆柱形，与模板的装配及配合见图 2-34。

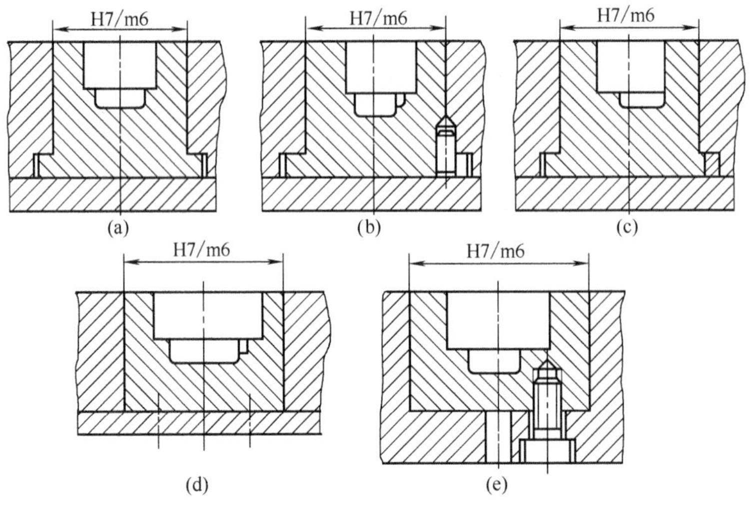

图 2-34 整体嵌入式组合凹模

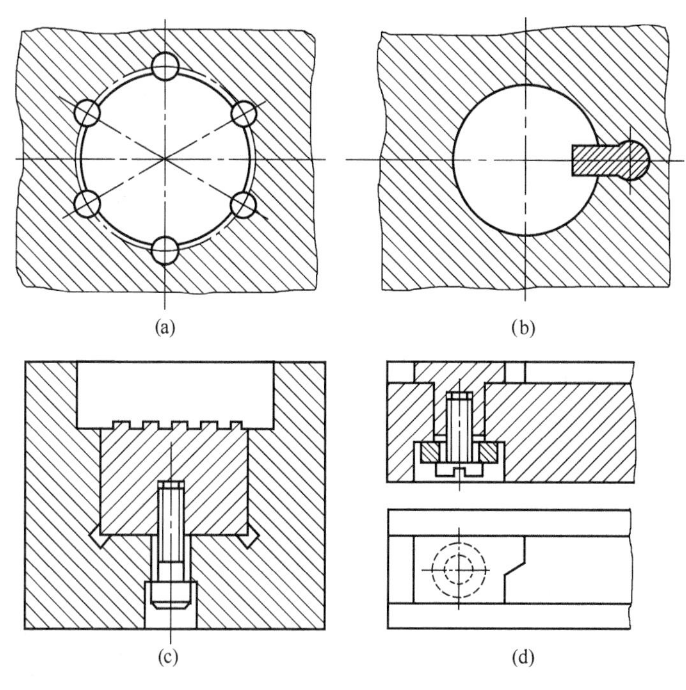

图 2-35　局部镶嵌式组合凹模

在有些塑料制品成型的凹模上，有的部位特别容易磨损，或者是难以加工，这时常把凹模的这一部位做成镶件，然后嵌入模体，这种凹模可称为局部镶嵌式组合凹模。如图 2-35 所示。

（2）镶拼组合式凹模　为了便于切削加工、抛光、研磨和热处理，整个凹模型腔可由几个部分镶拼而成。镶拼的方法如下。

当凹模型腔底部比较复杂或尺寸较大时，可把凹模做成通孔型的，再镶上底部，如图 2-36 所示。

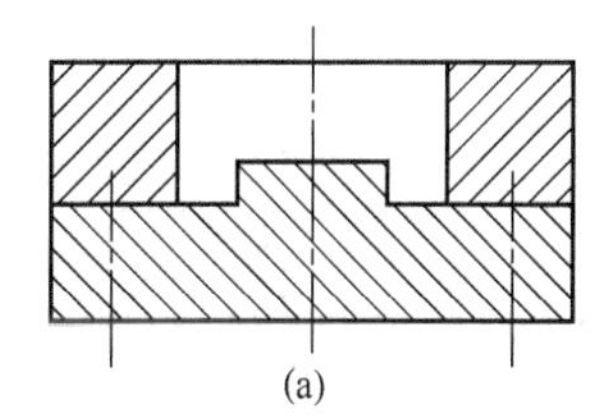

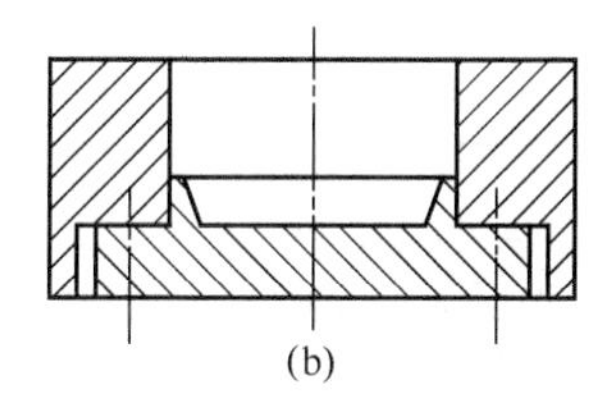

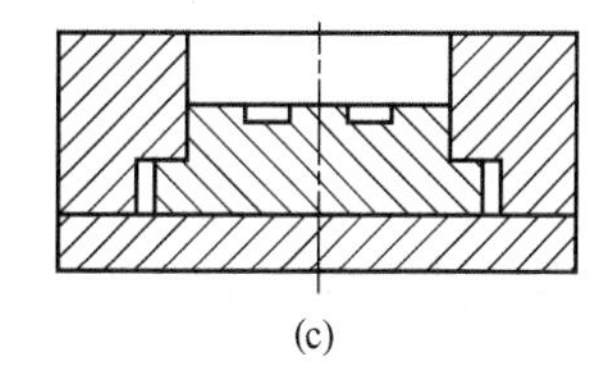

图 2-36　凹模底部镶拼结构

对于大型凹模，为了便于加工，有利于淬透、减少热处理变形和节省模具钢，凹模侧壁也采用拼块结构，侧壁之间采用扣锁连接以保证装配的准确性，减少塑料挤入接缝。如图 2-37 所示。

在中小型注塑模中，侧壁拼块之间可直接用螺钉和销钉固定而不用模套紧固。

3. 瓣合式凹模

对于侧壁带凹的塑料制品（如线圈骨架），为了便于塑料制品脱模，可将凹模做成两瓣或多瓣组合式，成型时瓣合，脱模时瓣开。常见的瓣合式凹模是两瓣组合式，如图 2-38(a) 所示。它由两瓣对拼镶块、定位导销和模套组成。这种凹模通常称为哈夫（half）凹模。图 2-38(b) 用于单型腔压制小型塑料制品且成型压力不大的场合；对于多型腔的凹模宜用矩形拼块结构，如图 2-38(c) 所示；图 2-38(d) 和图 2-38(e) 为封闭式模套的瓣合模，在推出凹模拼块时，利用如图所示的 12°斜面或斜滑槽，使拼块分开来，以便取出制品。这种结构的

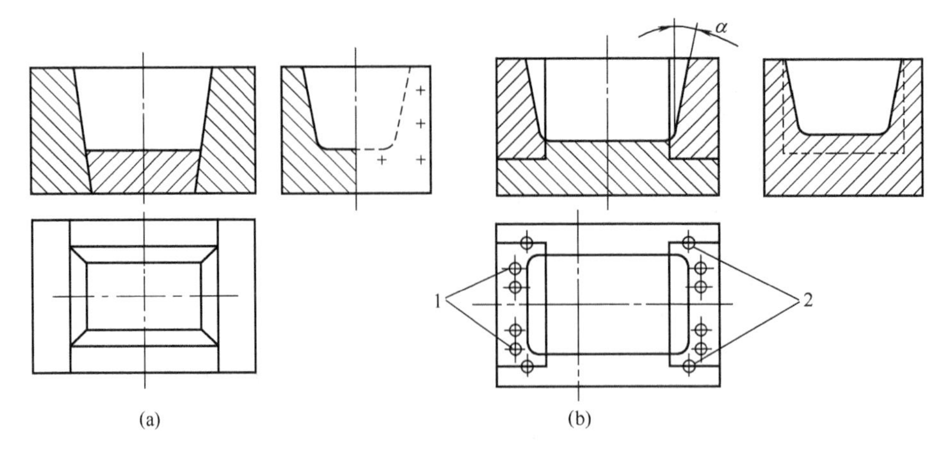

图 2-37 凹模侧壁镶拼结构

1—螺钉；2—销钉

凹模用于成型尺寸较大的制品或多型腔成型压力较大的场合；图 2-38(f) 为注射模上的瓣合结构，在实际生产中应用效果很好。

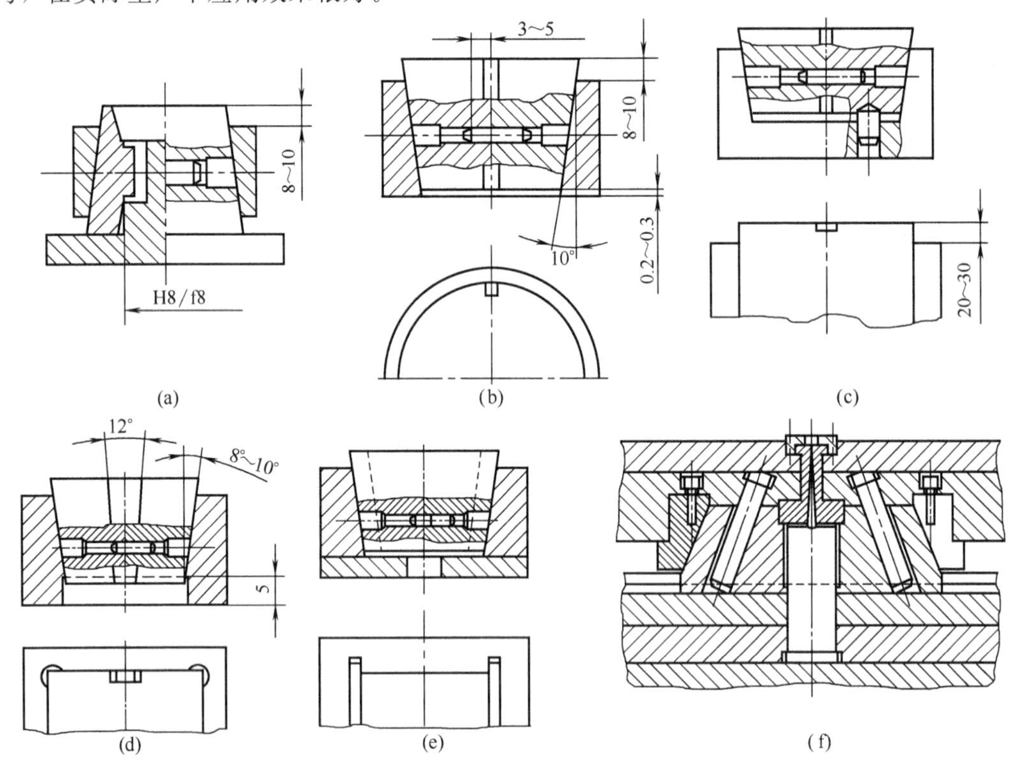

图 2-38 两瓣组合式凹模

综上所述，组合式凹模的优点是，改善了复杂凹模的加工工艺，减少了热处理变形，有利于排气，便于模具的维修，节约贵重的模具钢材。这样保证组合式模具型腔精度和装配的牢固性，减少制品上留下镶拼的痕迹，提高了塑料制品的质量，模塑操作方便。

(二)型芯的结构

型芯是成型塑料制品内表面的成型零件。根据型芯所成型零件内表面大小不同，通常又有型芯（压缩模中称凸模）和成型杆之分。型芯一般是指成型制品中较大的主要内形的成型零件，又称主型芯；成型杆一般是指成型制品上较小孔的成型零件，又称小型芯。下面介绍型芯和成型杆的主要结构形式。

1. 型芯

型芯有整体式和组合式两类。

图 2-39 为整体式型芯。其中图 2-39(a) 表示型芯与模板为一整体，其结构牢固，成型的制品质量较好，但消耗贵重模具钢多，不便加工，主要用于形状简单的型芯；图 2-39(b)～图 2-39(d) 表示为了节约贵重模具钢和便于加工而把模板和型芯采用不同材料制成，然后连接起来。图 2-39(b)、图 2-39(c) 用螺钉、销钉连接，结构较简单。图 2-39(c) 采用局部嵌入固定，其牢固性比图 2-39(b) 的好。图 2-39(d) 采用台阶连接，连接牢固可靠，是一种常用的连接方法，但结构较复杂，为防止固定部分为圆形而成型部分为非圆形的型芯在固定板内旋转，必须装防转销以止转。

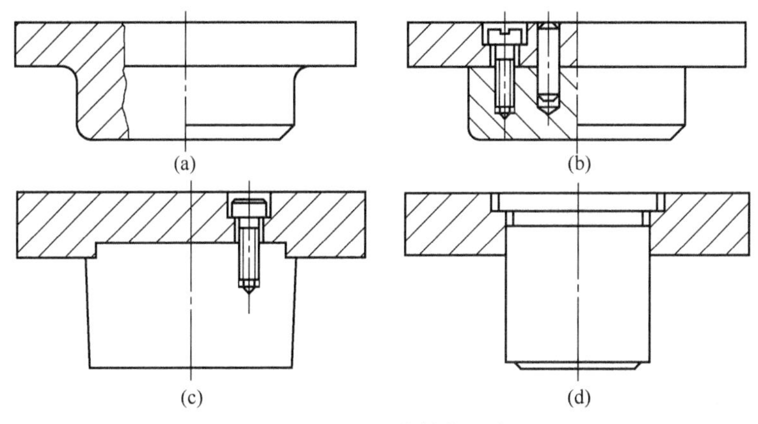

图 2-39　型芯的结构形式

图 2-40 为镶拼组合式型芯。复杂形状的型芯，如果采用整体式结构，加工较困难，而采用拼块组合，可简化加工工艺。

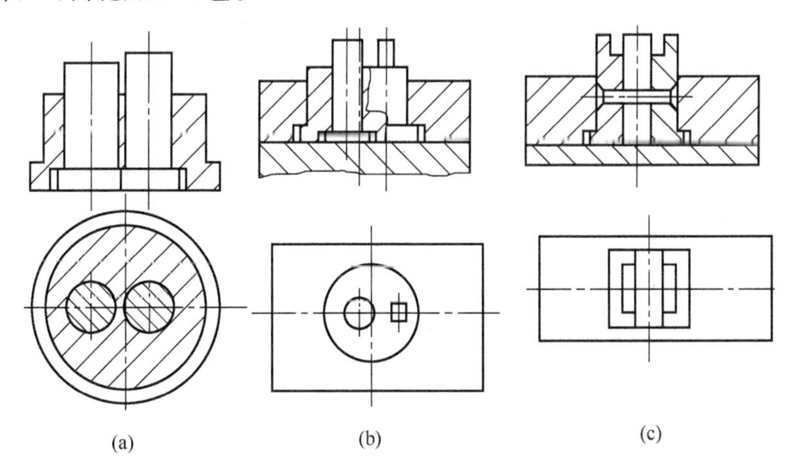

图 2-40　镶拼组合式型芯

采用组合式型芯的优缺点与组合式凹模的基本相同。制造这类型芯时，拼接必须牢靠严密。图 2-40(a) 中两个小型芯如果靠得太近，则不宜采用这种结构，而应采用图 2-40(b) 的结构，以免热处理时薄壁处开裂。

2. 成型杆（小型芯）

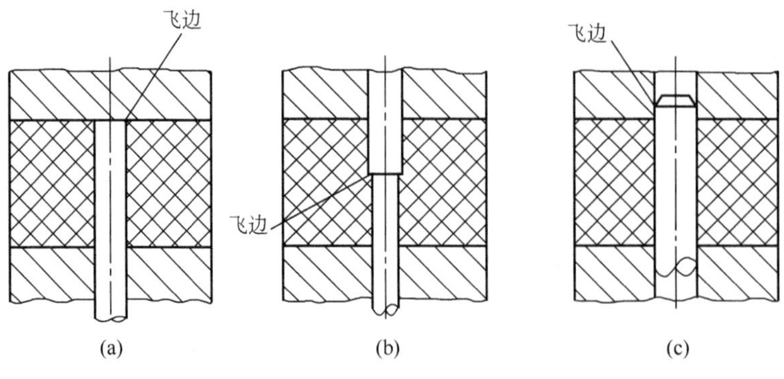

图 2-41 通孔的成型方法

塑料制品上的孔或槽通常用小型芯来成型。通孔的成型方法如图 2-41(c) 所示，其中图 2-41(a) 表示由一端固定的型芯成型，这种结构的型芯容易在孔的一端形成难以去除的飞边，如果孔较深则型芯较长，容易弯曲。

从孔的成型方法中可以看出，对于成型孔和槽的小型芯，通常是单独制造，然后以嵌入方法固定。

3. 螺纹型芯和螺纹型环

塑料制品上的内螺纹（螺孔）采用螺纹型芯成型，外螺纹采用螺纹型环成型。螺纹型芯和螺纹型环还可以用来固定带螺孔和螺杆的嵌件。螺纹型环和螺纹型芯在塑料制品成型之后必须卸除，卸除的方法有两种：一种是在模具上自动卸除；另一种是在模外手动卸除。

四、推出机构组成与结构

在注射成型的每一周期中，必须将塑件从模具型腔中脱出，这种把塑件从型腔中脱出的机构称为脱模机构，也可称为顶出机构或推出机构。推出机构的动作是通过装在注射机合模机构上的顶杆或液压缸来完成的。

对脱模机构的要求是：保证塑件不变形损坏；结构可靠且工作可靠，具有足够的强度、刚度，运动灵活，加工、更换方便。

(一) 脱模机构分类

脱模机构的分类方法很多，可以按动力来源分类，也可以按模具的结构形式分类。

1. 按动力来源分类

(1) 手动脱模机构　开模后，用人工操纵脱模机构动作，脱出塑件，或直接由人工将塑件从模具中脱出。

(2) 机动脱模机构　利用注射机的开模力（开模动作）驱动脱模机构脱出制品。

(3) 液压脱模机构　利用注射机上设有的液压顶出油缸驱动脱模机构脱出制品。

(4) 气压脱模机构　利用压缩空气将塑件脱出。

2. 按模具结构形式分类

① 一次脱模机构。

② 顺序脱模机构。

③ 二次脱模机构。

④ 浇注系统凝料脱模机构。

⑤ 带螺纹塑件的脱模机构。

（二）脱模机构的结构组成

脱模机构主要由推出零件、推出零件固定板和推板、推出机构的导向与复位部件等组成。

如图 2-42 所示的模具中，推出机构由推板导柱 1、推杆 2、凝料推杆 3、支承钉 4、复位杆 5、推杆垫板 6、推杆固定板 7 等组成。开模时，动模部分向左移动，开模一段距离后，当注射机的顶杆（非液压式）接触模具推杆垫板 6 后，推杆 2、凝料推杆 3 与推杆固定板 7 及推杆垫板 6 一起静止不动，当动模部分继续向左移动，塑件就由推杆从凸模上推出。

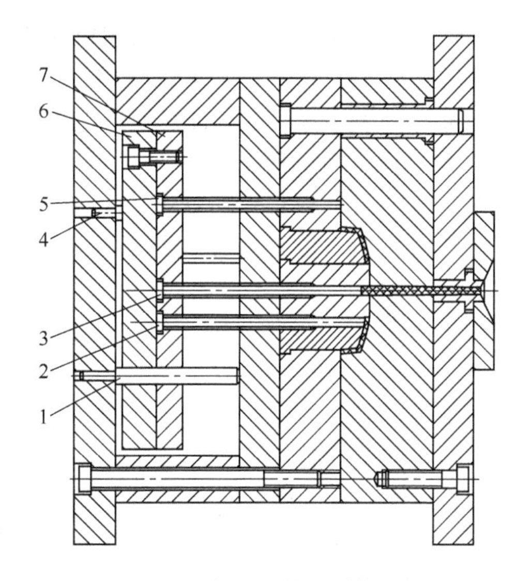

图 2-42　推出机构（脱模机构）

1—推板导柱；2—推杆；3—凝料推杆；4—支承钉；5—复位杆；6—推杆垫板；7—推杆固定板

推出机构中，凡直接与塑件相接触、并将塑件推出型腔或型芯的零件称为推出零件。常用的推出零件有推杆、推管、推件板、成型推杆等。

图 2-42 中推出零件为推杆 2 与凝料推杆 3。推杆固定板 7 和推杆垫板 6 由螺钉连接，用来固定推出零件。为了保证推出零件合模后能回到原来的位置，需设置复位机构，图 2-42 中复位机构为复位杆 5。推出机构中，从保证推出平稳、灵活的角度考虑，通常还设有导向装置，图 2-42 中导向装置为推板导柱 1（有时需推板导套）。除此之外还有支承钉 4，使推板与底板间形成间隙，易保证平面度要求，并且有利于废料、杂物的去除，另外还可以通过支承钉厚度的调节来控制推出距离。

（三）一次推出机构

一次推出机构也叫简单推出机构，即塑件在推出机构作用下，通过一次动作就可脱出模外。它一般包括推杆推出机构、推管推出机构、推件板推出机构、推块推出机构等，这类推出机构最常见，应用也最广泛。

1. 推杆推出机构

这是最简单最常用的一种形式；推杆的截面形状可以根据塑件的情况而定，如圆形、矩形等，其中以圆形最常用，因为它有加工、更换都很方便，脱模效果好等优点。图 2-42 为推杆推出机构的例子。

2. 推管推出机构

如图 2-43 所示，推管推出塑件的运动方式与推杆推出塑件基本相同，只是推管中间固

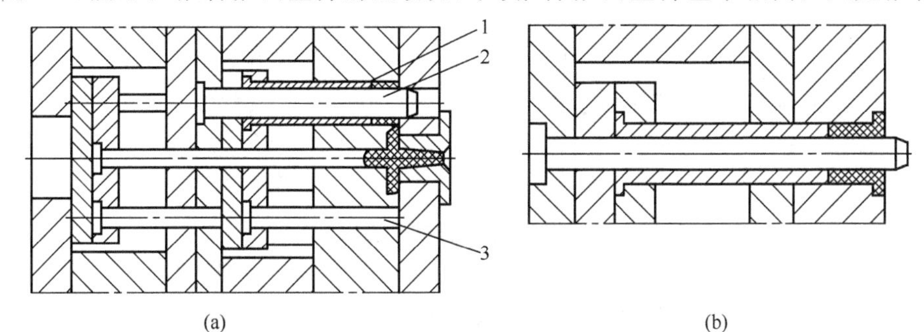

图 2-43　推管推出机构

1—推管；2—型芯；3—复位杆

定一个长型芯。图 2-43(a) 所示结构使模具的闭合高度加大，但结构可靠，多用于推出距离不大的场合；图 2-43(b) 所示结构将型芯固定在动模座板上，型芯虽长，但结构紧凑。推管推出机构动作均匀可靠，且在塑件上不留任何推出痕迹。

3. 推件板推出机构

推件板推出机构是由一块与凸模按一定配合精度相配合的模板，在塑件的整个周边端面上进行推出，因此，作用面积大，推出力大而均匀，运动平稳，并且塑件上无推出痕迹。

图 2-44 所示为推件板推出机构的示例。图 2-44(a) 由推杆推动推件板 4 将塑件从凸模上推出，这种结构的导柱应足够长，并且要控制好推出行程，以防止推件板脱落；图 2-44(b) 的结构可避免推件板脱落，推杆的头部加工出螺纹，拧入推件板内，图 2-44(a)、图 2-44(b) 这两种结构是常用的结构形式；图 2-44(c) 是推件板镶入动模板内，推件板和推杆之间采用螺纹连接，这样的结构紧凑，推件板在推出过程中也不会脱落；图 2-44(d) 是注射机上的顶杆直接作用在推件板上，这种形式的模具结构简单，适用于有两侧顶出机构的注射机。

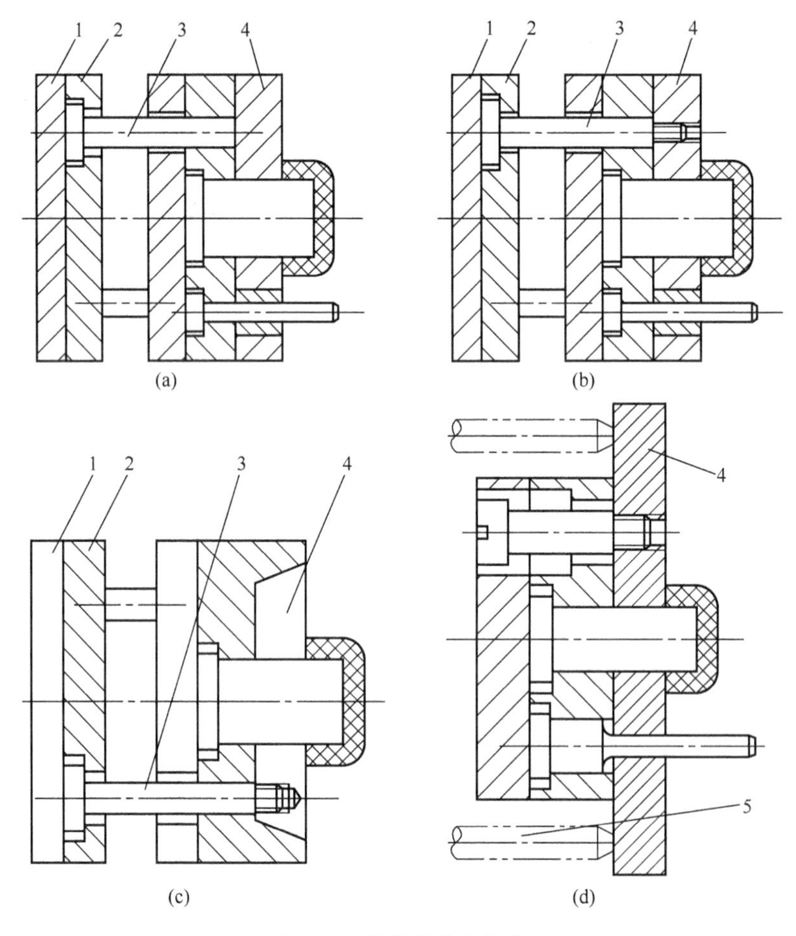

图 2-44 推件板推出机构

1—推板；2—推杆固定板；3—推杆；4—推件板；5—注射机顶杆

在推出过程中，由于推件板和型芯有摩擦，所以推件板也必须进行淬火处理，以提高耐磨性，但对于外形为非圆形的塑件来说，复杂形状的型芯又要求淬火后能与淬硬的推件板很好相配，这样配合部分的加工就较困难，因此，推件板推出机构主要适用于塑件内孔为圆形或其他简单形状的场合。

（四）顺序分型推出机构

在模具设计时，为使推出机构的结构较简单，操作较方便，通常都使塑件留在动模一边，以便借助于开模力推出留在动模边的塑件。但对一些形状特殊的塑件，开模后，这类塑件既可能留在动模一侧，也可能留在定模一侧。这时为了能让塑件顺利脱模，需考虑动、定模两侧都设推出机构。如图 2-45 所示，开模时，在弹簧 2 的作用下 A 分型面分型，塑件先从型芯上脱下，保证其留在动模上，当限位螺钉 1 与定模板 3 接触后，B 分型面分型，最后在推杆 5 的作用下将塑件推出模外。这类机构称为顺序分型推出机构，又称动、定模双向推出机构。

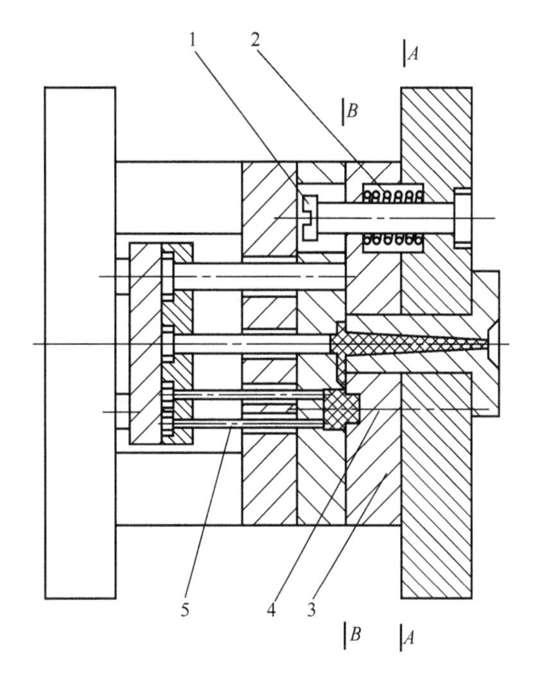

图 2-45　顺序分型推出机构（双向推出机构）
1—限位螺钉；2—弹簧；3—定模板；4—型芯；5—推杆

（五）二次推出机构

在一般情况下，塑件的推出动作都是一次完成的，但是由于塑件的形状特殊或生产自动化的需要，一次推出动作完成后，塑件难以全部脱出模外，如顶出力太大，易使塑件产生变形、甚至破坏，此时可采用二次推出，以分散脱模力，使塑件自动脱落。这类推出机构称为二次推出机构，或二次脱模机构。这类推出机构的结构形式很多，现举例如下。

图 2-46 所示为一个由摆块和拉杆组合来实现的二次推出机构。图 2-46(a) 为合模状态；开模后，固定在定模侧的拉杆 10 拉住摆块 7，使摆块 7 推起动模型腔板 9，从而使塑件脱出型芯 3，完成第一次推出，如图 2-46(b) 所示，其推出距离由定距螺钉 2 来控制；图 2-46(c) 是第二次推出的情形，一次推出后，动模继续运动，最后推出机构动作，推杆 11 将塑件从动模型腔板 9 中推出，完成第二次推出。图中推出机构的复位由复位杆 6 来完成，弹簧 8 是用来保证摆块与动模型腔始终相接触，以免影响拉杆的正确复位。

（六）浇注系统凝料脱模机构

为了取出浇道凝料，在确定产品定模板和动模板的分型面后，还必须增加一个分流道推板，在分流道推板和定模板之间形成另一个分型面，以便开模后分别在不同的分型面取出产品和浇道凝料。这种模具结构为典型的三板模结构。

为了实现次序分模，通常在开模时，先打开分流道推板与定模板所形成的分型面，以便将浇道凝料首先与产品拉断后分离开来。然后再将浇道凝料在分流道推板与定模座板之间分开，将收缩在拉料杆上的凝料从拉料杆和主浇道衬套中拉出。拉料杆安装在定模座板上，以拉住浇道凝料，保证浇道凝料在被水口推板推出之前，先与产品分离。拉料杆的结构如图 2-47 所示。

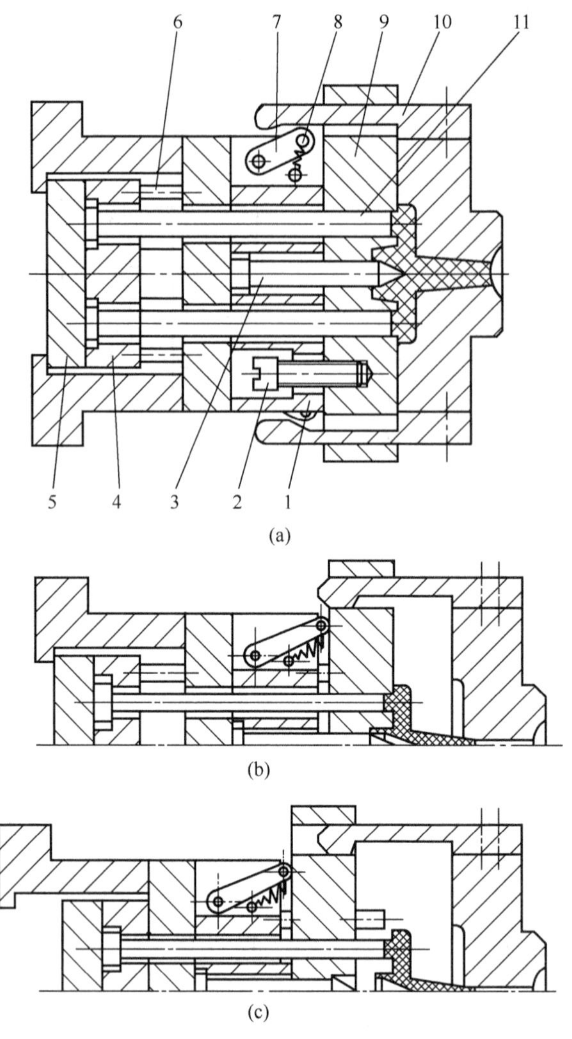

图 2-46 摆块拉杆式二次推出机构

1—型芯固定板；2—定距螺钉；3—型芯；4—推杆固定板；5—推板；6—复位杆；
7—摆块；8—弹簧；9—动模型腔板；10—拉杆；11—推杆

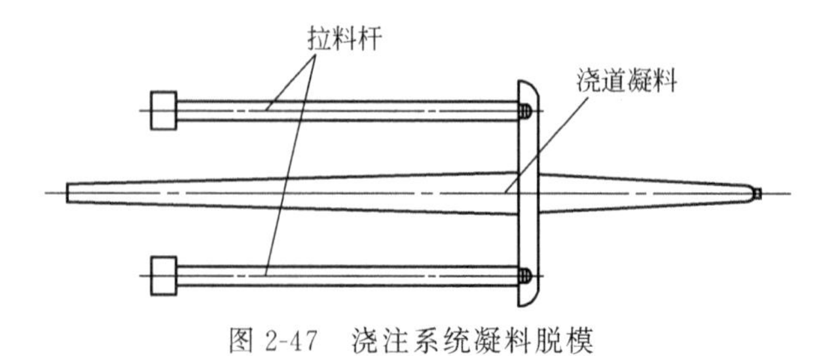

图 2-47 浇注系统凝料脱模

（七）带螺纹塑件的脱模机构

通常塑件上的内螺纹由螺纹型芯成型，而塑件上的外螺纹则由螺纹型环成型。为了使塑件从螺纹型芯或螺纹型环上脱出，塑件和螺纹型芯或螺纹型环之间除了要有相对转动以外，还必须要有相对的轴向移动。根据塑件上螺纹精度要求和生产批量的不同，塑件上的螺纹常用以下三种方法来脱模。

1. 强制脱模

这种脱模方式多用于螺纹精度要求不高的场合，它适用于聚乙烯、聚丙烯等软性塑料，采用强制脱模，可使模具的结构比较简单，如图 2-48 所示。

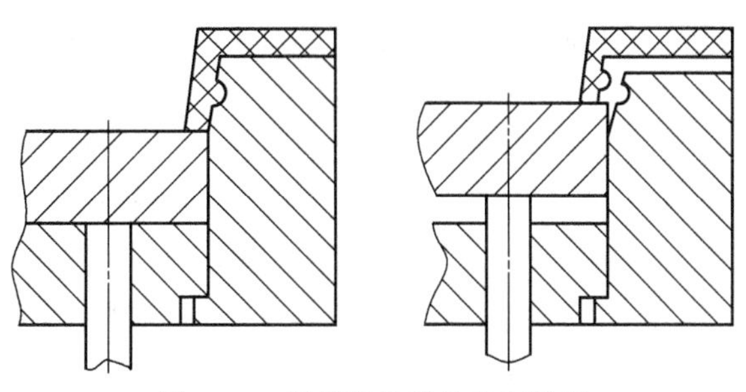

图 2-48　利用塑件弹性强制脱模

2. 手动脱模

手动脱出螺纹主要有两种形式。一种为机内型，如图 2-49(a) 所示，塑件成型后，需要先用工具将螺纹型芯拧下来，然后再由推出机构将塑件推出模外。另一种为机外型，如图 2-49(b) 所示，开模时螺纹型芯或螺纹型环随塑件一起脱出模外，然后在模外使用专用工具由人工将塑件从螺纹型芯或螺纹型环上拧下来。这种形式的模具结构虽然简单，但操作麻烦，不适用于大批量生产。

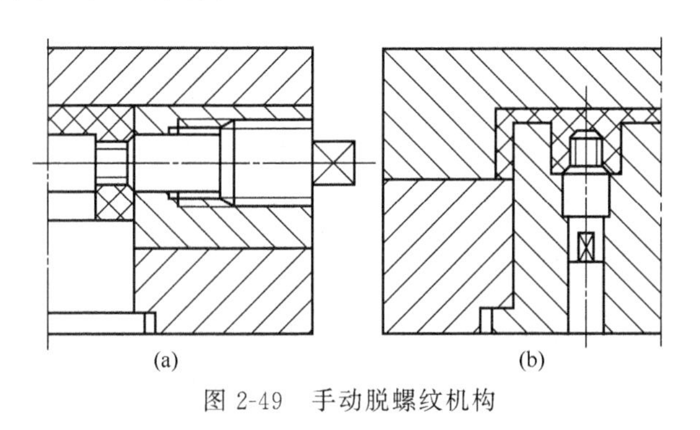

图 2-49　手动脱螺纹机构

3. 机动脱模

这种机构是利用开合动作使螺纹型芯脱出和复位。模具结构较复杂，成本高，生产率高，适用于大批量生产。如图 2-50 所示。开模时，齿条导柱 9 带动齿轮机构和一对锥齿轮 1、2，锥齿轮又带动圆柱齿轮 3 和 4，使螺纹型芯 5 和螺纹拉料杆 8 旋转，在旋转过程中，塑件一边脱开螺纹型芯，一边向上运动，直到脱出动模板 7 为止。图中螺纹拉料杆 8 的作用是为了把主流道凝料从定模中拉出，使其与塑件一起滞留在动模一侧。

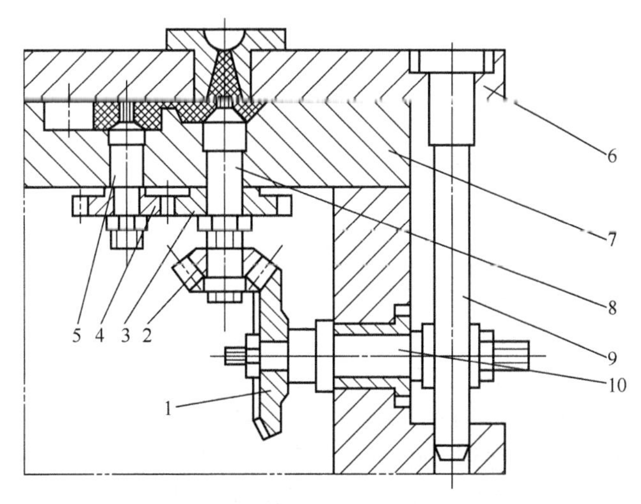

图 2-50　齿轮齿条脱螺纹型芯机构

1,2—锥齿轮；3,4—圆柱齿轮；5—螺纹型芯；6—定模底板；7—动模板；8—螺纹拉料杆；9—齿条导柱；10—齿轮轴

五、侧向分型和抽芯机构的分类与结构

当塑料制品侧壁带有通孔、凹槽、凸台时，塑料制品不能直接从模具内脱出，必须将成型侧孔、凹槽的成型零件做成活动的，称为活动型芯，在脱模之前先抽掉活动型芯，否则就无法脱模。完成活动型芯抽出和复位的机构叫做抽芯机构。对于成型侧向凸台的情况（包括垂直分型的瓣合模），常常称为侧向分型，侧向分型机构、侧向抽芯机构本质上并无任何差别，均为侧向运动机构，故把二者统称为侧向分型抽芯机构。

（一）侧向分型与抽芯机构的分类

根据动力来源不同，侧向分型与抽芯机构一般可分为机动、液压（液动）或气动以及手动三大类型。

1. 机动侧向分型与抽芯机构

机动侧向分型与抽芯机构是利用注射机的开合模运动或顶出运动，通过一定的传动机构来实现侧向分型抽芯动作的，即模具的活动型芯从塑料制件中抽出，合模时又靠它使活动型芯复位。机动侧向分型与抽芯机构结构较复杂，但操作简单，生产率高，应用最广。下面将重点介绍。

2. 液压或气动侧向分型与抽芯机构

以液压力或压缩空气作为动力进行侧向分型与抽芯动作。这种机构多用于抽拔力大、抽芯距离比较长的场合，例如大型管子塑料的抽芯等，缺点是成本较高。新型注射机本身已设置了液压抽芯装置，使用时只需将其与模具中的侧向抽芯机构连接，调整后就可以实现抽芯。

3. 手动侧向分型与抽芯机构

利用人力将模具侧向分型或把侧向型芯从成型塑件中抽出。它可分为两类，一类是模内手动分型抽芯，另一类是模外手动分型抽芯，而模外手动分型与抽芯机构实质上是带有活动镶件的模具机构。手动抽芯机构的模具结构简单，制造方便，但操作麻烦，生产率低，劳动强度大且抽拔力受到人力限制。因此只有在小批量生产时，或因制品形状的限制无法采用机动抽芯机构时才采用手动抽芯。常见手动侧向分型与抽芯机构有：

① 螺纹抽芯机构；

② 齿轮齿条抽芯机构；

③ 活动镶块抽芯机构；

④ 其他形式抽芯机构（偏心式、连杆式）。

（二）斜导柱侧向分型与抽芯机构

这类机构的特点是结构紧凑、动作安全可靠、加工制造方便，是设计和制造注射模抽芯时最常用的机构，主要由与开模方向成一定角度的斜导柱、侧型腔或型芯滑块、导滑槽、楔紧块和侧型腔或型芯滑块定距限位装置等组成，如图 2-51 所示，塑料制件的上侧有通孔，下侧有凹凸，这样，上侧就需要用带有侧型芯 7 的侧型芯滑块 5 成型，下侧用侧型腔滑块 11 成型。斜导柱 8 通过定模板 13 固定于定模座板 10 上。开模时，塑件包在凸模 9 上随动模部分一起向左移动，在斜导柱 8 和 12 的作用下，侧型芯滑块 5 和侧型腔滑块 11 随推件板 1 后退的同时，在推件板的导滑槽内分别向上侧和向下侧移动，于是侧型芯和侧型腔逐渐脱离塑件，直至斜导柱分别与两滑块脱离，侧向抽芯和分型才告结束。为了合模时斜导柱能准确地插入滑块上的斜导孔中，在滑块脱离斜导柱时要设置滑块的定距限位装置。在压缩弹簧 2 的作用下，侧型芯滑块 5 在抽芯结束的同时紧靠挡块 4 而定位，侧型腔滑块 11 在侧向分型结束时由于自身的重力定位于挡块 15 上。动模部分继续向左移动，直至推出机构动作，

推杆推动推件板 1 把塑件从凸模 9 上脱下来。合模式时，滑块靠斜导柱复位，在注射时，滑块 5 和 11 分别由楔紧块 6 和 14 锁紧，以使其处于正确的成型位置而不因受塑料熔体压力的作用向两侧松动。

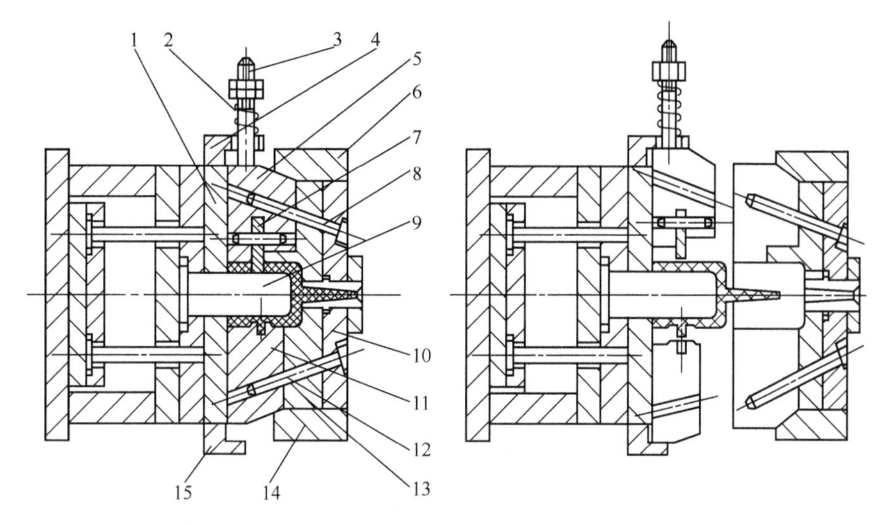

图 2-51　斜导柱侧向分型与抽芯机构

1—推件板；2—弹簧；3—螺杆；4,15—挡块；5—侧型芯滑块；6,14—楔紧块；7—侧型芯；8,12—斜导柱；9—凸模；10—定模座板；11—侧型腔滑块；13—定模板（型腔板）

1. 斜导柱的结构

斜导柱如图 2-52 所示，斜导柱的材料多为 T8、T10 等碳素工具钢，也可以用 20 钢渗碳处理。

2. 侧滑块

侧滑块（简称滑块）是斜导柱侧向分型抽芯机构中的一个重要零部件，它上面安装有侧向型芯（活动型芯）或侧向成型块，注射成型时塑件尺寸的准确性和移动的可靠性都需要靠它的运动精度保证。滑块的结构形状可分为整体式和组合式两种。在滑块上直接制出侧向型芯或侧向型腔的结构称为整体式，这种结构仅适于形状十分简单的侧向移动零件，尤其是适于对开式瓣合模侧向分型，如绕线轮塑件的侧型腔滑块。一般把侧向型芯或侧向成型块和滑块分开加工，然后再装配在一起，这就是所谓组合式结构。采用组合式结构可以节省优质钢材，且加工容易，因此应用广泛。

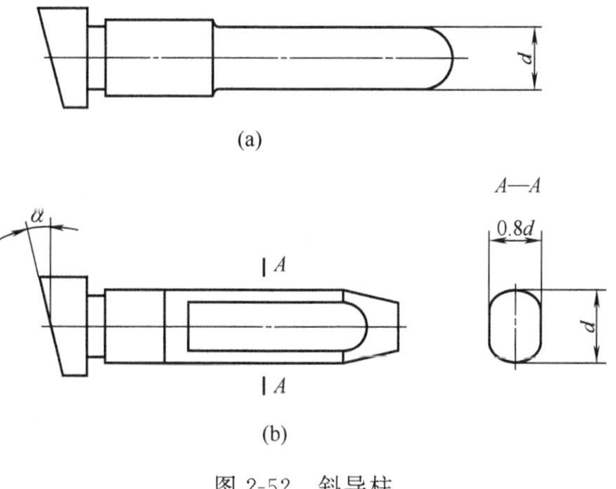

图 2-52　斜导柱

(1) 侧型芯与滑块的连接形式　如图 2-53 所示，图(a) 是小型芯在非成型端尺寸放大后用 H7/m6 的配合镶入滑块，然后用一个圆柱销定位，如侧型芯足够大，尺寸亦可不再放大；图(b) 是为了提高型芯的强度，适当增加型芯镶入部分的尺寸，并用两个骑缝销钉固定；图(c) 是采用燕尾形式连接，一般也应该用圆柱销定位；图(d) 适于细小型芯的连接方式，在细小型芯后部制出台肩，从滑动的后部以过渡配合镶入后用螺塞固定；图(e) 适用于薄片型芯，采用通槽嵌装和销钉定位；图(f) 适用于多个型芯的场合，把各型芯镶入一固定板后用螺钉和销钉从正面与滑块连接和定位，如正面影响塑件成型，螺钉和销钉可以从滑块的背面深入侧型芯固定板。

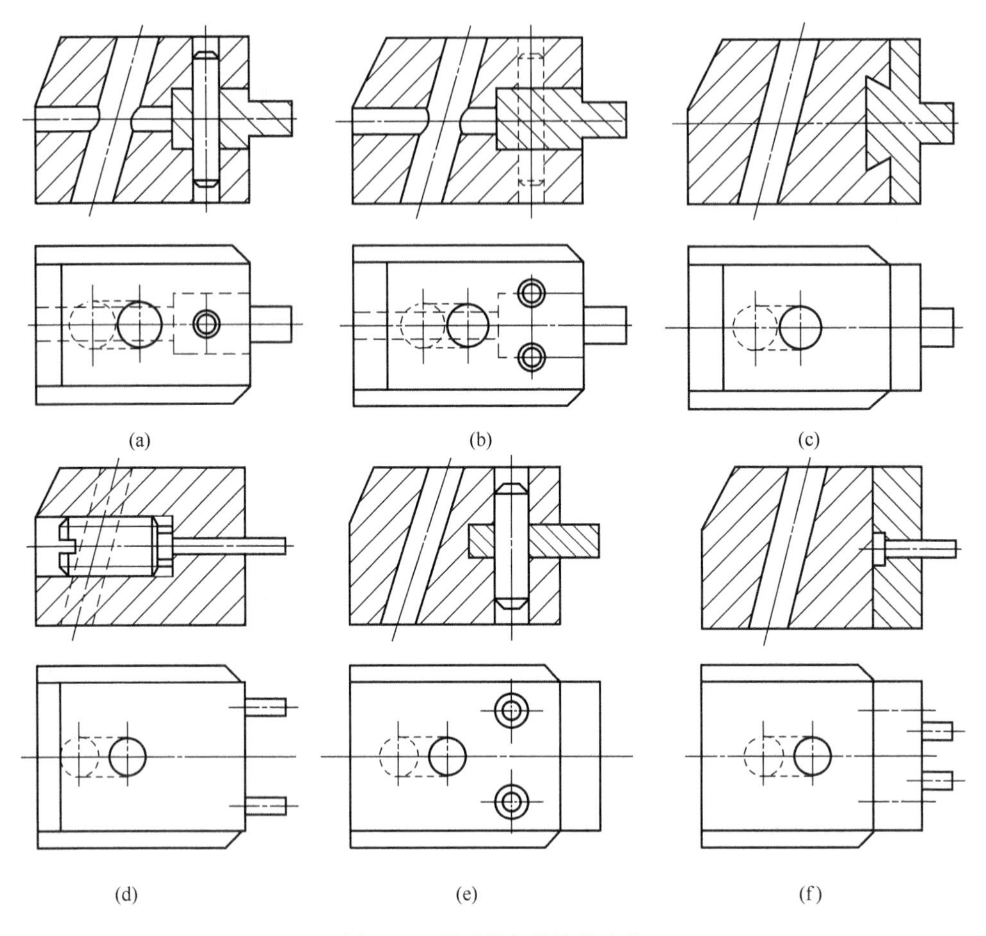

图 2-53 侧型芯与滑块的连接

侧向型芯或侧向成型块是模具的成型零件，常用 T8、T10、45 钢或 CrWMn 钢等，热处理要求硬度≥50HRC。滑块用 45 钢或 T8、T10 等制造，要求硬度≥40HRC。

(2) 滑块的导滑形式 滑块在侧向分型抽芯和复位过程中，要沿一定方向平稳往复移动。为保证滑块运动平稳，抽芯及复位可靠，无上下窜动和卡紧现象，滑块在导滑槽内必须很好地导滑。滑块与导滑槽的配合形式根据模具大小、结构及塑件产量的不同而不同，常见的形式如图 2-54 所示。

图 2-54 中 (a) 是整体式 T 形导滑槽，结构比较紧凑，但制造困难，精度难以控制，主要用于小型模具；图(b) 和图(c) 是整体盖板式结构，图(b) 是在盖板上加工出台肩的导滑部分，图(c) 是把台肩的导滑部分在另一块模板上加工出来，它们克服了整体式导滑槽加工困难的缺点；图(d) 和图(e) 是整体盖板式结构的变形，它们用的是局部盖板，这样导滑部分淬硬后便于磨削加工，精度也容易保证，而且装配方便；图(f) 是把导滑基准放在中间的镶块上，这样可以减少加工基准面。滑块与导滑槽的配合间隙一般为 H7/f7，也可采用 H8/f8 的间隙配合。

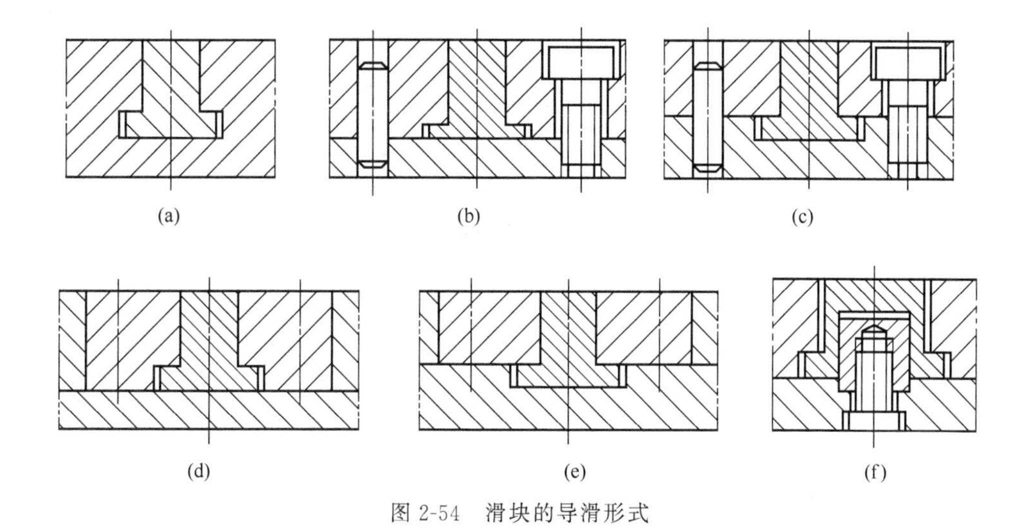

图 2-54 滑块的导滑形式

(3) 滑块的定位装置 合模时为了保证斜导柱的伸出端可靠地进入滑块的斜孔，滑块在抽芯后的终止位置必须定位，所以滑块需要有定位装置，而且必须灵活、可靠、安全。图 2-55 给出了几种常见的定位装置的形式。其中图(a) 是依靠弹簧的弹力使滑块停靠在挡板上而定位，它适用于任何方向的抽芯动作，尤其适用于卧式注射机向上抽芯的场合；图(b) 是利用滑块自重达到定位的目的，一般仅适用于卧式注射机上滑块位于模具下方的情况；图(c) 是利用弹簧、活动定位钉定位，它适用于立式注射机或卧式注射机的横向抽芯动作；图(d) 是以钢球来代替活动定位钉，特点是不易磨损。

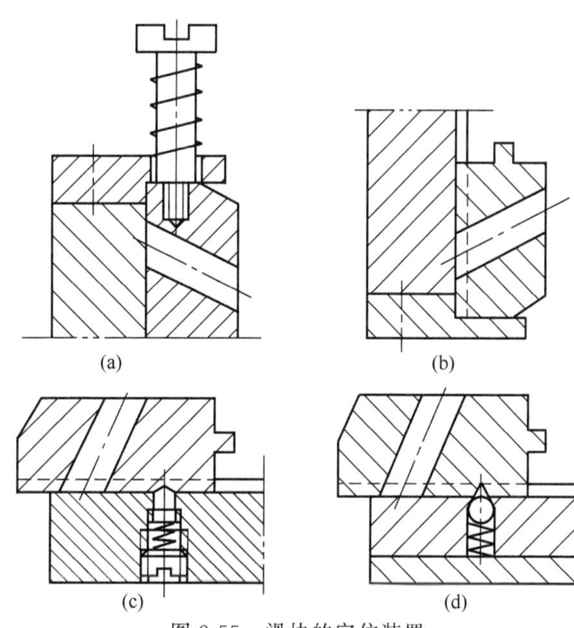

图 2-55 滑块的定位装置

3. 楔紧块

在注射成型的过程中，侧型芯会受到型腔内熔融塑料较大推力的作用，这个力会通过滑块传给斜导柱，而一般的斜导柱为一细长杆，受力后很容易变形，因此必须设置楔紧块，以便在合模状态下能压紧滑块，承受模腔内熔融塑料给予侧向成型零件的推力。楔紧块的主要形式如图 2-56 所示。

图 2-56 中，图(a) 是将楔紧块和滑块都做成整体式的，这样的结构牢固可靠，但是较费材料，且加工不便，最主要的缺点是磨损后调整困难；图(b) 是用螺钉、销钉固定的形式，制造和调整都较方便，是用于锁紧力不大的场合；图(c) 是采用 T 形槽固定并用销钉定位，能承受较大的侧向力，但加工不方便，尤其是装拆困难，所以不常用；图(d) 是采用将楔紧块整体嵌入模板的形式，其刚性较好，修配方便，适用于模板尺寸较大的模具；图(e)、(f) 的形式，都是对楔紧块起加强作用的结构，适用于锁紧力较大的场合。

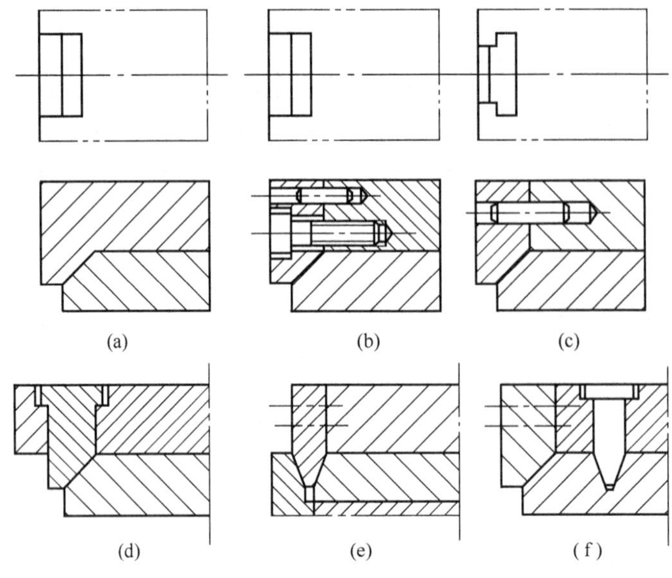

图 2-56 楔紧块的形式

(三)弯销侧向分型与抽芯机构

弯销侧向分型与抽芯机构工作原理和斜导柱侧向分型与抽芯机构相似，所不同的是在结构上以矩形截面的弯销代替了斜导柱。图 2-57 所示是弯销侧抽芯的典型结构，合模时，由楔紧块 2 或支承块 6 将侧型芯滑块 4 通过弯销 3 锁紧。侧抽芯时，侧型芯滑块 4 在弯销 3 的驱动下在动模板 1 的导滑槽侧向抽芯，抽芯结束，侧型芯滑块由弹簧、顶销装置定位。通常，弯销及其导滑孔的制造困难一些，但弯销侧抽芯也有斜导柱所不及的优点，现将弯销侧向分型与抽芯的结构特点和安装方式介绍如下。

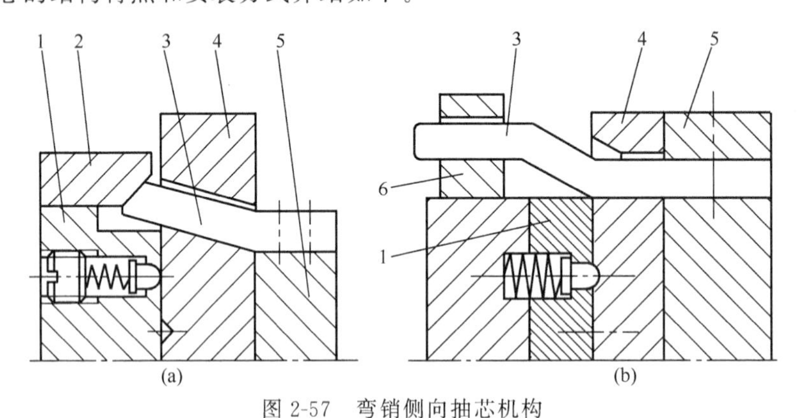

图 2-57 弯销侧向抽芯机构

1—动模板；2—楔紧块；3—弯销；4—侧型芯滑块；5—定模板；6—支承块

1. 弯销侧向分型与抽芯机构的结构特点

① 强度高，可采用较大的倾斜角，所以在开模距相同的条件下，使用弯销可使此斜导柱获得较大的抽芯距。

② 可以延时抽芯。由于塑件的特殊或模具结构的需要，弯销还可以延时抽芯。

2. 弯销在模具上的安装方式

弯销在模具上可安装在模外，也可以安装在模内，但是一般安装在模外为多。

① 模外安装。

② 模内安装。

（四）斜导槽侧向分型与抽芯机构

斜导槽侧向分型与抽芯机构是由固定于模外斜导槽板与固定于侧型芯滑块上的圆柱销连接所形成的，如图 2-58 所示。斜导槽板用四个螺钉和两个销钉安装在定模外侧，开模时，侧型芯滑块的侧向移动是受固定在它上面的圆柱销在斜导槽内的运动轨迹所限制的。当槽与开模方向没有斜度时，滑块无侧抽芯动作；当槽与开模方向成一角度时，滑块可以侧抽芯；当槽与开模方向角度越大，侧抽芯的速度越大，槽抽芯的速度越大，槽越长，侧抽芯的抽芯距也就越大。斜导槽板与滑销通常用 T8、T10 等材料制造，热处理要求与斜导柱相同，一般硬度大于 55HRC，表面粗糙度 $R_a \leqslant 0.8\mu m$。

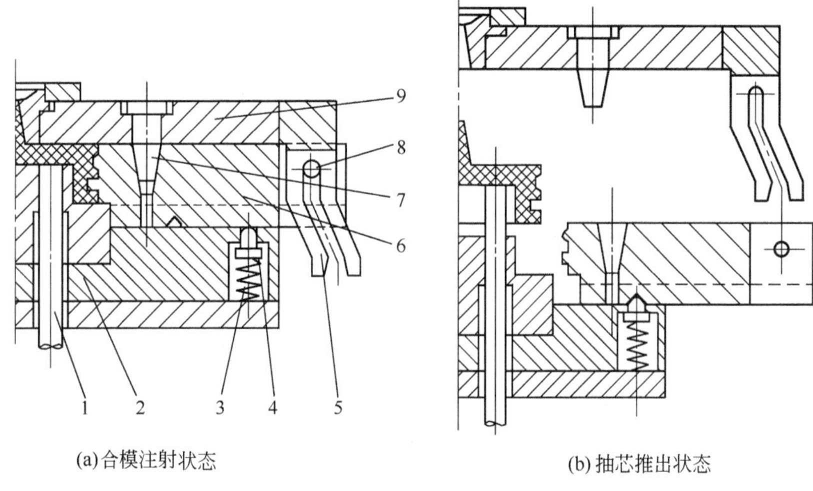

图 2-58　斜导槽侧向抽芯机构

1—推杆；2—动模板；3—弹簧；4—顶销；5—斜导槽板；6—侧型芯滑块；7—止动销；8—滑销；9—定模板

（五）斜滑块侧向分型与抽芯机构

斜滑块侧向分型与抽芯的特点是利用推出机构的推力驱动斜滑块斜向运动，在塑件被推出脱模的同时由斜滑块完成侧向分型与抽芯动作。通常，斜滑块侧向分型与抽芯机构要比斜导柱侧向分型与抽芯机构简单得多，一般可分为外侧分型、抽芯和内侧抽芯两种。

1. 斜滑块外侧分型与抽芯机构

如图 2-59 所示，该塑件为绕线轮，外侧常有深度浅但面积大的侧凹，斜滑块设计成对开式（瓣合式）凹模镶块，即型腔由两个斜滑块组成。开模后，塑件包在动模型芯 5 上和斜滑块随动模部分一起向左移动，在推杆 3 的作用下，斜滑块 2 相对向右运动的同时向两侧分型，分型的动作靠斜滑块在模套 1 的导滑槽内进行斜向运动来实现，导滑槽的方向与斜滑块的斜面平行。斜滑块侧向分型的同时，塑件从动模型芯 5 上脱出。限位螺销 6 是防止斜滑块从模套中脱出而设置的。

2. 斜滑块内侧抽芯机构

图 2-60 是斜滑块内侧抽芯机构的示例，斜滑块 2 的上端为侧向型芯，它安装在凸模 3 的斜孔中，一般可用 H8/f7 或 H8/f8 的配合，其下端与滑块座 6 上的转销 5 连接（转销可以在滑块座的滑槽内左右移动），并能绕转销转动，滑动座固定在推杆固定板内。开模后，

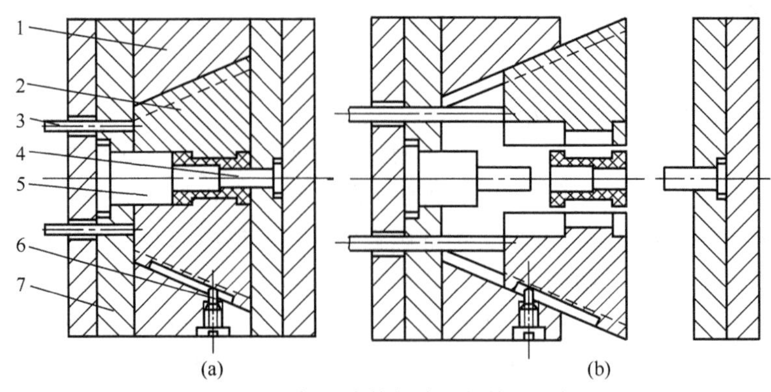

图 2-59　斜滑块外侧分型与抽芯机构
1—模套；2—斜滑块（对开式凹模镶块）；3—推杆；4—定模型芯；
5—动模型芯；6—限位螺销；7—动模型芯固定板

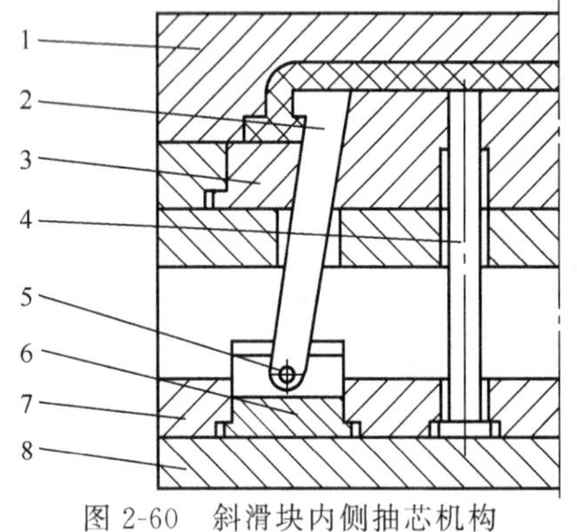

图 2-60　斜滑块内侧抽芯机构
1—定模板；2—斜滑块；3—凸模；4—推杆；
5—转销；6—滑块座；7—推杆固定板；8—推板

注射机顶出装置通过推板 8 使推杆 4 和斜滑块 2 向前运动，由于斜孔的作用，斜滑块同时还向内侧移动，从而在推杆推出塑件的同时斜滑块完成内侧抽芯的动作。

（六）齿轮齿条侧向抽芯机构

如图 2-61 所示，传动齿条 5 固定在定模板 3 上，齿轮 4 和齿条型芯 2 固定在动模板 7 内。开模时，动模部分向下移动，齿轮 4 在传动齿条 5 的作用下朝逆时针方向转动，从而使与之啮合的齿条型芯 2 向右下方运动而抽出塑件。当齿条型芯全部从塑件中抽出后，传动齿条与齿轮脱离，此时，齿轮的定位装置发生作用而使其停止在与传动齿条刚脱离的位置上，最后，推杆 9 将塑件顶出模外。合模时，传动齿条 5 插入动模板对应孔内与齿轮啮合，顺时针转动的齿轮带动齿条型芯 2 复位，然后锁紧装置将齿轮或齿条型芯锁紧。

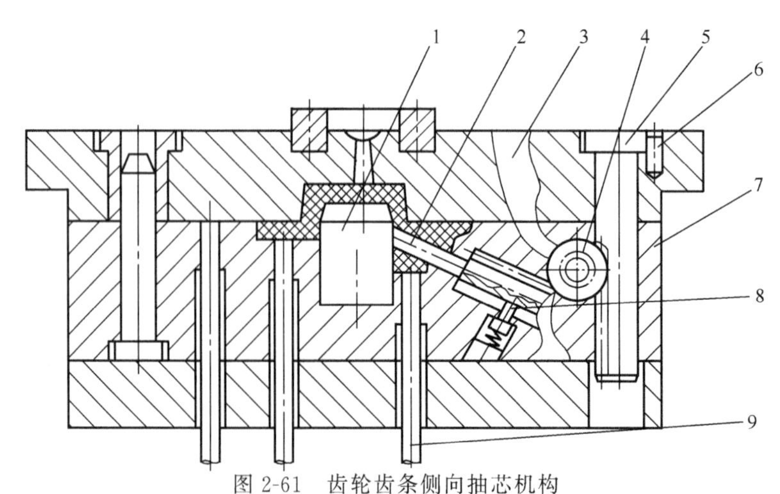

图 2-61　齿轮齿条侧向抽芯机构
1—凸模；2—齿条型芯；3—定模板；4—齿轮；5—传动齿条；
6—止转销；7—动模板；8—导向销；9—推杆

（七）弹性元件侧抽芯机构

当塑件上的侧凹很浅或者侧壁有小的凸起时，由于侧向成型零件所需的抽芯力和抽芯距都不大，所以可采用弹性元件作侧抽芯机构的主要部件。如图2-62所示为硬橡皮侧抽芯机构，合模时，楔紧块1使侧型芯2至成型位置。开模后，楔紧块脱离了侧型芯滑块，此时侧型芯在硬橡皮的弹性作用下脱离了塑件，完成了侧抽芯动作。

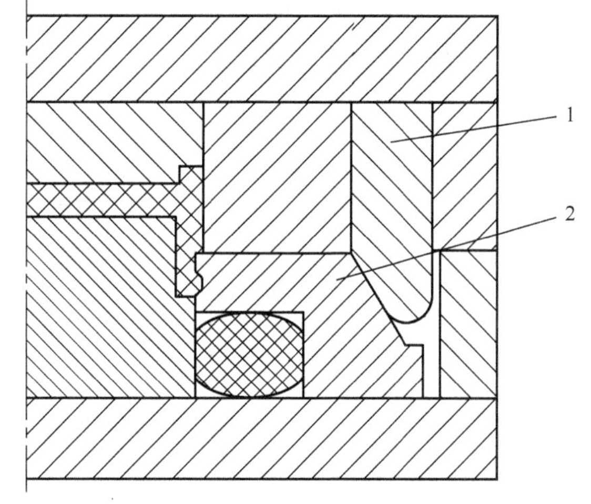

图 2-62　硬橡皮侧抽芯机构

1—楔紧块；2—侧型芯

六、模具加热和冷却装置的结构

在注射成型中，模具的温度直接影响到塑件的质量和生产效率。过高的模温会使塑件在脱模后变形，若延长冷却时间，则生产效率降低；过低的模温会降低熔融塑料的流动性，充模困难，增加了塑件的内应力并会产生明显的熔融接痕等。

对于要求模温较低的塑料，例如聚乙烯、聚苯乙烯、聚丙烯、ABS等由于熔融塑料不断对模具加热，单靠模具本身散热是不够的，必须加设冷却装置。

对于要求模温较高的塑料，例如聚碳酸酯、聚苯醚等，由于模具与注射机模板紧密接触，散失热量较大，单靠熔融塑料加热模具是不够的，必须设置加热装置。总之，为了优质、高效率的生产，必须对模具进行温度调节，加热或冷却装置可称为模具的温度调节系统。

模具的冷却系统是依照型腔和型芯在模具内的位置和结构来加以考虑的。对于定模部分，其冷却系统是直接在定模板上开设循环水道来控制模温的。从模具结构装配图中可以看出，循环冷却水道采用的是单层的结构。为了更好地控制模温，使模具能充分冷却，以缩短成型周期，也可根据定模板的厚度采用双层冷却或多层冷却。

动模冷却系统是在动模型芯镶件内采用隔片的结构来循环冷却的。其冷却水道开设在动模板上，在进入模芯后经过隔片使模芯的热量通过循环冷却水道从动模板的另一边带走。为了防止模具漏水，在动模型芯镶件与动模板的结合面上要安装“O”形橡胶密封圈。隔片的材料通常采用黄铜来制造，以防止在水中腐蚀生锈。

（一）常见的冷却装置的结构

1. 直流式和直流循环式

如图2-63所示，这种形式结构简单，加工方便，但模具冷却不均匀，图2-63(b)所示的装置冷却效果更差。它适合于成型面积较大的浅型塑件。

2. 循环式

如图2-64所示，图2-64(a)为间歇循环式，冷却效果较好，但出入口数量较多，加工费时；图2-64(b)、(c)为连续循环式装置，冷却槽加工成螺旋状，且只有一个入口和出口，其冷却效果比图2-64(a)所示的装置稍差。

3. 喷流式

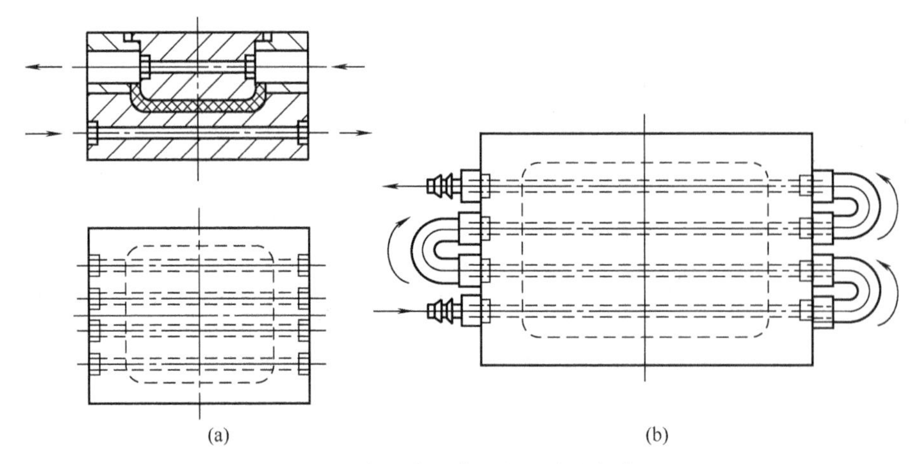

图 2-63 直流式和直流循环式冷却装置

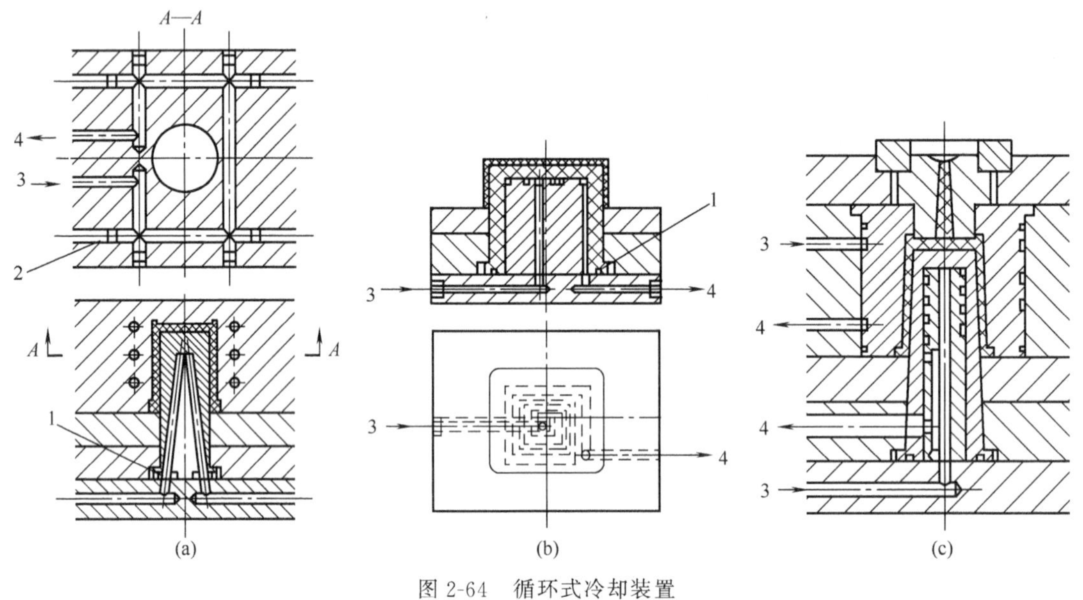

图 2-64 循环式冷却装置
1—密封圈；2—堵塞；3—入口；4—出口

如图 2-65 所示，以水管代替型芯镶件，结构简单，成本较低，冷却效果较好。这种形式既可用于小型芯的冷却也可用于大型芯的冷却。

4. 隔板式

如图 2-66 所示。在型芯中打出冷却孔后，内装一块隔板将孔隔成两半，仅在顶部相通形成回路。它适用于大型芯的冷却，但冷却水的流程较长。

5. 间接冷却

如图 2-67 所示，对于细长型芯，可在型芯内镶入导热性好的铍青铜，热量通过铍青铜间接地传给水，由循环水带走。

（二）常见的加热装置的结构

模具的加热方式有很多，如热水、热油、水蒸气和电加热等。目前普遍采用的是电加热方式。如果加热介质采用各种流体，那么其结构类似于冷却水道，这里就不再详述。下面是电加热的主要方式：

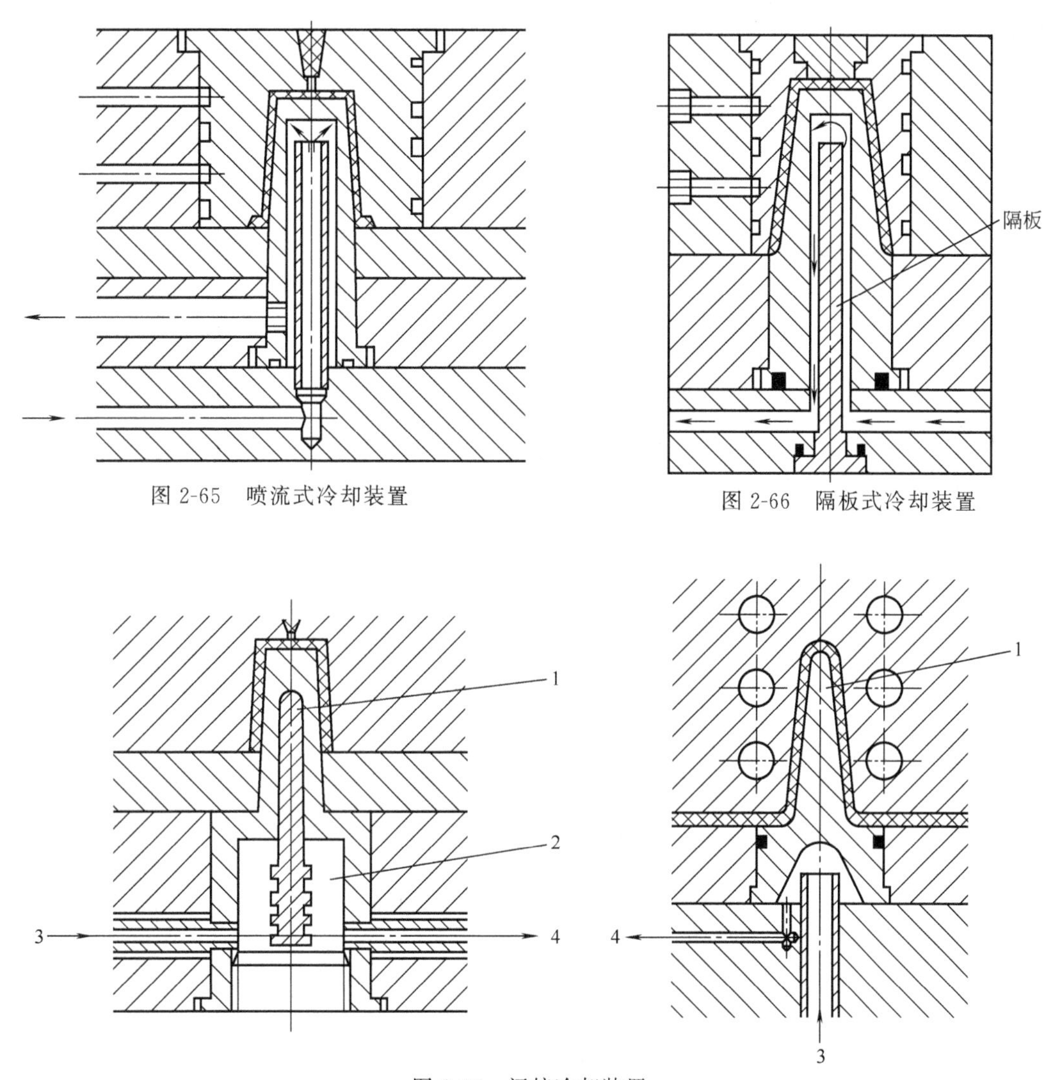

图 2-65　喷流式冷却装置

图 2-66　隔板式冷却装置

图 2-67　间接冷却装置

1—铍青铜；2—冷却水交换区；3—进水口；4—出水口

① 电热丝直接加热；

② 电热圈加热；

③ 电热棒加热。

七、注射模标准模架

一般根据模芯（可以理解为模具的工作部分）的大小来选择模架。一般情况下，优先选用标准模架。一者因为标准模架比非标模架价格低 30%，二者可以缩短制模周期。选择模架的原则是：要在模芯的周边留出一定的宽度，使模具在成型时有足够的强度。可以参考相关的模架标准来选取模架，也可以按照标准模架制造商的规格来选用模架。确定标准模架时，首先以模芯的平面图为依据确定标准模架的长度和宽度尺寸，然后再根据产品的厚薄情况确定各个模板的厚度。

（一）注射模标准模架

四个基本型模架：A1、A2、A3、A4。九个派生模架：P1～P9。实际使用中以下列类别标记。

（1）中小型模架标记：

A2-100160-03-Z GB/T 12556.1—1990

（2）大型模架标记：

A-80125-26 GB/T 12556.1—1990

（二）标准模架选择案例

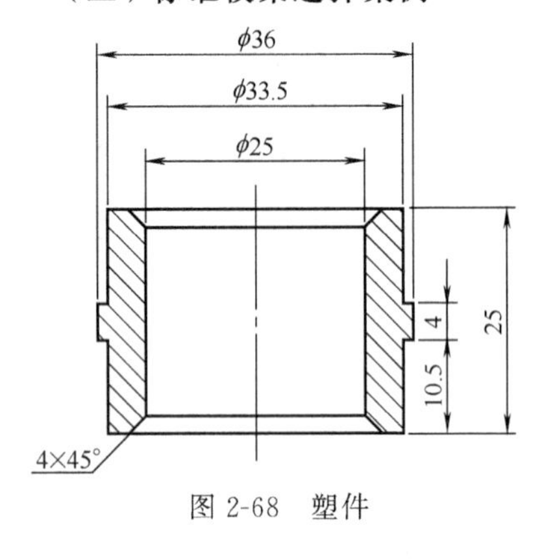

图 2-68 塑件

注射模设计时选用标准模架，可以缩短模具生产周期。标准模架选定以后，各模板的尺寸、螺钉大小与安装位置等都已经确定了，并且可以从市场上买到选定的标准模架及所需的零部件，只用对相关零件进行二次加工就可以使用了，这样就可以大大减轻了模具设计与制造的工作。

模架的选用与塑件的尺寸大小及形状、型腔排列形式、浇注系统形式、推出机构类型、注射设备以及模具零件的加工设备有关。下面举例说明。

如图 2-68 所示的塑件，材料为聚甲醛，要求一模四件，圆筒形塑件采用推管推出。

1. 已知条件及有关计算

模具设计要求	采用侧浇口进料，一模四件，推管推出 设备 XS-ZY-125 型注射机
（1）确定模架组合形式	根据模具设计要求，侧浇口进料，推管推出，可采用单分型面模具。分型面选择如图 2-69(a)所示 根据以上要求，参考标准模架形式，选用 A2 型标准模架，如图 2-69(b)所示
（2）确定型腔壁厚	查相关表据知，聚甲醛的收缩率为 1.5～3.0，取 $S_{cp}=2.25$，塑件公差取自由公差 MT5，查相关表据知，塑件最大直径尺寸及公差为：$36_{-0.56}^{\ 0}$mm，模具制造公差取 $\delta_z=\Delta/3$ $L=(L_s+L_sS_{cp}\%-3\Delta/4)_0^{+\delta_z}=36.39_{\ 0}^{+0.19}$mm 查相关数据得型腔壁厚经验数值。如图 2-69(c)所示 $S=0.2L+17=0.2\times36.39+17=24.28$mm 式中 L——型腔径向尺寸，mm
（3）计算型腔模板周界尺寸	一模四件型腔排列如图 2-69(d)所示，计算模板长宽 $L=S+A+t+A+S=24.28+36.39+24.28/3+36.39+24.28$ $=129.43$mm $N=S+B+t+B+S$ $=24.28+36.39+24.28/3+36.39+24.28$ $=129.43$mm

以上尺寸也可以查找经验数据表。

2. 选择步骤

（1）确定模板周界尺寸	根据上步计算出来的模板长宽尺寸均为 129.43mm，把数据加以圆整以及考虑安放其他一些零件，初选 150×150 的标准模架，如不合适再进行更换

续表

(2)确定模板厚度及选择模架尺寸

由相关公式计算得B板型腔底板厚度为

$$H=\sqrt{\frac{3pr^2}{4[\sigma]}}=\sqrt{\frac{3\times50\times18^2}{4\times160}}=9\text{mm}$$

查塑料制品公差表得塑件深度尺寸及公差为 $14.5_{-0.58}^{\ 0}$ mm

型腔深度：$H_M=(H_s+H_sS_{cp}\%-2\Delta/3)_{\ 0}^{+\delta_z}$

$$=(14.5+14.5\times2.25\%-2\times0.58/3)_{\ 0}^{+\frac{0.58}{3}}$$

$$=14.44_{\ 0}^{+0.19}\text{mm}$$

根据型腔深度14.44mm和型腔底板厚度9mm，查塑料模架标准手册确定型腔板厚度为30mm，取A板厚度等于B板厚度。参考模架标准手册得各模板厚度如图2-69(e)所示

图2-69(e)中部分尺寸如下：

结构形式	大　水　口							
规格	*a*	*b*	*c*	*d*	*g*	*h*	*k*	*l*
1515	48	72	114	120	114	114	55	57
规格	*m*	*n*	*o*	*p*	*q*	*s*	*t*	*u*
1515	132	4-M6	ϕ16	4-M10	ϕ12	90	28	M10
规格	*L*	*U*	*E*	*F*	*f*	*T*		
1515	20	30	13	15	56	20		

图2-69(e)中：$A=30$mm　$B=30$mm

(3)检验所选模架的合适性

已知注射机型号为：XS-ZY-125，标称注射量为250cm³。

①最大注射量校核：

经计算得塑件的体积 $V=10.268\text{cm}^3$，一模四件的注射量为

$10.268\times4=41.072\text{cm}^3$

由公式(2-1)得

$0.8\times125=100\geqslant41.072\text{cm}^3$

满足注射量要求

②模具厚度与注射机装模高度校核：

$H_m=T+A+B+U_1+C+L$

$=20+30+30+30+114+20$

$=244$mm

而注射机 $H_{max}=300$mm，$H_{min}=200$mm

$H_{min}\leqslant H_m\leqslant H_{max}$

满足装模要求

③开模行程校核：

查注塑机规格表得XS-Z-125注射机的最大开模 $S=300$mm，由公式(2-9)得

$S\geqslant H_1+H_2+(5\sim10)$mm

$=14.5+64.5+(5\sim10)$

$=89$mm

式中　H_1——塑件推出距离，mm

　　　H_2——塑件(包括浇注系统)高度，mm

故满足开模要求

*八、塑料模具钢材的选用与热处理

(一)塑料模具钢材的选用

1. 塑料模具钢的性能要求

模具各零部件的制作材料直接影响模具的使用寿命、加工成本以及制品的成型质量。塑料模具钢应具有以下性能。

① 良好的力学性能，主要是强度、刚度与硬度。

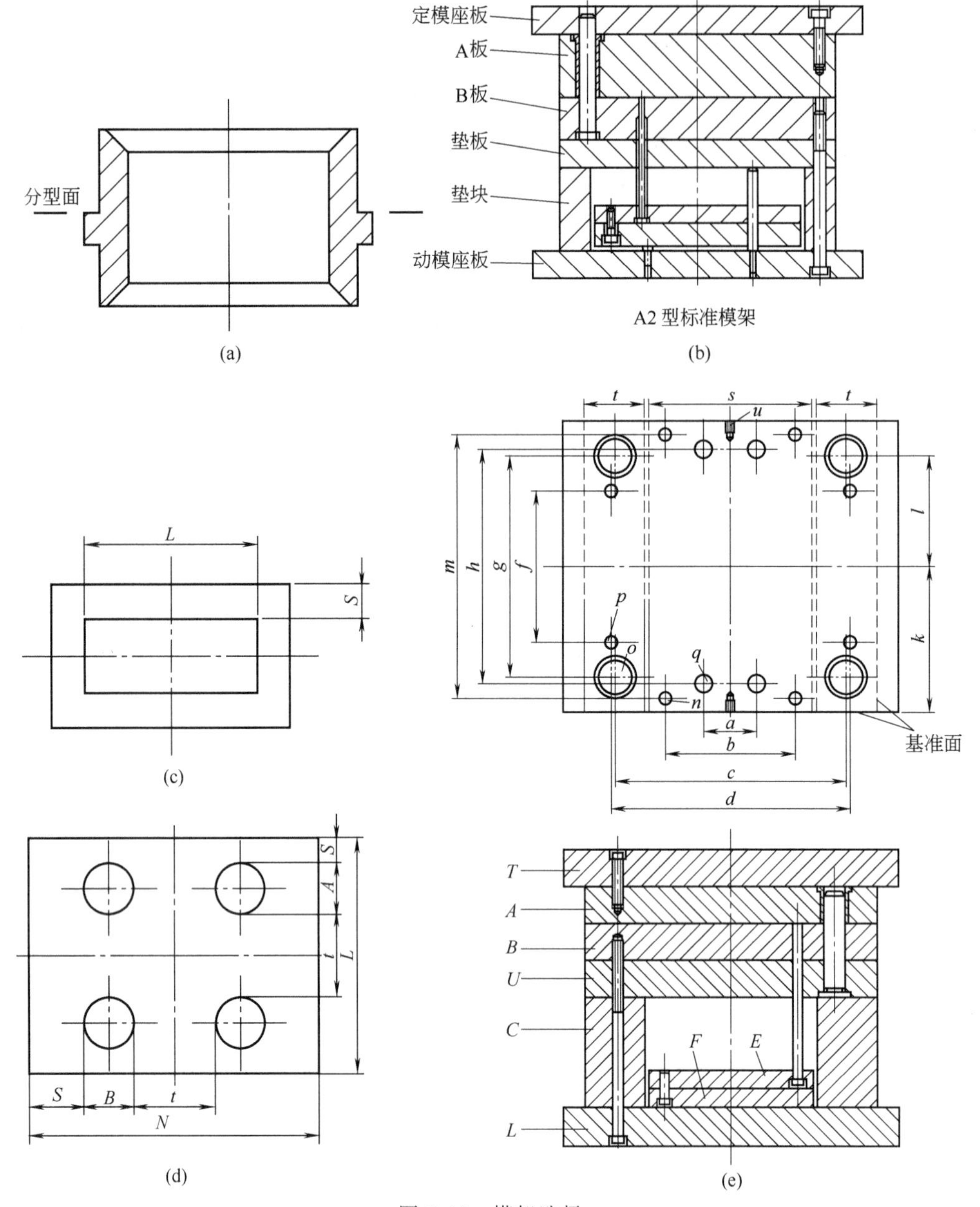

图 2-69 模架选择

② 机械加工性能好，热处理变形小，可淬性好。要选用易于切削，且在加工后能得到高精度零件的钢种。为此，以中碳钢和中碳合金钢最常用，这对大型模具尤其重要。而对需电火花加工的零件，还要求该钢种的烧伤硬化层较薄且具有良好的表面腐蚀加工性与电加工性能。

③ 抛光性能优良，注塑模成型零件工作表面，多需要抛光到镜面，$R_a \leqslant 0.05\mu m$，需要钢材硬度 35～40HRC 为宜，过硬表面会使抛光困难。钢材的显微组织应均匀致密，较少杂质，无针点。

④ 耐磨性、耐热性和耐热疲劳性良好，热膨胀系数要小。注塑模型腔不仅受高压塑料熔体冲刷，而且还受冷热交变的温度应力作用。一般的高碳合金钢可经热处理获得高硬度，

但韧性差，易形成表面裂纹，不宜采用。所选钢种应使注塑模能减少抛光修模的次数，能长期保持型腔的尺寸精度，达到批量生产的使用寿命期限。

⑤ 耐腐蚀性良好。对有些塑料品种，如聚氯乙烯和阻燃型塑料，必须考虑选用有耐腐蚀性能的钢种。

2. 分类

塑料模具钢分类方法很多，主要有以下几种。

(1) 按材料类别分

① 碳素结构钢。碳素结构钢价格低廉，切削加工性好。普通碳素结构钢的强度不高，硬度较低，适于制作一般结构零件，如注射模动、定模座板、垫块，压缩模的盖板等。常用普通碳素钢有 Q235 等。

② 碳素工具钢。碳素工具钢的强度、硬度和耐磨性均比碳素结构钢好，供应价格中等。但是，碳素工具钢的韧性较差、渗透性不好、热处理变形大。该类钢材包括 T7A、T8A、T10A 等，常用于制作导柱、导套、推杆、推件板，还有可以制作尺寸不大且形状不复杂的成型零件。

③ 合金结构钢。合金结构钢的使用性能比碳素结构钢好。具有热处理之前切削性良好，热处理后变形较小等特点。如中碳低合金钢 40Cr，调质处理后可制作形状还不大复杂的中小型热塑性塑料模的成型零件、推杆等。另外常用的有 18CrMnTi、12CrNi3、12CrMo、38CrMoAl 等。

④ 合金工具钢。合金工具钢的许多性能如淬透性、耐磨性、抛光性都比结构钢和碳素工具钢好，热处理变形也比较小，但其价格较贵。这类材料主要用来制造形状比较复杂、精度要求制品生产批量大的模具成型零件，此类钢切削性能一般较差，加工前需进行退火处理，退火后的硬度仍可能在 30HRC 左右。

⑤ 不锈钢。可用做模具零部件的不锈钢包括 18Cr14Mo、Cr17Ni2 等，它们能在一定的温度和腐蚀条件下长期工作，并保证其力学和物理性能不变，但加工性能比较差，价格比一般的钢材贵得多，故应在必要时才采用，例如有腐蚀性气体产生的模具。不锈钢还可用于生产批量大的模具制作成型零件和一些与塑料熔体有接触的其他零件，如浇口套、流道板、推杆和拉料杆等。

⑥ 有色金属模具材料。

锌基合金：锌基合金主要由锌和适量的铝、铜等元素构成，熔点低，但具有一定强度的韧性，其铸造性能好，用以铸造几何形状复杂、分型面不规则、机械加工困难的各种凸模或凹模。

铍铜：铍铜的主要成分是铜，添加了少量的铍和钴。铍铜经热处理后可达到较高的硬度（通常 40～50HRC），有较佳耐磨性、耐热疲劳性。利用压力或精密铸造可制作结构形状复杂、不易切削加工成型的模具成型零件。在铍铜表面镀铬可使之具有防腐蚀性能。铍铜的导热系数高，因此，它在塑料模中主要用来制作导热零件。铍铜的价格较贵。

铝合金：铝合金除了可以采用切削加工之外，还可以进行塑性加工或精铸成型。因为用铝合金来制作模具可以大大缩短加工周期，从而使制品生产比较经济。但是，铝合金的强度、硬度、耐热性、电镀性和焊接性都比钢材低得多，所以只能在制作小批量或试制模具时使用。发泡注射模因受到模腔压力不大，用铝合金模具可实现中等批量制品的生产。此外，由于铝合金的导热系数高，常用来制造中空吹塑模的型腔。

除了上述材料外，环氧树脂也有用来制造塑料模型腔的。

常用的是前面五种钢材。

(2) 按使用性能分　一般有以下五类：渗碳型、淬硬型（包括调质型）、预硬型、耐蚀型、时效硬化型。

3. 选用

在实际模具设计中可参考表 2-1～表 2-3 选择合适的模具钢材。

表 2-1　塑料模具钢材牌号与用途

牌　号	用　　途
20 钢	生产形状简单，挤压成型的模具
20Cr	广泛使用的模具材料
40Cr	
P20	适合于制造要求镜面抛光的注射模具和压缩模具等
5CrSCa	适合制造型腔形状复杂、要求变形极小的大型注射模具和压缩模具
3Cr2Mo3	用于制造型腔形状复杂的注射模具、压缩模具等
3Cr2NiWMoV	适合制造注射、压缩、压铸模具以及冷冲模具和级进模具
2Cr13	适合制造具有一定抗腐蚀性能要求的模具
4Cr13	适合制造具有一定强度、抗腐蚀和较大截面的模具

表 2-2　国产塑料模具钢

类别	中国	美国	日本	瑞典	德国	用　　途
塑料模具钢	B30				2738	用于制造生产批量小，模具截面积不大，尺寸精度及表面粗糙度要求不高的塑料成型模具或模架
	B20					
	50	1050	S50C		C50	
	45	1045	S48C		C45	
	45	1045	S45C		C45	
	B610SM1					
	40Cr	G51400	SCr440			
高级镜面模具钢	3-4Cr13	420		S-136	2083	用于制造 PVC 等腐蚀性较强的塑料模具，透明塑胶及抛光性要求较高的塑料模具
	3Cr2Mo	P20			40CrMo74	钢的纯度高，具有良好的切削加工性能，制成工模具精度高，永不变形。较高的强韧性，适合做大型复杂模具
	P4410	P20tNi	PDS5S	718	2738	

表 2-3　常用塑料模具材料

材料分类	材料名称	中国 GB	美国 AISI	德国 DIN	日本 JIS	出厂状况 参考硬度	淬火 HRC	对应抗拉压强度	参考价 /(元/lb①)	性能、用途
碳素钢	JIS S50C 中碳素钢	50	1050	1.0540 1.1210		200HB			4～7	良好综合力学性能，用于结构件
	ASSAB K100 高碳素钢	T10	W1	1.1654	SK3	退火至 170HB	45～62			耐磨性好，足够硬度，心部韧性好

续表

材料分类	材料名称	中国GB	美国AISI	德国DIN	日本JIS	出厂状况 参考硬度	淬火HRC	对应抗拉压强度	参考价/(元/lb①)	性能、用途
冷作钢	ASSAB DF-2 不变形钢	9CrWMn	D1	1.2510	SKS3	退火至190HB	50～62	2450	24～30	热处理变形小，耐磨性、切削加工性好
	ASSAB XW-41 韧性铬钢	Cr12MoV	D2	1.2379	SKD11	退火至210HB	58～62	2950	53～68	螺纹牙板，长期生产冲压模，电子塑胶模
	ASSAB S-7 重力模钢		S7			退火至190HB	51～58		42～48	耐磨损，加纤塑料模
	DAIDO 440C 不锈钢	11Cr17	440C		SUS440C	退火至269HB	54～58			半导体行业、工程塑料模具，防酸性佳、高硬度
	ASSAB V10 高寿命粉末冶金钢					退火至 280～310HB	62		230	
塑胶模钢	MLP-1 大型模钢	55	1055	1.0540		预硬至175HB				一般大型电视机，洗衣机模坯，机械配件
	DAiDO NAK-55 预硬钢		P21 改良			退火至 370～400HB		1050	27～30	高硬易切削，加厚焊接性能好
	DAiDO NAK80 预硬钢	1CrNi3	P21 改良			370～400HB		1050	27～30	高硬，镜面效果特佳，放电加工良好，焊接性能极佳
	LIM 738	3Cr2Mo ＋Ni	P20＋Ni	1.2738		738 退火至 290～330HB 738H 退火至 330～370HB			12	高韧性及高磨光度模具，适合大型塑胶的模具
	ASSAB 618	3Cr2Mo	P20	1.2312		预硬 280～320HB				热塑性塑胶的注塑模具和挤压模具、吹气模具
	ASSAB 718 718H	3Cr2 Mo＋Ni	P20	1.2738		718S 退火至 290～330HB 718H 退火至 330～370HB		1080	37	长期生产塑胶模钢，具良好抛光性能，易加工
	ASSAB S136 镜面模钢 S136H	4Cr13	420ESR	1.2083	sus420f 1/2	S136 退火至 215HBS136H 预硬至 290～330HB	52～54	1780	43～48	防酸性高，适合 PVC、POM、PMMA 等塑料

续表

材料分类	材料名称	中国GB	美国AISI	德国DIN	日本JIS	出厂状况	淬火HRC	对应抗拉压强度	参考价/(元/lb①)	性能、用途
						参考硬度				
高速钢	ASSAB HSP-41 韧性高速钢	W6Mo 5Cr4V2	M2		SKH51	退火至260HB	65		89～96	优良耐磨性及红热硬度
	ASSAB ASP23 粉末冶金高速钢		M3:2			退火至260HB	64		220～250	耐磨性极高，难加工，难研磨，韧性极强
	ASSAB ASP30 粉末冶金高速钢					退火至300HB	66		290～330	通常使用在红硬性为首要因素或要求较高
	ASSAB ASP60 粉末冶金高速钢					退火至340HB	68		360～400	要求极端耐磨性的模具上
非铁金属	AMPCO940					退火至210HB			150～180	高导热性，耐蚀性，耐磨性较好
	ASSAB PROO AX-79铝合金					预硬145HB		1170		超声波焊接机聚能器，发热板，机板，机械配件，吹气模，鞋模，塑胶模
	MOLDMAX 30/40合金铍铜					MM30= 26～32HRC MM40= 36～42HRC		1280	280～300	适用于快速冷却的模芯及镶件

① 1lb=0.45359237kg。

（二）塑料模具结构零件的热处理要求

1. 结构零件热处理（见表2-4）

表2-4 结构零件热处理

零件名称	材　料	硬度要求
垫板、浇口套、模套	45	43～48HRC
动、定模板和动、定模座板、推板	45	230～270HBS
固定板	45	
	Q235	
顶板	T8A、T10A	54～58HRC
	45	230～270HBS

2. 成型零件热处理（见表2-5）

表2-5 成型零件热处理

零件名称	材　料	硬度要求	说　　明
型腔 型芯 螺纹型芯 型环 成型镶件 成型顶杆等	T10A、A8A	54～58HRC	制造形状简单的小型型芯和型腔
	CrWMn、9Mn2V CrMn2SiWMoV Cr12、Cr4W2Mo 20CrMnMo 20CrMnTi	54～58HRC	制造形状复杂、要求热处理变形小的型芯和型腔或镶件
	5CrMnMo 40CrMnMo	54～58HRC	制造高耐磨、高强度和高韧性的大型型芯和型腔
	3Cr2W8V 38CrMoAI		制造形状复杂、高耐腐蚀的高精度型芯和型腔
	45	22～26HRC 43～48HRC	制造形状简单要求不高的型芯和型腔
	20、15	54～58HRC	制造冷加工型腔

3. 特殊零件的热处理（见表 2-6）

表 2-6　特殊零件的热处理

零件名称	材　料	硬度要求
斜导柱、滑块	T6A、T10A	54～58HRC
锁紧块	T8A、T10A	
	45	

（三）常用塑料模具的制造工艺路线实例

例 1　低碳钢及低碳合金钢制模具（20，20Cr，20CrMnTi 等）钢的工艺路线为：

下料→锻造模坯→退火→机械粗加工→冷挤压成型→再结晶退火→机械精加工→渗碳→淬火、回火→研磨抛光→装配。

例 2　调质钢制模具（45，40Cr 等）钢的工艺路线为：

下料→锻造模坯→退火→机械粗加工→调质→机械精加工→修整、抛光→装配。

例 3　高合金渗碳钢制模具（12CrNi3A，12CrNi4A）钢的工艺路线为：

下料→锻造模坯→正火并高温回火→机械粗加工→高温回火→精加工→渗碳→淬火、回火→研磨抛光→装配。

例 4　碳素工具钢及合金工具钢制模具（T7A～T10A，CrWMn，9SiCr 等）钢的工艺路线为：

下料→锻成模坯→球化退火→机械粗加工→去应力退火→机械半精加工→机械精加工→淬火、回火→研磨抛光→装配。

例 5　预硬钢制模具［5NiSiCa，3Cr2Mo（P20）等］钢的工艺路线为：

下料→改锻→球化退火→刨或铣六面→预硬处理（34～42HRC）→机械粗加工→去应力退火→机械精加工→抛光→装配。

第二节　注塑机及注射工艺

一、注射机的组成及工作原理

1. 注射机的组成

注射机的全称应为塑料注射成型机。注射机主要由注射装置、合模装置、液压传动系统、电器控制系统及机架等组成。工作时模具的动、定模分别安装于注射机的移动模板和定模固定模板上，由合模机构合模并锁紧，由注射装置加热、塑化、注射，待熔料在模具内冷却定型后由合模机构开模，最后由推出机构将塑件推出。

2. 注射机的工作原理

工作时，模具的定模装在注射机的固定模板上，动模装在移动模板上，由锁模机构将模具的定模与动模合模并给予一定的压力锁紧，防止型腔中塑料熔体的压力将动模与定模顶开。注射装置在液压传动系统驱动下向左移动，最前端的喷嘴以一定压力顶住定模上的主流道衬套，将料筒中已塑化的塑料熔体以一定的压力注入型腔。经一定的时间冷却定型后，由合模机构将移动模板拉回，使模具的动模与定模分开，由顶出杆推动模具中的推出机构将产品由动模上推出。

二、注射机的参数与模具的关系

注射机校核的基体参数如下。

① 最大注射量

$$V_{制} \leqslant 0.8V_{注} \quad 或 \quad G_{制} \leqslant 0.8G_{注} \tag{2-1}$$

② 最大注射压力

$$P_{制} \leqslant P_{注} \tag{2-2}$$

③ 最大锁模力

$$F_s \geqslant P_q A_f \tag{2-3}$$

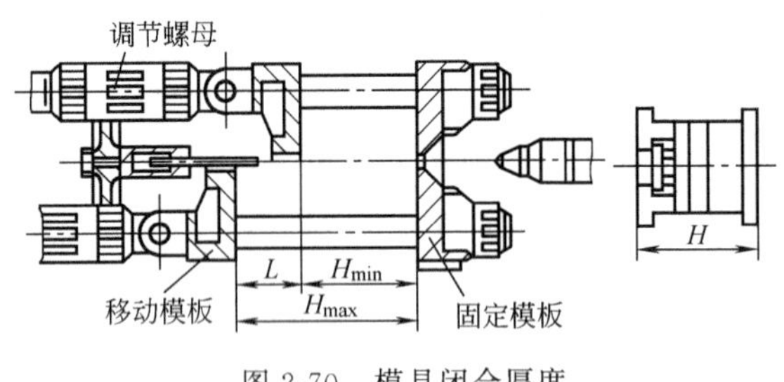

图 2-70　模具闭合厚度

④ 注射机喷嘴与主流道衬套的配合满足

$$R = r + (1\sim2)\text{mm};\ D = d + (0.5\sim1)\text{mm} \tag{2-4}$$

⑤ 模具闭合厚度［见图 2-70］与注射机装模空间

$$H_{min} \leqslant H \leqslant H_{max};\ H_{max} = H_{min} + L \tag{2-5}$$

⑥ 开模行程

a. 单分型面模，其开模行程［见图 2-71(a)］应满足

$$S \geqslant H_1 + H_2 + (5\sim10)\text{mm} \tag{2-6}$$

b. 双分型面模，其开模行程［见图 2-71(b)］应满足

$$S \geqslant H_1 + H_2 + a + (5\sim10)\text{mm} \tag{2-7}$$

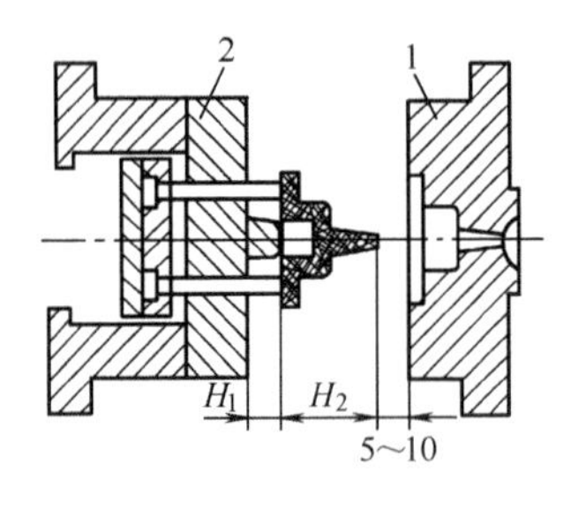

(a) 单分型面模开模行程

1—定模；2—动模

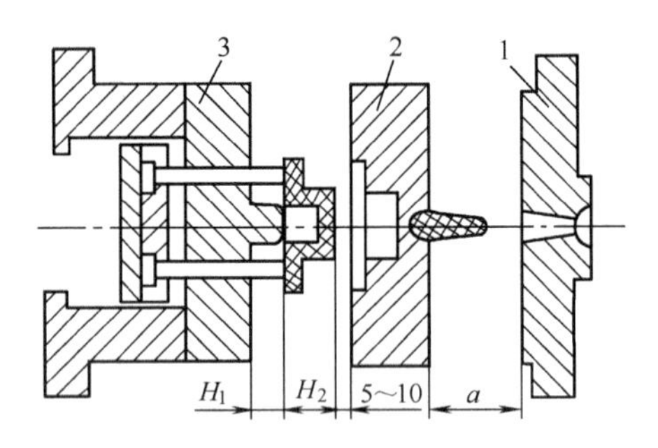

(b) 双分型面模开模行程

1—定模；2—型腔；3—动模

图 2-71　开模行程

c. 带有侧向分型抽芯机的注射模［见图 2-72］。

当 H_4 大于 H_1 与 H_2 之和时，按下式校核

$$S_k \geqslant H_4 + (5\sim10)\text{mm} \tag{2-8}$$

当 H_4 小于 H_1 与 H_2 之和时，则按下式校核

$$S_k \geqslant H_1 + H_2 + (5\sim10)\text{mm} \tag{2-9}$$

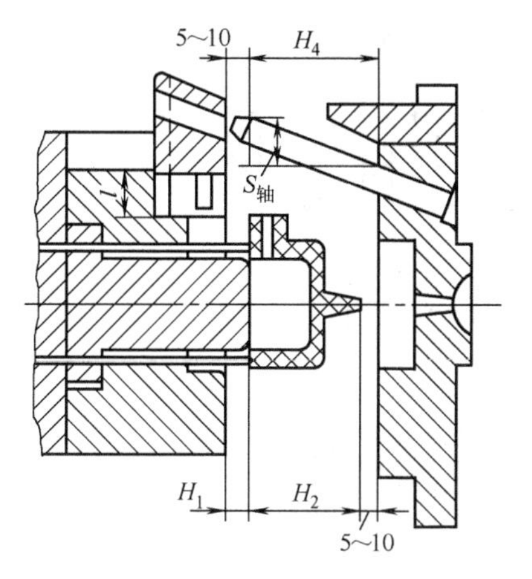

图 2-72　带有侧向分型抽芯机的注射模具开模行程

(a) 模具合模前

(b) 模具合模

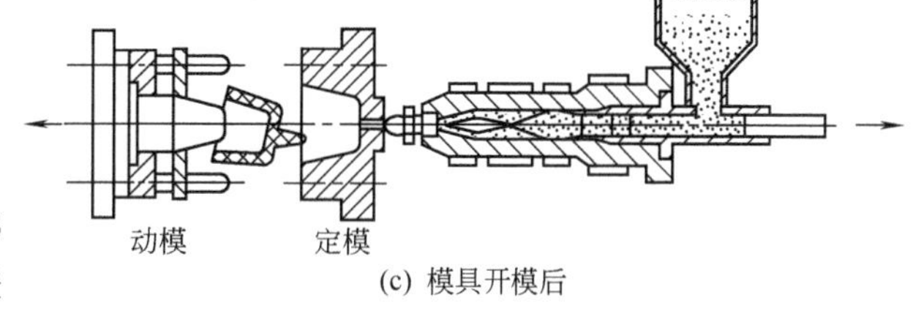

(c) 模具开模后

图 2-73　柱塞式注射机的工作原理

1—型芯；2—推件板；3—塑料件；4—凹模；5—喷嘴；6—分流梭；7—加热器；8—料筒；9—料斗；10—柱塞

三、注射工艺原理

(一) 柱塞式注射机的工作原理

① 模具合模前 [见图 2-73(a)]，柱塞后退，塑料从料斗中进入料筒。

② 模具合模 [见图 2-73(b)]，柱塞向前推进，将料筒中已熔融的塑料注入模具型腔中，冷却定型。

③ 模具开模后 [见图 2-73(c)]，柱塞向后退回至料斗口处，产品由推出机构推出，完成一个生产周期。

(二) 螺杆式注射机的工作原理

① 模具合模后 [见图 2-74(a)]，电动机带动螺杆旋转，塑料由料斗进入料筒中，由螺杆旋转的过程中将塑化的熔料推入螺杆前端，并将螺杆向后推至行程开关处，螺杆停止转动；

② 注射液压缸将螺杆按一定的压力和速度向前推动，将螺杆前端的熔料经喷嘴和模具的浇注系统注入模具的型腔中 [见图 2-74(b)]，经保压后冷却定型；

③ 模具开模后 [见图 2-74(c)]，产品由推出机构推出完成一个注射成型周期。

(三) 两种注射机性能的比较

1. 柱塞式注射机

① 结构简单，制造费用较低；

② 注射量较小，压力损失较大，只用于注射 60g 以下的塑件；

③ 塑化不均，难以控制温度和压力。

2. 螺杆式注射机

① 结构复杂，制造费用较高；

② 塑化均匀，能很好地控制温度和压力；

③ 注射量大，成型周期短，生产效率高，塑件质量好；

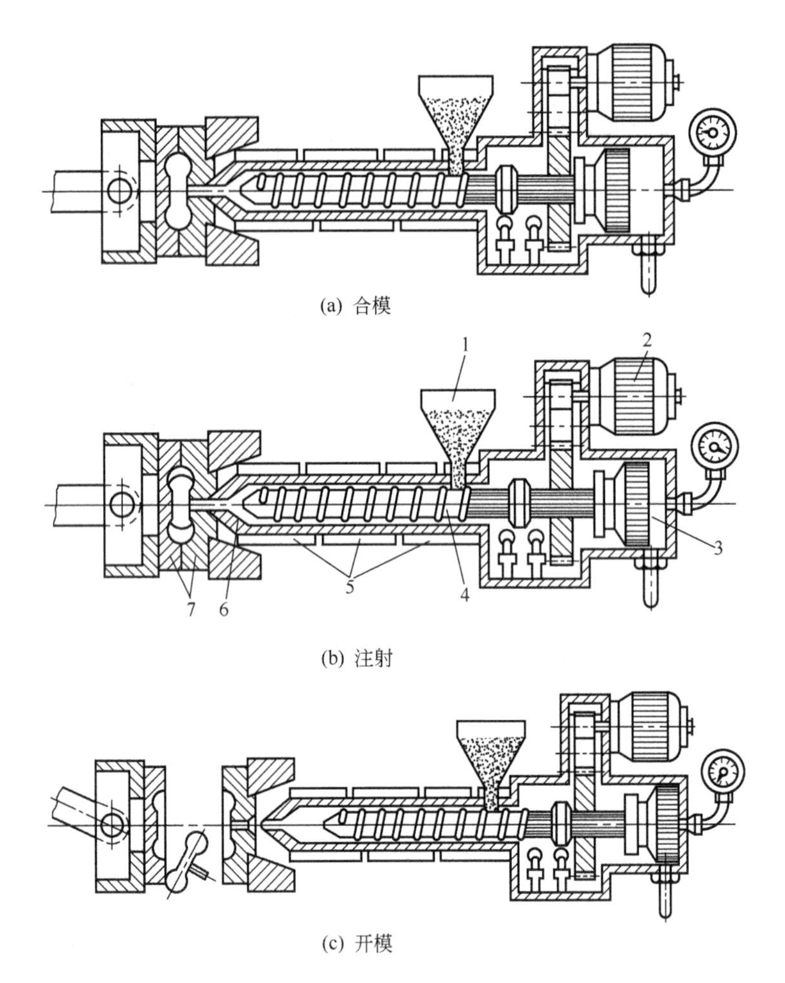

图 2-74 螺杆式注射机的工作原理

1—料斗；2—螺杆转动装置；3—注射液压缸；4—螺杆；5—加热器；6—喷嘴；7—模具

④ 易于实行自动化生产过程。

在企业生产中，螺杆式注射机已逐渐取代了柱塞式注射机。

四、注射工艺过程

注射模型工艺过程包括成型前的准备、注射过程、制品的后处理。

（一）注射成型前的准备

1. 原料的检验和预处理

在成型前应对原料进行外观和工艺性能检查，内容包括色泽粒度及均匀性、流动性（熔体指数、黏度）、热稳定性、收缩性、水分含量等检查。

对于吸水性强的塑料（如聚碳酸酯、聚酰胺、聚砜、聚甲基丙烯酸甲酯等），在成型前必须进行干燥处理，否则塑料制品表面将会出现斑纹、银丝和气泡等缺陷，严重影响制品的质量。而对不易吸水的塑料（如聚乙烯、聚丙烯、聚甲醛等塑料），只要包装、运输、储存良好，一般可以不必干燥处理。

2. 嵌件的预热

为了满足装配和使用强度的要求，塑料制品内常要嵌入金属嵌件。成型前应对金属嵌件进行预热。嵌件的预热应根据塑料的性能和嵌件大小而定，对于成型时容易产生应力开裂的塑料（如聚碳酸酯、聚砜、聚苯醚等），其制品的金属嵌件，尤其较大的嵌件一般都要预热。对于成型时不易产生应力开裂的塑料，且嵌件较小时，则可以不必预热。

3. 料筒的清洗

在注射成型之前，如果注射机料筒中原来残存的塑料与将要使用的塑料不同或颜色不一致时，一般都要进行清洗。

对于螺杆式注射机通常采用直接换料清洗。柱塞式注射机的料筒清洗比螺杆式注射机的困难，清洗时需要拆卸清洗。

4. 脱模剂的选用

常用的脱模剂有三种：

① 硬脂酸锌，除聚酰胺外，一般塑料均可用；

② 液体石蜡（白油），用于聚酰胺塑料件的脱模，效果较好；

③ 硅油，润滑效果较好，但价格较贵，使用较麻烦，需配制成甲苯溶液，涂抹于模腔表面，还要加热干燥。

（二）注射过程

完整的注射过程包括加料、塑化、注射、保压、冷却和脱模等步骤。

1. 塑料的塑化

塑料的塑化是一个比较复杂的物理过程，塑化进行得如何直接关系到塑料制品的产量和质量。

2. 熔体充满型腔与冷却定型

这一过程包括用螺杆或柱塞推动塑化后的黏流态的塑料熔体注入并充满塑料模型腔，熔体在压力下的冷却凝固定型，直至塑料制品脱模。该过程时间不长，但合理地控制该过程的温度、压力、时间等工艺条件，对获得优良塑料制品却很重要。根据塑料熔体进入型腔的变化情况，这个过程又可细分为充模、压实、倒流和浇口冻结后的冷却四个阶段。

（1）充模阶段　从注射机的螺杆或柱塞快速推进，将塑料熔体注入型腔，直到型腔被熔体完全充满为止。

（2）压实阶段　这是指自熔体充满型腔时起至柱塞或螺杆开始退回的一段时间，压实阶段对提高塑料制品密度，减小塑料制品的收缩，克服制品表面缺陷都有重要意义。

（3）倒流阶段　这一阶段是从螺杆或柱塞开始后退到浇口处熔体冻结时为止，有无倒流或倒流的多少决定于压实阶段的时间，如果压实阶段时间短，则倒流的塑料熔体多，相反，熔体倒流少。可见，压实阶段时间长短，直接影响到塑料制品的收缩率。

（4）冻结后的冷却阶段　这一阶段为从浇口处的塑料完全冻结至塑料制品脱模取出为止的时间。

（三）塑料制品的后处理

根据塑料的特性和使用要求，塑料制品可进行退火处理和调湿处理。调湿处理主要是用于聚酰胺类塑料的制品。将刚脱模的这类塑料制品放在热水中处理，不仅隔绝空气，防止氧化，消除内应力，而且还可以加速达到吸湿平衡，稳定其尺寸，故称为调湿处理。如果制品要求不严格时，可以不必后处理。

五、注射工艺条件的选择和控制

在生产中，工艺条件的选择和控制是保证成型顺利和制品质量的关键。注射模塑最主要的工艺条件是温度、压力和时间。

1. 温度

在注射成型中需要控制的温度有料筒温度、喷嘴温度和模具温度等。前两种温度主要影响塑料的塑化和塑料充满型腔；后一种温度主要影响充满型腔和冷却固化。

2. 压力

注射模塑过程需要控制的压力有塑化压力和注射压力。所谓塑化压力是指采用螺杆式注射机时，螺杆顶部熔体在螺杆转动后退时所受到的压力，塑化压力又称背压。背压大小可以通过液压系统中的溢流阀来调整。注射压力是指柱塞或螺杆顶部对塑料所施加的压力，其作用是克服熔体从料筒流向型腔的流动阻力；使熔体具有一定的充满型腔的速率；对熔体进行压实。因此，注射压力和保压时间对熔体充模及塑料制品的质量影响极大。

3. 时间（成型周期）

完成一次注射模塑过程所需要的时间称为成型周期。成型周期直接影响到生产率和设备利用率，应在保证产品质量的前提下，尽量缩短成型周期中各阶段的时间，提高劳动生产率。

4. 常用塑料的注射成型工艺条件

从以上分析可以看出，注射成型工艺条件的正确选择对保证注射成型的顺利进行和制品质量是至关重要的。确切地确定成型工艺条件既要对工艺条件的影响因素及其相互关系有较深入的了解，又要有较丰富的实践经验。在实际生产中常通过对制品的直观分析或“对空注射”进行检查，然后酌情对原定工艺条件加以修正。

第三节　两板式注塑模具的结构

一、两板式注射模含义

两板式注射模，只有一个分型面，又称单分型面注塑模，俗称大水口模，是注塑模中相对简单的一种结构形式。根据需要，单分型面注射模既可设计成单型腔注射模，也可设计成多型腔注射模，可以设计带抽芯结构或不带抽芯结构，应用十分广泛。

两板式模具主要特点有：

① 与开模方向垂直的分型面只有一个，分型目的就是开模取出塑料制品与浇口凝料，且制品与浇口凝料一般是同时取出，不分开取出，取出后再将制品上的浇口凝料去除；

② 与分型面相关的只有两块模板，即动模板与定模板（也称 A 板与 B 板）；

③ 分流道一般开设在分型面上；

④ 动模一侧设有拉料杆或拉料结构；

⑤ 单分塑面注射模的合模导柱，既可设置在动模一侧也可设置在定模一侧，通常设置在型芯凸出分型面最长的那一侧（标准模架的导柱一般都设置在动模一侧）；

⑥ 脱模机构的复位一般采用复位杆复位和弹簧复位两种。

二、两板式注射模结构举例

（一）说明

对生产量小的塑料盒，采用大水口的模具结构，使模具结构简单，易于加工，但生产出来的塑件一般要进行后处理（主要是手工剪除浇道凝料），为了使外观质量满足要求，甚至还要用平底钻对产品的浇口处进行机械加工。

（二）塑件工艺

如图 2-75 所示的塑料盒产品，其材料为 PMMA，表面要求光滑，无刮花、无黑点、无水纹、无披锋等缺陷。

对于这一产品，其分型面选择在口部顶平面外台阶处，进料口选在产品的底部中心位置。

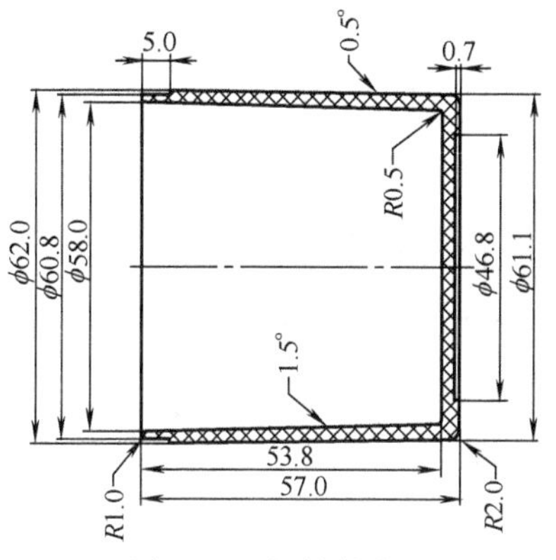

图 2-75 塑料制品图

（三）模具结构及其工作过程

1. 模具的结构组成

该模具属于大水口单型腔注射模，模具装配简图如图 2-76 所示。

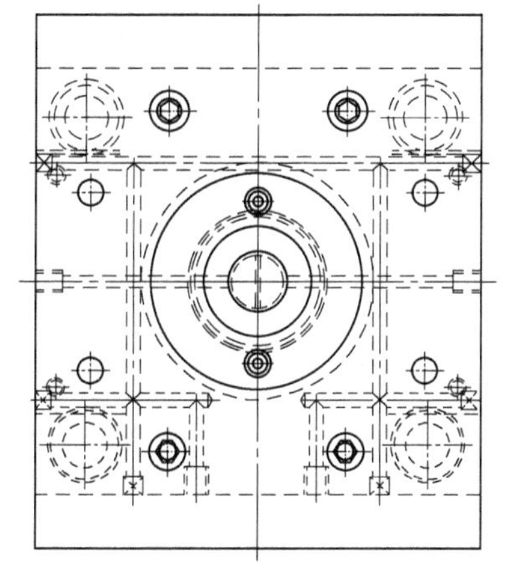
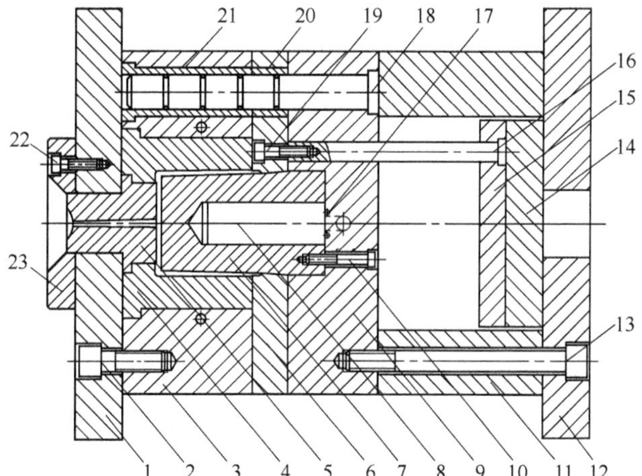

图 2-76 模具结构图

1—定模座板；2,10,13,19,22—内六角螺钉；3—定模板；4—定模型腔镶件；5—浇口套；6—成型推板；7—动模型芯镶件；8—黄铜隔片；9—动模板；11—垫块；12—动模座板；14—推杆垫板；15—推杆固定板；16—复位杆；17—O 形圈；18—导柱；20,21—导套；23—定位圈

2. 模具的工作过程

开模时，动模向后移动打开模具。注射机的推杆推动模具的顶板脱模机构，将塑件从动模型芯镶件上脱出松动，最后手工将塑件从成型推板上取下。

合模时，注射机上的动模部分朝前移动，由定模板的分型面反向推动推板和复位杆，使推出机构复位，模具顺利合模。

模具的开模状态图如图 2-77 所示。

（四）模具的成型零件

模具的成型零件主要有浇口套、定模型腔镶件、动模型芯镶件和成型推板等。为了保证注射成型后塑件的尺寸精度要求，定模型腔镶件、浇口套和动模型芯镶件均选用高抛光度和加工性能良好的进口模具用钢（如预硬钢 718H）。

型腔面的粗糙度为 $R_a0.4\mu m$，淬火后的表面硬度为 50～55HRC。在淬火后，定模型腔表面一般采用数控加工或电火花成型加工，而浇口套和动模型芯镶件采用车削、钻削加工后再淬硬和修配。

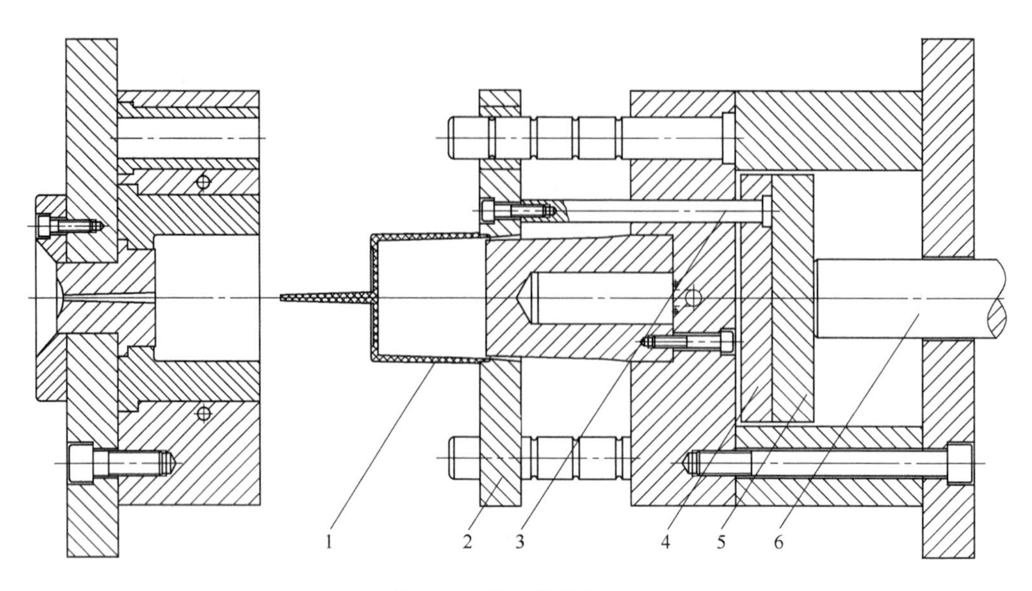

图 2-77 模具开模状态图

1—制品；2—成型推板；3—复位杆；4—推杆固定板；5—推杆垫板；6—注射机的顶杆

1. 浇口套

由于制品透明，浇口套若采用标准件，注射成型后将会在其底部留下一个明显的痕迹，影响产品的外观质量。

故该模具浇口套依据产品在其底部有一台阶的结构特点来制造。设计制作的浇口套，既具有定模型腔镶件的作用，又有浇口套的结构（见图 2-78)。

2. 定模型腔镶件

定模型腔镶件是主要成型塑件外表面型腔部分的成型零件，镶嵌在模具的定模板内，由镶件上的台阶定位固定。与分型面垂直的型腔壁面，其单边脱模斜度为 0.5°。结构如图2-79所示。

3. 动模型芯镶件

动模型芯镶件成型塑件的内表面，其内表面壁的脱模斜度单边为 1.5°，与顶板相配合

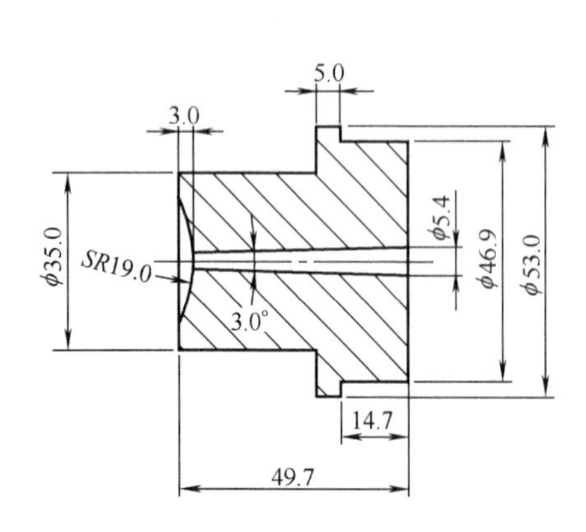

图 2-78 浇口套

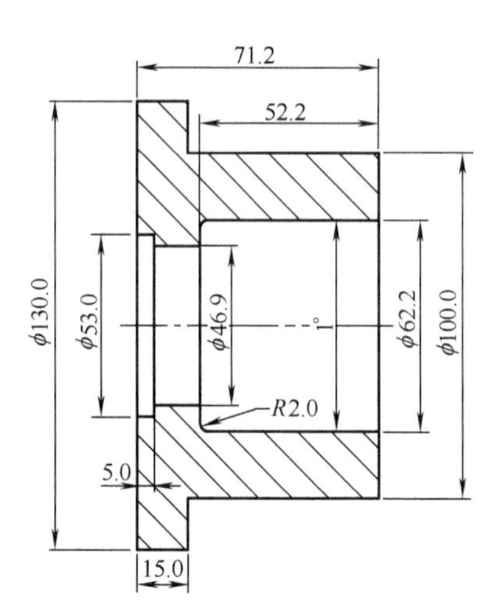

图 2-79 定模型腔镶件

的面为锥度10°的圆锥面。这种圆锥面的配合既能保证顶板与动模型芯镶件的配合精度，又能防止溢料，同时与顶板无摩擦阻碍，其锥度通常取5°～15°，其配合面的高度通常取15～30mm。

动模型芯镶件结构如图2-80所示，采用模芯隔片循环冷却水道，中心孔ϕ25mm与隔片相配合。

4. 成型推板

在该模具中，成型制品口部台阶处的型腔加工在推板上，所以该推板又称成型推板。成型推板（见图2-81）是注射成型后实现脱模的主要零件，与复位杆连接。

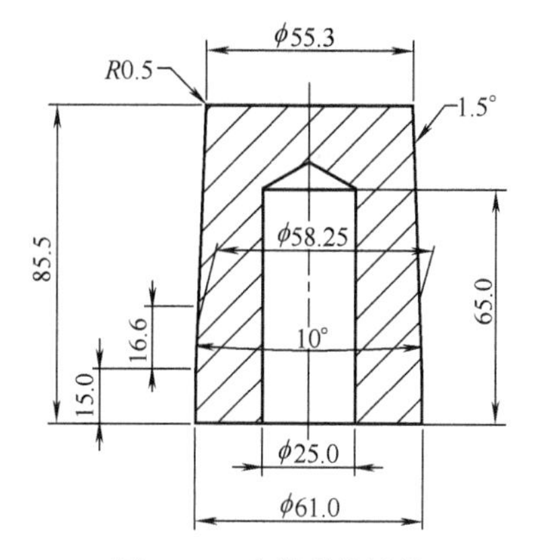

图2-80 动模型芯镶件

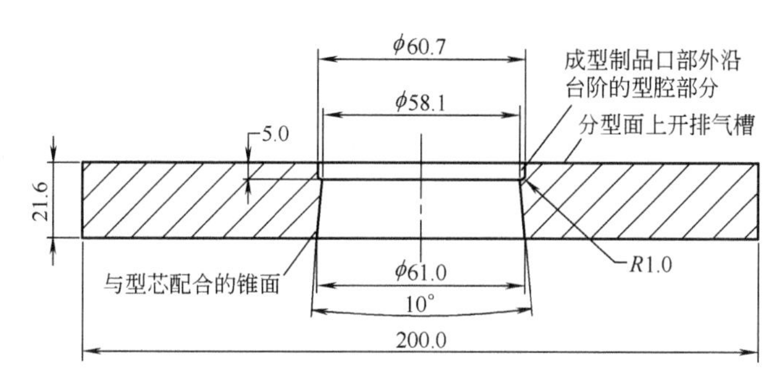

图2-81 成型推板

（五）标准模架的结构

模具的标准模架，型号为2020-DI（2020是指模架周边尺寸为200mm×200mm），A板70、B板50、C板90，其结构图如图2-82所示。

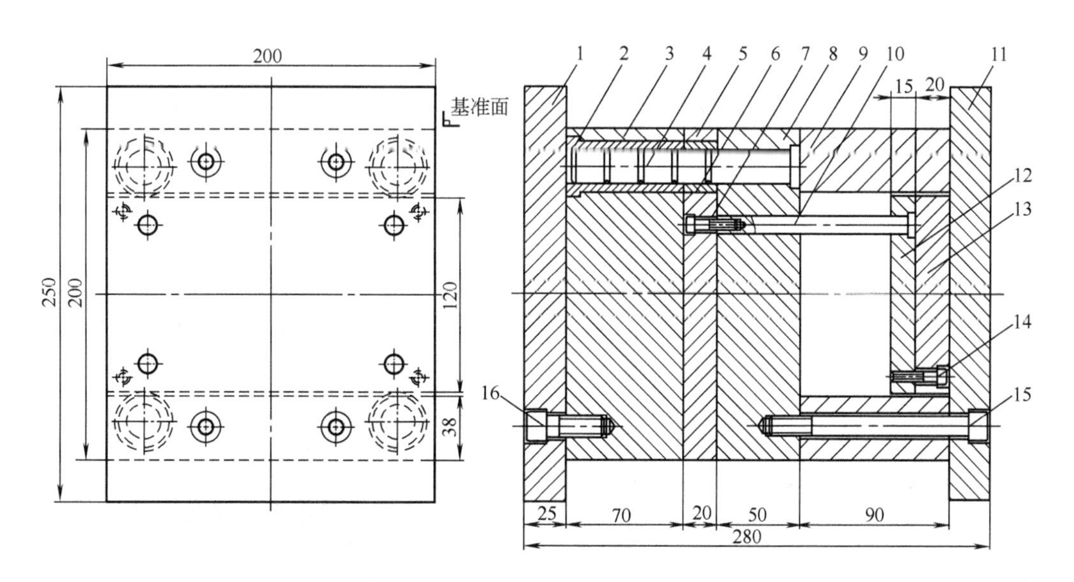

图2-82 标准模架

1—定模座板；2—导套；3—定模板（A板）；4—导柱；5—推板；6—直导套；7,14,15,16—内六角螺钉；8—动模板（B板）；9—垫块（C板）；10—复位杆；11—动模座板；12—推杆固定板；13—推杆垫板

（六）模具的冷却和排气系统

1. 模具的冷却系统

定模部分的运水（冷却水道）直接在定模板上开设。

动模冷却主要是针对动模型芯镶件，采用隔片式结构，冷却水道开设在动模板上，进入模芯后经过隔片实现循环。为了防止模具漏水，在动模型芯镶件与动模板的结合处安装“O”形橡胶密封圈。隔片的材料通常采用黄铜制造。

2. 模具的排气系统

由于模具采用了推板推出机构来脱模，而推板与型芯之间的配合为圆锥面的配合，其密封性好，所以无法通过动模型芯镶件的间隙来排气。在成型推板的分型面上沿型腔周边均匀地开设径向排气槽，排气槽的深度可取 0.03mm，宽度取 6mm。

（七）模具的脱模机构

该模具采用成型推板脱模，但成型推板仅仅是将制品从动模型芯镶件上顶松脱开，最后脱模还要靠人工。

如果要实现自动脱模，需要采用二次脱模机构。不过二次脱模机构较为复杂，还使模具的制造成本增大，小批量生产不采用。

第四节　三板式注塑模具的结构

一、三板式注射模含义

三板式注射模，模具至少有两个分型面，又称双分型面注塑模，俗称细水口模。

三板式模具特点主要有以下几点：

① 与开模方向垂直的分型面有两个，塑料制品与浇口凝料分开从两个分型面中分别取出；

② 与分型面相关的有三块模板，即动模板与定模座板，还有一个中间板（浇口板）；

③ 常用于针点浇口进料的单腔或多腔模具；

④ 双分型面注射模的分型与脱模常采用“顺序定距分型与脱模机构”，如弹簧分型、拉板定距顺序脱模机构等。

二、三板式注射模结构举例

（一）制品工艺

塑料盒盖（采用 PP 塑料）的产品如图 2-83 所示。对于这种圆盒形状的产品，其分型面必须选择在塑件外形的最大轮廓处，选取开口端面作分型面。为了使制件在顶出时不产生刮花等缺陷，制件的内壁需要有足够的脱模斜度。

为了保证产品的外观质量，采用点浇口从产品的顶部中心进料，注射成型过程中熔料从顶部中心向周边均匀地填充。

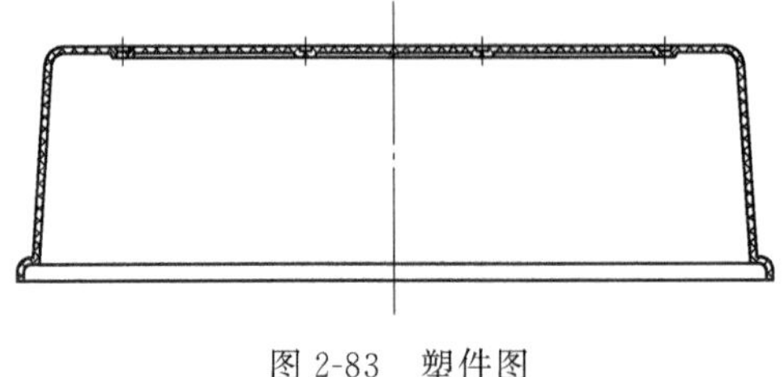

图 2-83　塑件图

（二）模具的结构组成和工作过程

模具结构如图 2-84 所示。

1. 模具的结构组成

（1）模具的定模部分　模具的定模部分包括以下的零件：定模座板、定模板、定模

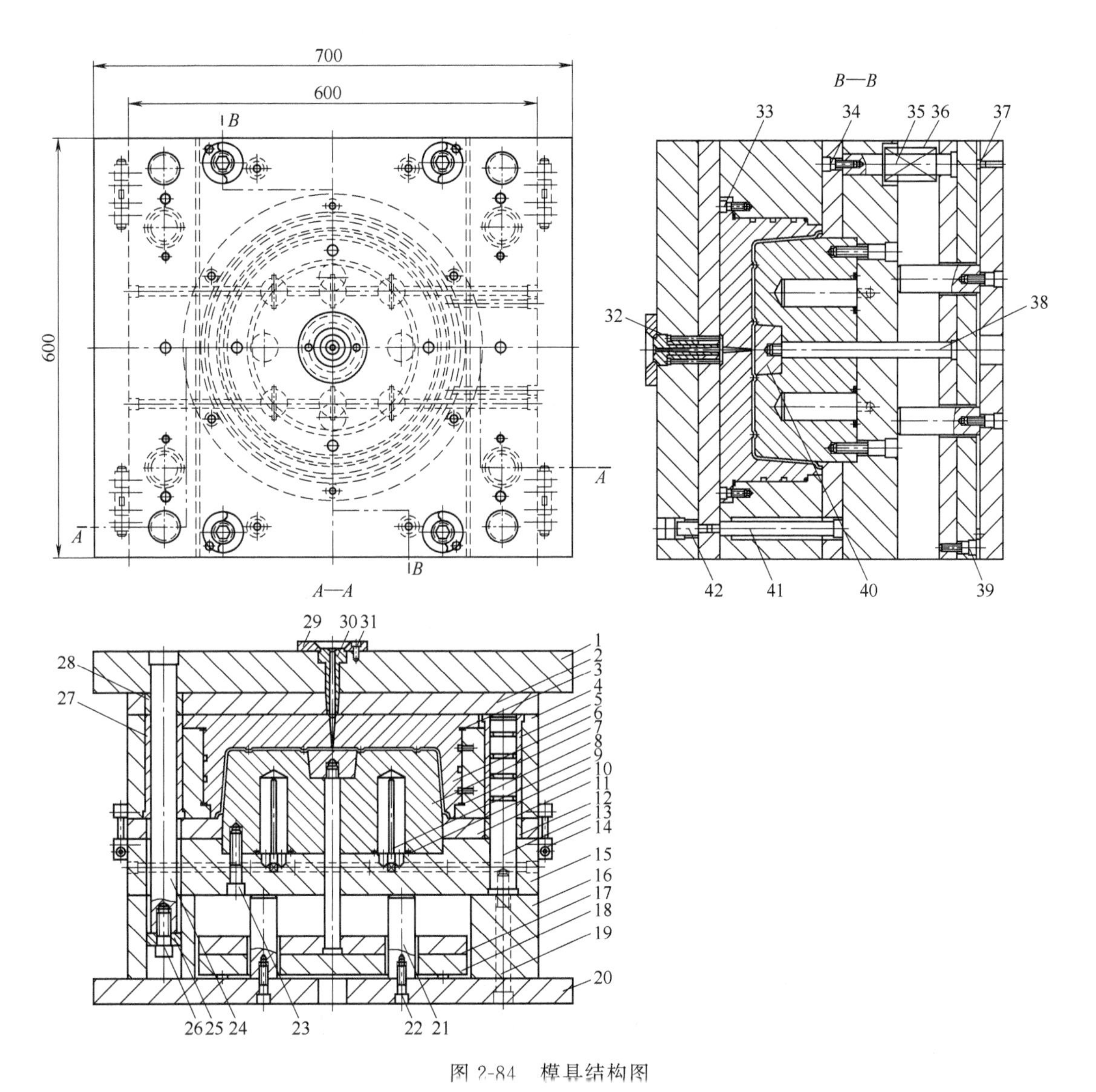

图 2-84 模具结构图

1—定模座板；2—水口推板；3,8,10—密封圈；4—定模板；5,12,27,28—导套；6—定模型腔镶件；7—动模型芯镶件；9—黄铜隔片；11—成型推板；13,24—导柱；14—拉钩；15—动模板；16—垫块；17—推杆固定板；18—推板；19,22,23,26,31,33,34,39—螺钉；20—动模座板；21—支承柱；25—限位圈；29—定位圈；30—浇口套；32—分流道拉料杆；35—复位杆；36—弹簧；37—限位钉；38—引气辅助装置推杆；40 引气推块；41—拉杆；42—限位螺钉

型腔镶件、水口推板、浇口套、定位圈、导套、拉杆、浇道拉料杆、限位螺钉及水道密封圈和连接螺钉等零配件。

(2) 模具的动模部分　模具的动模部分包括以下零件：动模板、成型推板、动模型芯镶件、垫块、支承柱、推杆、复位杆、引气辅助装置推杆、引气推块、开模拉钩、推杆固定板、推杆垫板、动模座板、隔水片及复位弹簧、限位钉和连接螺钉等零件。

2. 模具的工作过程

开模时，动模向后移动使拉钩带动定模板，分流道拉料杆拉住浇道凝料，使模具从分型面Ⅰ处分开，浇道凝料与塑件自动脱离。

动模继续后移，在拉杆和限位螺钉的作用下，浇道板与定模座板从分型面Ⅱ处分开，使浇道凝料从分流道拉杆上和浇口套中自动脱落。

动模继续后移，拉开拉钩，分型面Ⅲ打开。塑件因成型收缩而留在动模型芯镶件上，成型推板将塑件从动模型芯镶件上刮下，同时引气推块辅助推出塑件。模具的开模、脱模状态如图 2-85 所示。

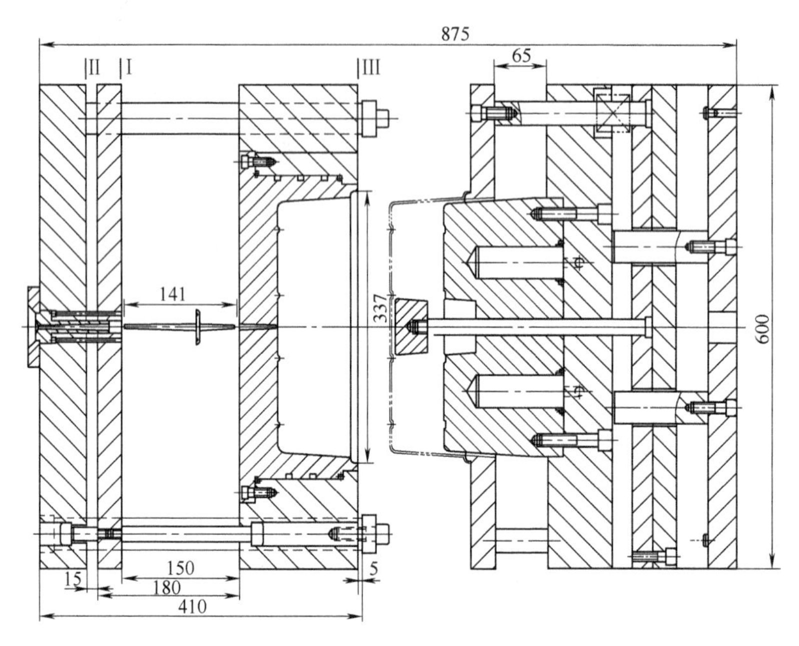

图 2-85 开模、脱模状态图

（三）模具的成型零件

模具的成型零件主要有定模型腔镶件、动模型芯镶件、成型推板和引气推块等。这些零件的大部分表面直接与塑料接触，精度要求较高，表面粗糙度高。

由于产品要求具有透明的特征，故成型零件的型腔表面要求抛光达到镜面效果。

1. 定模型腔镶件

定模型腔镶件主要成型塑件外表面，镶嵌安装在模具的定模板内，用螺钉与定模板相连。为了模具冷却充分，在定模型腔镶件的圆柱配合表面上开设有螺旋型循环冷却水道，从定模板上安装快换水嘴引出。为了防止漏水须在其配合面上安装“O”形圈密封。其具体结构如图 2-86 所示。

2. 动模型芯镶件

动模型芯镶件成型塑件内表面型腔部分，镶嵌在模具的动模板内，用螺钉与动模垫板相连在一起。为了模具冷却充分，在动模型芯镶件内，开设有六个隔片式的运水孔，通过隔片使冷却水进入动模型芯镶件内靠近型腔的部位。其具体结构如图 2-87 所示。

（四）模具的浇注系统

模具采用从产品的顶部中心进料的点浇口形式。既保证了产品所要求的外观质量，又可以使熔料均匀填充到模具的型腔中，并将模具型腔中的气体从分型面上开设的排气槽中排出，点浇口浇注系统的结构如图 2-88 所示。

浇注系统中还有一个分型面，作用是开模取出浇注系统凝料。

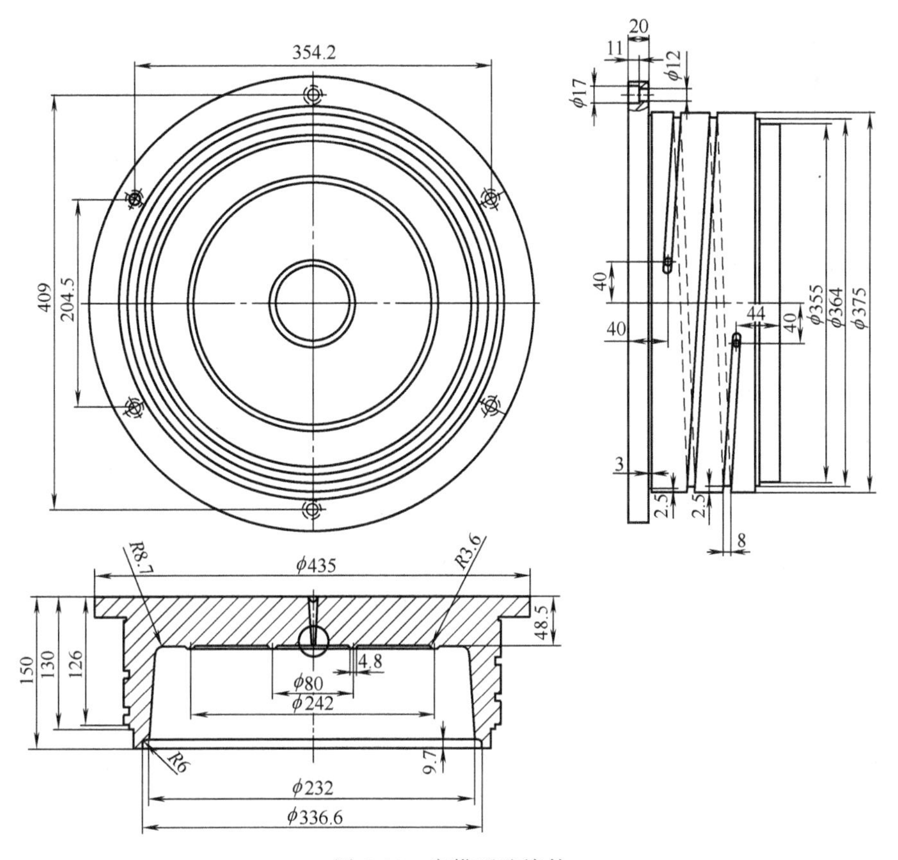

图 2-86 定模型腔镶件

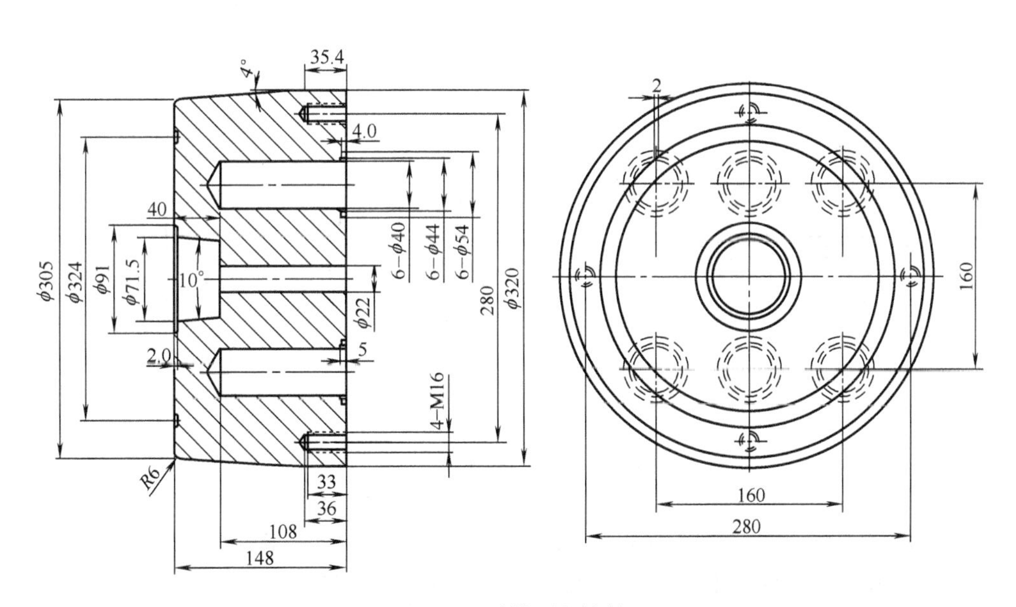

图 2-87 动模型芯镶件

1. 浇口结构

该模具点浇口部分的结构如图 2-89 所示。点浇口的截面为圆形，直径 d 一般在 0.8～2.0mm 范围内，常用直径为 0.8～1.5mm。其倾角 $\alpha=3°\sim6°$。

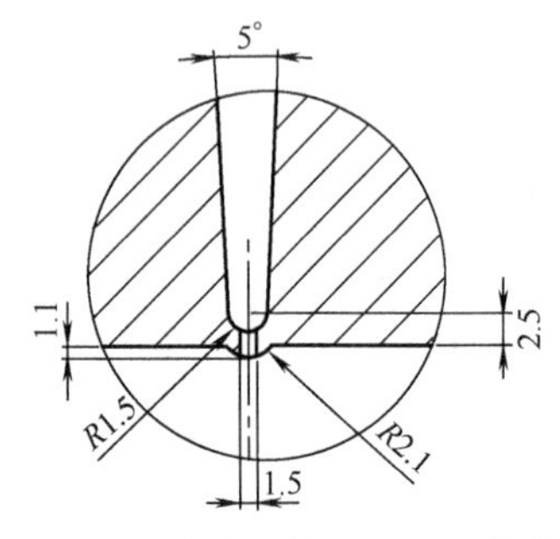

图 2-88　点浇口浇注系统的结构

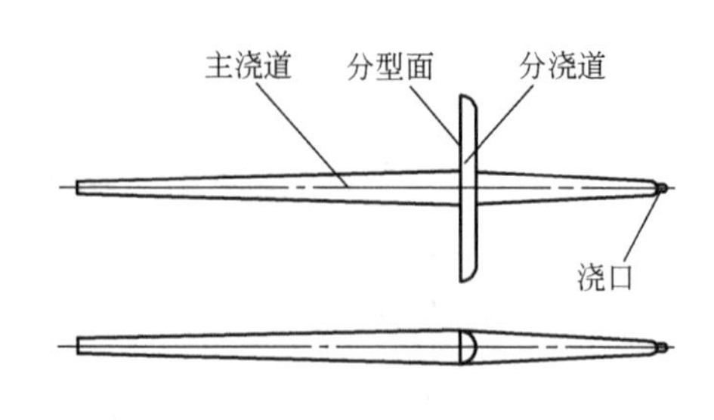

图 2-89　点浇口部分的结构尺寸

2. 浇口凝料的脱模

为了取出浇道凝料，模具结构中必须增加一个水口推板，在水口推板和定模板之间形成另一个分型面，以便开模后分别在不同的分型面取出产品和浇道凝料，这种结构通常称为三板模结构。

正因为有浇口凝料与制品两者的脱模，所以要按次序分模。

① 在开模时，先打开水口推板与定模板之间的分型面（如图 2-85 所示的分型面Ⅰ），将浇道凝料与产品拉断分离。

② 再将水口推板与定模座板之间的分型面（如图 2-85 所示的分型面Ⅱ）分开，将收缩在拉料杆上的凝料从拉料杆和主浇道衬套中拉出。拉料杆安装在定模座板上，拉住浇道凝料，保证浇道凝料在被水口推板刮下之前先与产品分离。拉料杆的结构如图 2-90 所示。

3. 拉钩的结构及其工作过程

在定模板与动模板之间安装有多个拉钩，确保开模时该分型面最后打开。拉钩的结构已形成了标准化的结构，其结构如图 2-91 所示。

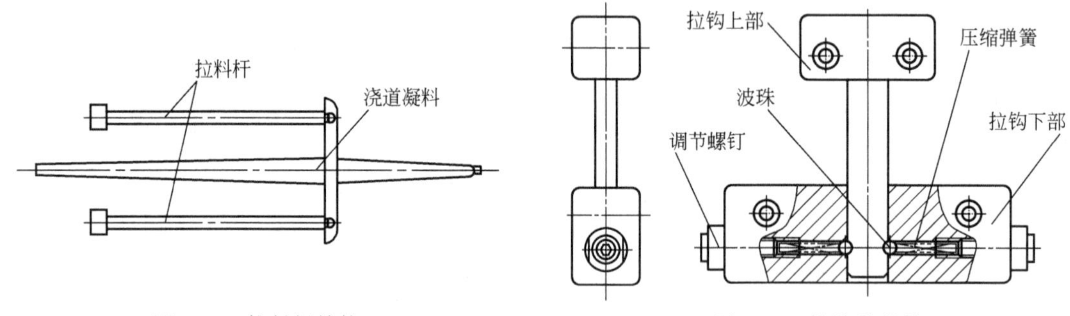

图 2-90　拉料杆结构

图 2-91　拉钩的结构

拉钩的工作过程为：拉钩上部通常用螺钉安装在定模板上，拉钩下部用螺钉安装在动模板上，模具合模后，拉钩上部进入拉钩下部中。拉钩下部的两个波珠在压缩弹簧的作用下卡在拉钩上部的半圆形槽中。开模时必须克服压缩弹簧的作用力，使波珠退出半圆形槽才能使定模和动模分开。压缩弹簧的作用力可通过调节螺钉加以调整。

（五）模具所用标准模架的结构

模具选用了细水口的标准模架。其型号为 6060-DDI-410-0，A 板 150、B 板 80、C 板 120。其中 6060 指标准模架在分模面上的长为 600mm，宽为 600mm，DDI 代表模架的结构类型，410 指模架中定模支承导柱的总长为 410mm，0 指支承导柱的安装形式为靠近模板的四个角部，即定模板与动模板之间所安装的导柱导套靠近模板内部，而定模上安装的支承导柱导套位于模板靠外的地方。

标准模架结构图如图 2-92 所示。

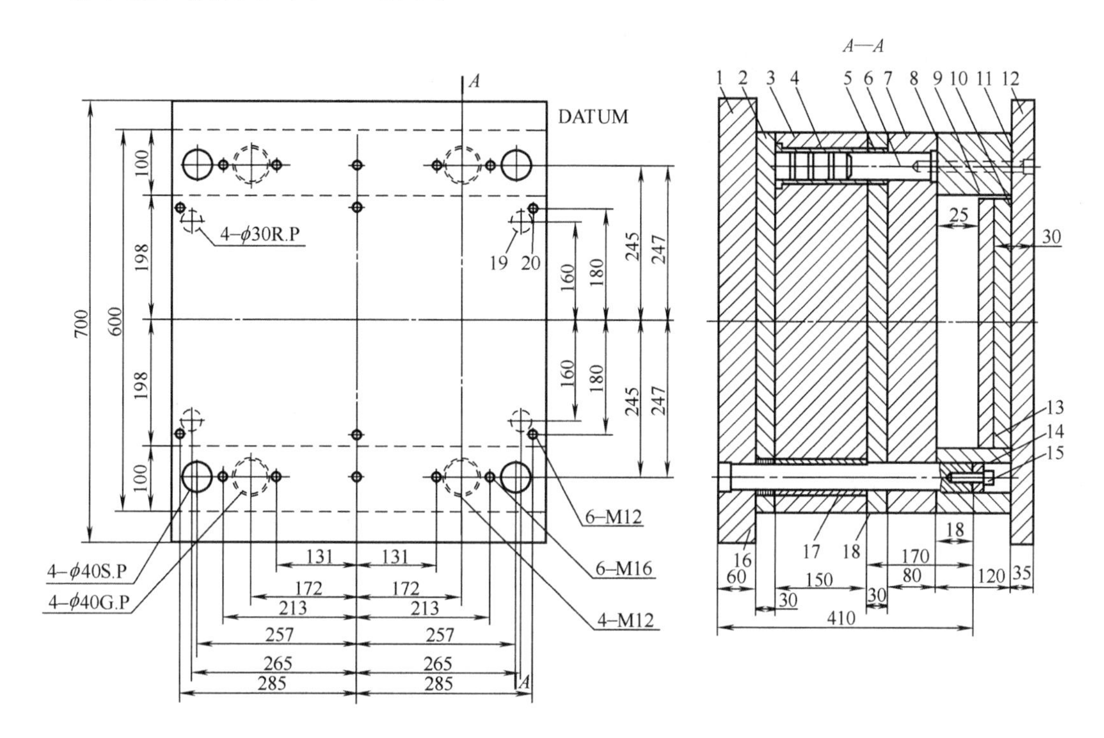

图 2-92　标准模架结构

1—定模座板；2—水口推板；3—A 板（定模板）；4,5,17,18—导套；6—导柱；7—B 板（动模板）；8—垫块；9—推杆固定板；10—垫杆垫板；11,15,20—内六角螺钉；12—动模座板；13—支承导柱；14—限位圈；16—推板；19—回位杆

（六）模具的温度控制系统

该制品使用 PP 塑料，PP 塑料在注射成型工艺中要求的模具温度通常为 40～80℃。为了使模温在成型过程中控制在所需要的范围内，在定模型腔镶件的圆柱配合表面上开设有螺旋型循环冷却水道，从定模板上安装水嘴引出。为了防止漏水在其配合面上也需要安装“O”形橡胶密封圈，如图 2-93 所示。隔片的材料通常采用黄铜片制作，其结构如图 2-94 所示。

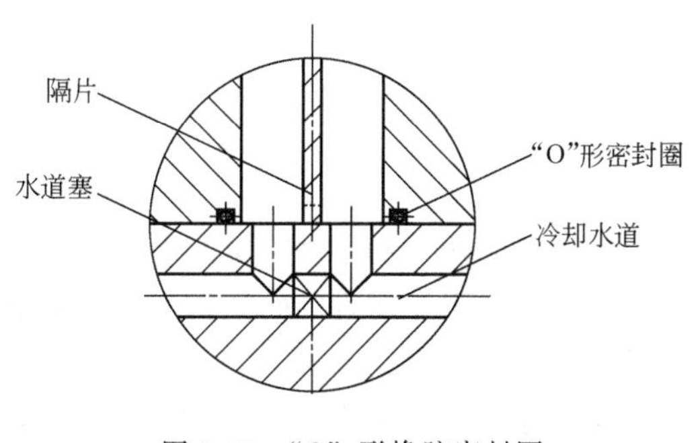

图 2-93　“O”形橡胶密封圈

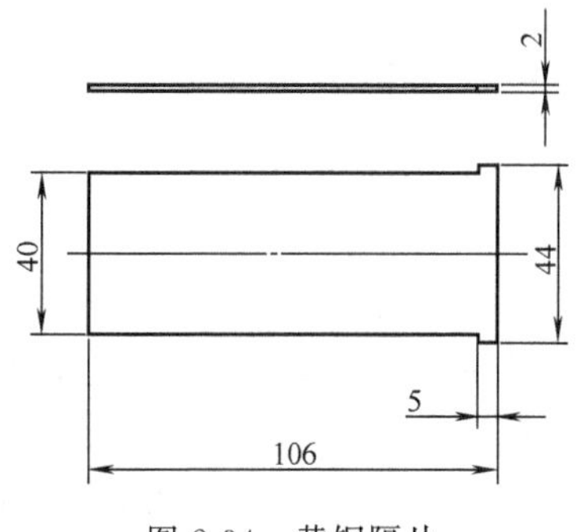

图 2-94　黄铜隔片

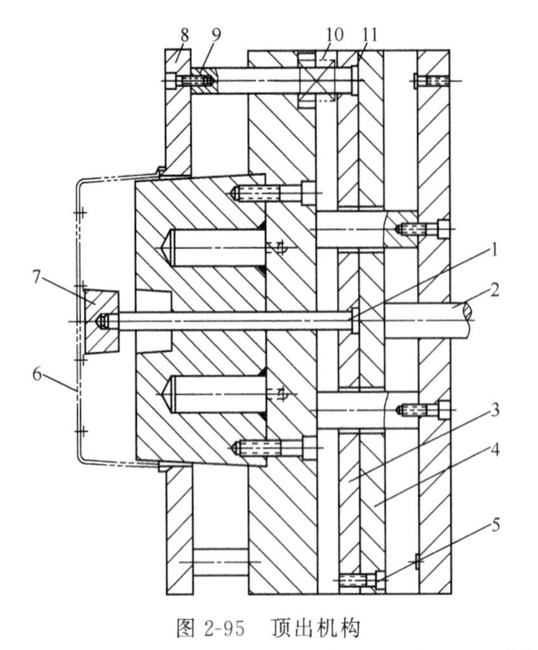

图 2-95 顶出机构

1—带引气辅助装置的推杆；2—注塑机顶杆；3,8—推板；4—推杆固定板；5,9—螺钉；6—塑件；7—引气推块；10—弹簧；11—复位杆

（七）模具的顶出系统

对于这种透明的圆形盒盖塑料零件，如果采用顶杆顶出形式，将会在塑件上留下明显的顶杆痕迹，影响塑件的外观质量，因此必须采用推板脱模，结构如图 2-95 所示。

安装在顶出机构上的中心顶杆带动引气推块从塑件的中心推动产品，并将气体引入，以防止内部形成真空，造成塑件脱模困难。

顶板、引气推块与动模型芯镶件之间的配合均需采用锥面配合。锥面配合的单边角度为 5°～ 8°。顶板与动模型芯镶件之间的配合如图 2-96 所示。

引气推块与动模型芯镶件之间的锥面配合如图 2-97 所示。

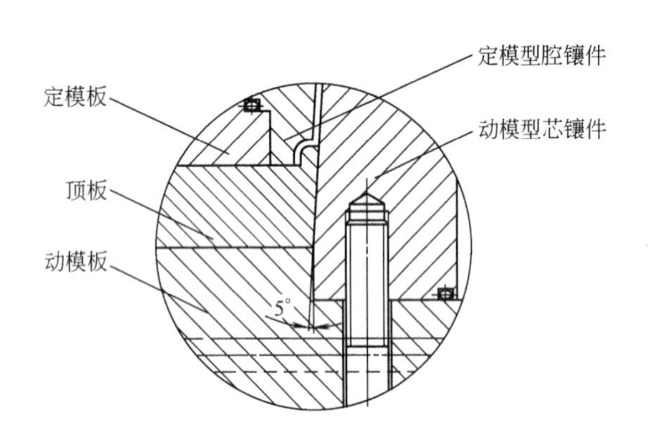

图 2-96 顶板与动模型芯镶件之间的配合

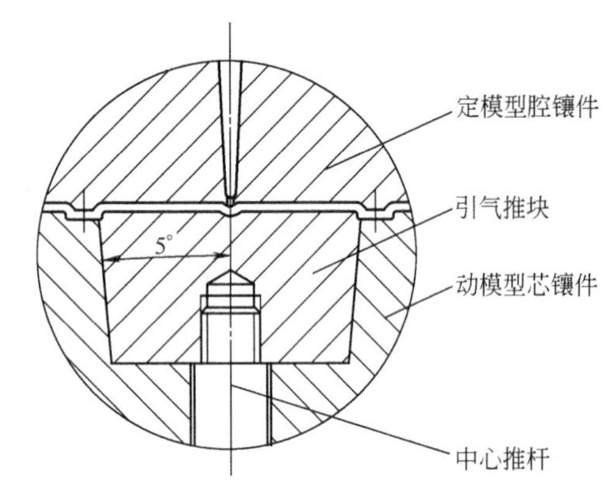

图 2-97 引气推块与动模型芯镶件之间的锥面配合

*第五节 气辅注塑成型与热流道技术

一、气辅注塑成型

（一）技术介绍

1. 简介

(1) 说明 气辅注塑工艺是国外 20 世纪 80 年代研究成功，20 世纪 90 年代才得到实际应用的一项实用型注塑新工艺，其原理是利用高压惰性气体注射到熔融的塑料中形成真空截面并推动熔料前进，实现注射、保压、冷却等过程。

由于气体具有高效的压力传递性，可使气道内部各处的压力保持一致，因而可消除内部应力，防止制品变形，同时可大幅度降低模腔内的压力，因此在成型过程中不需要很高的锁模力，除此之外，气辅注塑还具有减轻制品重量、消除缩痕、提高生产效率、提高制品设计自由度等优点。近年来，在家电、汽车、家具等行业，气辅注塑得到越来越广泛的应用，前景看好。

气辅注塑是近年兴起的一项新工艺，在国外已得到广泛应用，在国内尚处于初始阶段，目前大型家电厂已陆续开始应用这项新工艺，相信随着各厂商对气辅工艺认识的加深，这项新工艺会应用得越来越普遍。

(2) 气辅注射成型的优点　气辅注射成型克服了传统注射成型和发泡成型的局限性，具有以下优点。

① 制件性能良好

a. 消除气孔和凹陷，在制件不同壁厚连接处所设的加强筋和凸台中合理开设气道，让气体导入制品，补偿了因熔体在冷却过程中的收缩，避免气孔和凹陷的产生。

b. 减少内应力和翘曲变形，在制件冷却过程中，从气体喷嘴到料流末端形成连续气体通道，无压力损失，各处气压一致，因而降低了残余应力，防止制件翘曲变形。

c. 增加制件的强度，制件上中空的加强筋和凸台的设计，使强度重量比比同类实心制件高出大约5倍，制件的使用强度大大提高。

d. 提高设计的灵活性，气辅注射可用来成型壁厚不均的制品，使原来必须分为几个部分单独成型的制品实现一次成型，便于制件的装配。例如国外一家公司原来生产的以几十个金属零件为主体、形状复杂的汽车门板，通过气辅注射技术并采用塑料合金材料实现了一次成型。

② 成本低

a. 节约原材料，气辅注射成型在制品较厚部位形成空腔，可减少成品重量达10%～50%。

b. 降低设备费用，气辅注射较普通注射成型需要较小的注射压力和锁模力（可节省25%～50%），同时节约能量达30%。

c. 相对缩短成型周期，由于去除了较厚部位芯料，缩短冷却时间可达50%，正是基于这些优点，气辅注射适用于成型大型平板状制品，如桌面、门、板等，大型柜体，如家用电器壳体、电视机壳、办公机械壳体等，结构部件，如底座、汽车仪表板、保险杠、汽车大前灯罩等汽车内外饰件。

2. 气辅设备

气辅设备包括气辅控制单元和氮气发生装置。它是独立于注塑机外的另一套系统，其与注塑机的唯一接口是注射信号连接线。注塑机将一个注射信号如注射开始或螺杆位置传递给气辅控制单元之后，便开始一个注气过程，等下一个注射过程开始时给出另一个注射信号，开始另一个循环，如此反复进行。

气辅注塑所使用的气体通常为氮气，气体最高压力为35MPa，特殊者可达70MPa，氮气纯度≥98%。

气辅控制单元是控制注气时间和注气压力的装置，它具有多组气路设计，可同时控制多台注塑机的气辅生产，气辅控制单元设有气体回收功能，尽可能降低气体耗用量。

今后气辅设备的发展趋势是将气辅控制单元内置于注塑机内，作为注塑机的一项新功能。

3. 气辅工艺控制

(1) 注气参数　气辅控制单元是控制各阶段气体压力大小的装置，气辅参数只有两个值：注气时间（s）和注气压力（MPa）。

（2）气辅注塑过程　是在模具内注入塑胶熔体的同时注入高压气体，熔体与气体之间存在着复杂的两相作用，因此工艺参数控制显得相当重要，下面就讨论一下各参数的控制方法。

① 注射量。气辅注塑是采用所谓的“短射”方法，即先在模腔内注入一定量的料（通常为满射时的70%～95%），然后再注入气体，实现全充满过程。

② 注射速度及保压。在保证制品表现不出现缺陷的情况下，尽可能使用较高的注射速度，使熔料尽快充填模腔，这时熔料温度仍保持较高，有利于气体的穿透及充模。气体在推动熔料充满模腔后仍保持一定的压力，相当于传统注塑中的保压阶段，因此一般讲气辅注塑工艺可省却用注塑机来保压的过程。但有些制品由于结构原因仍需使用一定的注塑保压来保证产品表现的质量。但不可使用高的保压，因为保压过高会使气针封死，腔内气体不能回收，开模时极易产生吹爆。保压高亦会使气体穿透受阻，加大注塑保压有可能使制品表现出更大缩痕。

③ 气体压力及注气速度。气体压力与材料的流动性关系最大。流动性好的材料（如PP）采用较低的注气压力。几种材料推荐压力见表2-7。

表 2-7　推荐压力

塑料种类	熔体指数/(g/10min)	使用气压/MPa	塑料种类	熔体指数/(g/10min)	使用气压/MPa
PP	20～30	8～10	ABS	1～5	20～25
HIPS	2～10	15～20			

气体压力大，易于穿透，但容易吹穿；气体压力小，可能出现充模不足，填不满或制品表面有缩痕；注气速度高，可在熔料温度较高的情况下充满模腔。对流程长或气道小的模具，提高注气速度有利于熔胶的充模，可改善产品表面的质量，但注气速度太快则有可能出现吹穿，对气道粗大的制品则可能会产生表面流痕、气纹。

④ 延迟时间。延迟时间是注塑机射胶开始到气辅控制单元开始注气时的时间段，可以理解为反映射胶和注气“同步性”的参数。延迟时间短，即在熔胶还处于较高温度的情况下开始注气，显然有利于气体穿透及充模，但延迟时间太短，气体容易发散，掏空形状不佳，掏空率亦不够。

4. 气辅模具

气辅模具与传统注塑模具无多大差别，只增加了进气元件（称为气针），并增加气道的设计。所谓“气道”可简单理解为气体的通道，即气体进入后所流经的部分，气道有些是制品的一部分，有些是为引导气流而专门设计的胶位（浇口）。

气针是气辅模具很关键的部件，它直接影响工艺的稳定和产品质量。气针的核心部分是由众多细小缝隙组成的圆柱体，缝隙大小直接影响出气量。缝隙大，则出气量也大，对注塑充模有利，但缝隙太大会被熔胶堵塞，出气量反而下降。

5. 气辅应用实例

气辅注塑最适宜于具有粗大柱孔或厚筋的制品以及胶位粗大内部有孔穴的制品（如手柄类、衣架类），国内几间大型电视机厂家都采用气辅注塑工艺生产电视机前框，可节省原材料10%～20%，并大幅度降低锁模力。

冰箱顶盖板是大型平板注塑件，质量要求高，其模具采用直浇口入胶，在传统注塑时极易产生变形，影响冰箱的装配。采用气辅工艺后，变形量得到有效控制，拱曲变形量由原来的 1.7～2mm 减少到 0.5mm 以下。

空调器的横向风板是一长条形结构，截面形状“不规则”，由于表面不允许有熔接痕，模具采取单点水口入胶，熔料流程长，用传统注塑极易产生变形、缩痕，装在空调器上会影响风向电机的转动，严重者甚至会烧毁电动机，因此改善变形量显得尤为重要。采用气辅工艺后此问题迎刃而解，变形量由原来的 3～4mm 降为 1mm 以内。

手柄则是另一类型的制品，在气辅出现前它是由两件制品装配而成，需要做两副模具而且装配后强度不够，整体也不够美观。采取气辅后可“合二为一”，省略一副模具及装配工序。

（二）气辅注射成型及设计要点

1. 气辅注射工艺两种进气方式的比较

气体辅助射出成型的氮气可经由射出机的射嘴进入成品，也可经由模具进入成品内，两者各有优、缺点，见表 2-8。

表 2-8　两种进气方式

进气方式	优　　点	缺　　点
从射嘴进气	修改现有旧模具即可使用； 流道形成中空状，减少塑料使用； 成品无气针所留下之气口痕迹	所有气体通道必须相通连接； 气体通道必须对称且平衡； 不能于热浇道系统上使用； 机器射嘴需更换且费用较高
从模具进气	可多处进气，气体通道不需完全相通连接； 气体与塑料可同时射入； 可允许使用热浇道设计模具； 可使用于非对称成品模穴的成型	须重新开发设计模具； 气针会留下气口痕迹

2. 气辅制品和模具设计基本原则

① 设计时先考虑哪些壁厚处需要掏空，哪些表面的缩痕需要消除，再考虑如何连接这些部位成为气道。

② 大的结构件：全面打薄，局部加厚为气道。

③ 气道应依循主要的料流方向均衡地配置到整个模腔上，同时应避免闭路式气道。

④ 气道的截面形状应接近圆形以使气体流动顺畅；气道的截面大小要合适，气道太小可能引起气体渗透，气道太大则会引起熔接痕或者气穴。

⑤ 气道应延伸到最后充填区域（一般在非外观面上），但不需延伸到型腔边缘。

⑥ 主气道应尽量简单，分支气道长度尽量相等，支气道末端可逐步缩小，以阻止气体加速。

⑦ 气道能直则不弯（弯越少越好），气道转角处应采用较大的圆角半径。

⑧ 对于多腔模具，每个型腔都需由独立的气嘴供气。

⑨ 若有可能，不让气体的推进有第二种选择。

⑩ 气体应局限于气道内，并穿透到气道的末端。

⑪ 精确的型腔尺寸非常重要。

⑫ 制品各部分匀称冷却非常重要。

⑬ 采用浇口进气时，流动的平衡性对均匀的气体穿透非常重要。

⑭ 准确的熔胶注射量非常重要，每次注射量误差不应超过 0.5%。

⑮ 在最后充填处设置溢料井，可促进气体穿透，增加气道掏空率，消除迟滞痕，稳定制品品质。而在型腔和溢料井之间加设阀浇口，可确保最后充填发生在溢料井内。

⑯ 气嘴进气时，小浇口可防止气体倒流入浇道。

⑰ 进浇口可置于薄壁处，并且和进气口保持 30mm 以上的距离，以避免气体渗透和倒流。

⑱ 气嘴应置于厚壁处，并位于离最后充填处最远的地方。

⑲ 气嘴出气口方向应尽量和料流方向一致。

⑳ 保持熔胶流动前沿以均衡速度推进，同时避免形成 V 字形熔胶流动前沿。

㉑ 采用缺料注射时，进气前未充填的型腔体积以不超过气道总体积的一半为准。

㉒ 采用满料注射时，应参照塑料的压力、比容和温度关系图，使气道总体积的一半约等于型腔内塑料的体积收缩量

3. 成型材料的选择

理论上讲，所有能用于常规注射成型方法的热塑性塑料均适用于气辅注射成型，包括一些填充树脂和增强塑料。一些流动性非常好，难以填充的塑料如热塑性聚氨酯成型时会有一定困难；黏度高的树脂所需气体压力高，技术上也有难度；玻璃纤维增强材料对设备有一定的磨损。

在气辅成型过程中，由于制件的成型壁厚和表面缺陷在很大程度上由原料性能决定，改变过程参数对其影响并不很大，因此成型原料的选择极为重要。表 2-9 是用于气辅注射成型的常用塑料。

表 2-9 气辅注射成型常用热塑性塑料

无定形型	部分结晶型
普通塑料 PS，ABS 工程塑料 PC，PC/ABS，PC/PBT，PMMA，PPE，PES，PAR	PE，PP(加滑石粉)，PP/EPDM，PA6，PA66 增强型，POM，IPU，PBT，PET，PPS，LCP，PEEK，PAI

PA（聚酰胺）和 PBT（聚对苯二甲酸丁二酸酯）具有独特的结晶稳定性，尤其适合用于气辅注射成型；PA6，PA66 和 PP 也经常被用于气辅成型；一些部分结晶型树脂，成型时内部靠近气道一侧。由于冷却速率相对较慢，无明显无定型边界层产生，但外侧因为模壁的迅速冷却会产生无定型边界层，从而影响制品质量；对于玻璃纤维增强塑料，在模壁处会产生轻微的分子定向，且在模壁下一定距离处（约距制品外表面 1mm 处）沿料流方向达到最大成型。高强度制件可选用具有较高弹性模量的树脂，实际生产过程中应根据制件使用要求和具体成型条件选择合适的树脂材料。

4. 制件中气道的设计

气道设计是气辅成型技术中最关键的设计因素之一，它不仅影响制品的刚性，同时也影响其加工行为，由于它预先规定了气体的流动状态，所以也会影响到初始注射阶段熔体的流动，合理的气道选择对成型较高质量的制品至关重要。

（1）常见气道的几何形状　对于带加强筋的大型板件，气辅注射成型时，其基板厚度一般取 3～6mm，在气体流动距离较短或尺寸较小的制件中，基板厚度可减至 1.5～2.5mm；加强筋的壁厚可达到与其相接部分壁厚的 100%～125%而不会产生凹陷；气道的几何形状相对于浇口应是对称或是单方向的，气体通道必须连续，体积应小于整个制件体积的 10%。

（2）制件的强度分析　成型传统带加强筋的制件经常出现凹陷、翘曲变形等，而图 2-98 所示各种断面几何形状加强筋的板件采用气辅注射成型，既保证了制品强度，又克服了传统注射成型的缺点。通常，相同基板厚度条件下，类似图 2-98(e) 带有空心宽 T 形加强

筋的比带空心窄 T 形加强筋的制件强度要高，后者又比相同截面带有类似图 2-98(a) 的空心半圆形加强筋板件的强度要高。

制件强度随受力大小和其形式不同变化很大，虽然采用加强筋可增大制品刚度，但若对其施加局部集中应力，就会大大削弱制品强度。

(3) 气道尺寸　气道的尺寸设计与填充气体的流动方向密切相关，气体在流道内总是沿着阻力最小的方向流动。

改变流道尺寸直接导致不同方向压降的变化，从而改变气体的流动方向，并影响制件的成型质量。

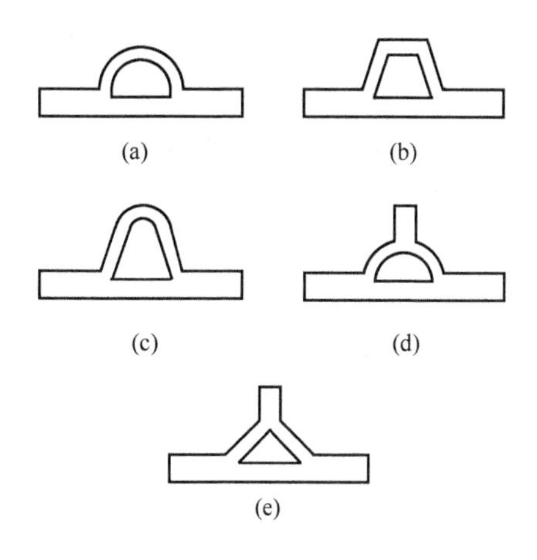

图 2-98　常见气道几何形状

5. 模具设计

由于气辅注射成型采用相对较低的注射压力和锁模力，所以除可采用一般模具钢制作模具外，还可采用锌基合金、锻铝等轻合金材料制造。

气辅注射成型过程的模具设计与普通注射成型相似，模具及制件结构设计造成的缺陷并不能通过调整成型过程中的参数来弥补，而是应及时修改模具和制件结构的设计，普通注射成型中所要求的设计原则在气辅注射成型过程中依然适用，以下主要介绍其不同部分设计时应注意事项。

① 要绝对避免喷射现象。虽然现在气辅注射有朝着薄壁制品、生产特殊形状弯管方向发展的趋势，但传统的气辅注射仍多用来生产型腔体积比较大的制件，料流通过浇口时受到很高的剪应力，容易产生喷射和蠕动等熔体破裂现象。设计时可适当加大进浇口尺寸、在制品较薄处设置浇口等方法来改善这种情况。

② 型腔设计。由于气辅注射中欠料注射量、气体注射压力、时间等参数很难控制一致，因此气辅注射时一般要求一模一腔，尤其制品质量要求高时更应如此。实际生产中有过一模四腔的例子，采用多型腔设计时，要求采用平衡式的浇注系统布置形式。

③ 浇口设计。一般情况只使用一个浇口，其位置的设置要保证欠料注射部分的熔体均匀充满型腔并避免产生喷射。若气针安装在注射机喷嘴和浇注系统中，浇口尺寸必须足够大，防止气体注入前熔体在此处凝结。

气辅注射中最为常见的一个问题是气体穿透预定的气道进入制件薄壁部分，在表面形成类似指状或叶状的气体流纹 (Gasfingering)，甚至少数几个这样的“指纹”效应对制品的影响也是致命的，应该极力避免。

研究表明，形成这类缺陷的主要原因是由于进浇口尺寸和气体延迟时间设置不当造成的，而且这两种因素常常相互作用，比如当采用较小的浅口和较短的延迟时间时，就极易产生这种不良后果，既影响了制品外观质量又极大地降低了制件强度。一般可采用缩短气道长度，加大进浇口尺寸，合理控制气体压力的方法避免这种不利情况的发生。

④ 流道的几何形状。相对于浇口应是对称或单方向的，气体流动方向与熔融树脂流动方向必须相同。

⑤ 模具中应设计调节流动平衡的溢流空间，以得到理想的空心通道。

气辅注射成型技术近些年在家用电器、汽车、家具、办公用品等行业广泛应用，并且朝着提高制品尺寸稳定性、制造表面性能优良的薄壁制品、生产特殊形状管材、取代汽车工业中金属制件等方向发展，相信在以后的工业生产中气辅注射技术仍将发挥其重要作用。

二、热流道浇注系统简介

热流道浇注系统是利用加热或绝热的办法使从喷嘴到型腔入口的流道中的塑料始终保持熔融状态，开模时只需取出塑件，浇注系统没有凝料。

热流道浇注系统的优点如下。

① 浇注系统无凝料。从而节约原材料，减轻劳动强度。

② 熔融塑料以良好的状态注入型腔，塑件质量高。

③ 成型注射温度较低，缩短了成型周期。

④ 适合自动操作，生产率高。

但是，热流道浇注系统的模具结构复杂，成本较高，温度控制要求高，且要求连续生产。根据不同的加热与绝热措施，热流道可以是绝热流道、热流道和温流道三种形式。

1. 绝热式流道

绝热式流道的尺寸较大，利用塑料与流道壁接触的固体层所起的绝热作用，使流道中心部位的热塑性塑料在连续注射时一直保持熔融状态，所以充模顺利。其形式有单型腔井式喷嘴和多型腔绝热流道。

2. 热流道

热流道就是在连续作业中，借助加热，使流道内的热塑性塑料始终保持熔融流动状态。所以热流道是靠加热器加热，即在流道附近设置电热棒或电热圈，使浇注系统处于高温状态，流道中的塑料始终保持畅流的熔融状态。它应用较广泛，塑件质量好。

3. 温流道

又称冷流道，主要用于热固性塑料注射成型。

练习、思考及测试

一、练习

（一）填空题

1. 注射模由________、________、________、________、________、________、________组成。

2. 注射机按其外形可分为________、________、________三种。

3. 注射机按塑料在料筒里的塑化方式可分为________和________。

4. 注射装置与锁模机构的轴线呈一直线垂直排列的是________。

5. 注射机的标准中，大多以________来表示注射机的主要特征。

6. 注射机采用液压机械联合作用的锁模机构，其最大开模行程与模厚________，是由连杆机构的________决定的。

7. 将注射模具分为单分型面注射模、双分型面注射模等是按________分类的。

8. 按机构组成，单分型面注射模可由________、________、________、________、________、________组成。

9. 单分型面注射模的一般工作过程依次为________、________、________、________、________、________、________和________。

10. 普通浇注系统一般由________、________、________和________四部分组成。

11. 浇口可分为________、________两类。

12. 单分型面注射模的浇口可以采用________、________、________、________、________和________。

13. 型腔按结构不同可分为____________、____________。

14. 按组合方式不同，组合式型腔结构可分为________、________、________和________等形式。

15. ________和________是分别用来成型内螺纹和外螺纹的活动镶件。

16. 塑料模具的零件________不足时，会使模具发生塑性变形甚至破碎，而________不足会导致型腔尺寸变大。

17. 推出机构一般由________、________和________零件组成。

18. 常用的推出结构形式有________、________和________等。

19. 推出机构的复位装置有________和________。

20. 冷却水通道不应有________和________的部位。

21. 大型特深型腔的塑件其模具的型腔和型芯均可采用在对应的镶拼件上分别开设____形式的水道来冷却。

22. 细长塑件的冷却可采用________和________。

23. 为了保证塑件质量，分型面选择时，对有同轴度要求的塑件，将有同轴度要求的部分设在________。

24. 为了便于塑件的脱模，在一般情况下，使塑件在开模时留在________。

25. 与单分型面注射模相比，双分型面注射模在定模边增加了一块型腔中间板，也可以称为________。

26. 双分型面注射模一个分型面取出塑件，另一个分型面取出________。

27. 双分型面注射模的两个分型面________打开。

28. 双分型面注射模具使用的浇注系统为________浇注系统。

29. 潜伏式浇口的引导锥角β一般在10°～20°范围之内选取，对________应取大值。

30. 将双分型面注射模具按结构分类可分为________、________、________等。

31. 热流道注射模可以分为____________和____________两种。

32. 二次推出机构可以分为____________和____________机构。

33. 弹簧式二次推出机构是利用__________进行第一次推出，然后再由__________推杆。

34. 热固性塑料主要采用________和________的方法成型。

35. 尺寸较大的热流道注射模采用________解决热流道元件的热胀冷缩问题。

36. 热固性注射物料在固化反应中，会产生________和________，所以型腔必须有良好的排气结构。

37. 热管是一种超级导热元件，它综合________与________和________设计的。

38. 在热固性塑料注射成型周期中，最重要的是________和________时间。

39. 顺序推出机构的模具中，即在定模部分增加一个分型面，在开模时保证该分型面首先________打开，让塑件先从定模脱出，留在动模。

40. 气体辅助注射成型中，________的精确定量十分重要。

41. 多型腔绝热流道可分为________和________两种类型。

42. ________是维持滑块运动方向的支承零件。

43. 斜导柱侧抽机构主要由斜导柱、________、导滑槽、楔紧块和________组成，斜导柱在工作过程中主要用来驱动滑块作________运动。

44. 楔紧块的作用是承受熔融塑料给予________的推力。

45. 根据动力源的不同，侧抽芯机构可分为________、________或________以及________三大类。

46. 斜导柱的倾斜角增大，斜导柱的________和对应的________减小，有利于减小模具尺寸，但是所需的________和斜导柱所受的________增加。

47. ________是斜导柱侧抽芯机构中的一个重要零部件，其结构形状可分为________和________。

48. 锁紧角应该比斜导柱的倾斜角________一些。

49. 为了避免侧型芯和推杆的干涉，在模具结构允许的情况下，应尽量避免在侧型芯的____________设置推杆。

50. 斜导柱与侧滑块同时安装在定模，需要用____________机构。

51. 斜导柱与侧滑块同时安装在动模的时候，造成二者之间相对运动的推出机构一般是____________机构。

52. 弯销侧抽机构三大设计要素有____________、____________、____________。

（二）判断题

1. 为了将成型时塑料本身挥发的气体排出模具，常常在分型面上开设排气槽。（　）
2. 当模具浇口处的熔体冻结时，便可卸压。（　）
3. 用来成型塑件上螺纹孔的螺纹型芯，在设计时不需考虑塑料的收缩率。（　）
4. 主流道平行于分型面的浇注系统，一般用于角式注射机上。（　）
5. 限制性浇口是整个浇注系统中截面尺寸最大的部位。（　）
6. 平缝浇口宽度很小，厚度很大。（　）
7. 塑件上垂直于流向和平行于流向部位的强度和应力开裂倾向不同，垂直于流向的方位强度大，不容易发生应力开裂。（　）
8. Z字形拉料杆不管方向如何，凝料都需要人工取出。（　）
9. 推件板上的型腔不能太深，数量也不能太多。（　）

（三）选择题

1. 双分型面注射模一个分型面取出塑件，另一个分型面取出（　）。
A. 浇注系统凝料　B. 型芯　C. 另一个塑件　D. 排气

2. 双分型面注射模的两个分型面（　）打开。
A. 同时　B. 先后　C. 有时同时打开　D. 不一定

3. 双分型面注射模采用的浇口形式为（　）。
A. 侧浇口　B. 中心浇口　C. 环隙浇口　D. 点浇口

4. 双分型面注射模采用的点浇口直径应为（　）mm。
A. 0.1～0.5　B. 0.5～1.5　C. 1.5～2.0　D. 2.0～3.0

5. 潜伏式浇口适用于（　）注射模。
A. 单分型面　B. 双分型面　C. 以上二种都是　D. 以上二种都不是

6. 点浇口不适用于（　）塑料。
A. 热敏性塑料　B. 热塑性塑料　C. 热固性塑料　D. 纤维增强塑料

7. 潜伏式浇口是由（　）演变而来。
A. 侧浇口　B. 直浇口　C. 爪形浇口　D. 点浇口

8. 采用热流道浇注系统注射模生产塑件可节省（　　）。
A. 时间　　B. 原料　　C. 压力　　D. 温度
9. 热流道浇注系统中的塑料处于（　　）状态。
A. 熔融　　B. 凝固　　C. 室温　　D. 半凝固
10. 热流道浇注系统由喷嘴、（　　）、隔热板、电加热圈、浇口套等组成。
A. 定位圈　　B. 定模板　　C. 热流道板　　D. 拉料杆
11. 热流道注射模成型塑件要求塑料的热稳定性（　　）。
A. 差　　B. 较好　　C. 一般　　D. 好
12. 内加热式热流道的特点是（　　）。
A. 热量损失小　　B. 热量损失大　　C. 加热温度高　　D. 加热温度低
13. 斜导柱的倾角 α 与楔紧块的楔紧角 α' 的关系是（　　）。
A. $\alpha>\alpha'+2°\sim3°$　　B. $\alpha=\alpha'+2°\sim3°$
C. $\alpha<\alpha'+2°\sim3°$　　D. $\alpha=\alpha'$
14. 侧抽芯机构按动力来源不同有（　　）。
A. 机动侧分型与抽芯机构　　B. 液压或气动侧分型与抽芯机构
C. 手动侧分型与抽芯机构　　D. 以上全是
15. 机动侧抽芯机构的类型包括（　　）。
A. 斜导柱侧抽芯、弯销侧抽芯、斜导槽侧抽芯、液压控制侧抽芯
B. 斜导柱侧抽芯、弯销侧抽芯、斜导槽侧抽芯、气压控制侧抽芯
C. 斜导柱侧抽芯、弯销侧抽芯、斜导槽侧抽芯、斜滑块侧抽芯
D. 不确定
16. 液压或气动侧抽芯机构多用于抽芯力（　　）、抽芯距比较（　　）的场合。（　　）
A. 小 短　　B. 大 短　　C. 小 长　　D. 大 长
17. 斜导柱侧抽芯机构包括（　　）。
A. 导柱、滑块、导滑槽、楔紧块、滑块的定位装置
B. 导套、滑块、导滑槽、楔紧块、滑块的定位装置
C. 推杆、滑块、导滑槽、楔紧块、滑块的定位装置
D. 滑块、导滑槽、楔紧块、滑块的定位装置、斜导柱
18. 将（　　）从成型位置抽到不妨碍塑件的脱模位置所移动的距离称为抽芯距。
A. 主型芯　　B. 侧型芯　　C. 滑块　　D. 推杆
19. 滑块的定位装置包括几种形式？（　　）
A. 2 种　　B. 3 种　　C. 4 种　　D. 6 种
20. 斜导柱侧抽芯注射模中楔紧块的作用是什么？（　　）
A. 承受侧压力　　B. 模具闭合后锁住滑块
C. 定位作用　　D. A 或 B 正确

（四）问答题

1. 列举卧式注射机都有哪些优缺点？
2. 选用注射机时应进行哪些校核？
3. 试分析卧式螺杆注射机的工作过程。
4. 单分型面注射模和双分型面注射模在结构上的主要区别是什么？
5. 浇口位置的选择原则有哪些？

6. 分型面的作用及其形式是什么？

7. 主流道和分流道的设计原则是什么？

8. 什么是浇注系统的平衡？在实际生产中，如何调整浇注系统的平衡？

9. 为什么要设置推出机构的复位装置？复位装置通常有几种类型？

10. 在注射模中，模具温度调节的作用是什么？

11. 冷却水回路布置的基本原则是什么？

12. 推出机构为什么要有导向装置？

13. 点浇口的特点是什么？

14. 双分型面注射模采用的导向装置与单分型面注射模有何不同？

15. 叙述双分型面注射模的工作过程。

16. 双分型面注射模具有两个分型面，其各自的作用是什么？双分型面注射模具应使用什么浇口形式？

17. 热流道板采用哪些方式绝热？画出结构图。

18. 采用热流道浇注系统成型塑件时对塑件的原材料性能有哪些要求？

19. 为什么要设置二次推出结构？

20. 弹簧双向顺序推出机构的特点有哪些？

21. 简述滑块式双向顺序推出机构的工作过程。

22. 什么情况下塑料制品上的螺纹可采用拼合型芯或型环脱模方式？

23. 热流道可以分为哪几种？

24. 绝热流道的特点是什么？

25. 简述斜导柱侧分型与抽芯机构的组成。

26. 斜导柱侧分型与抽芯机构的抽芯距如何确定？

27. 楔紧块上锁紧角的大小如何确定？

28. 滑块定位装置的应用有哪些？

29. 何谓干涉现象？避免干涉现象产生的措施有哪些？

30. 弯销侧抽芯机构与斜导柱抽芯机构在结构上有何区别？

二、思考

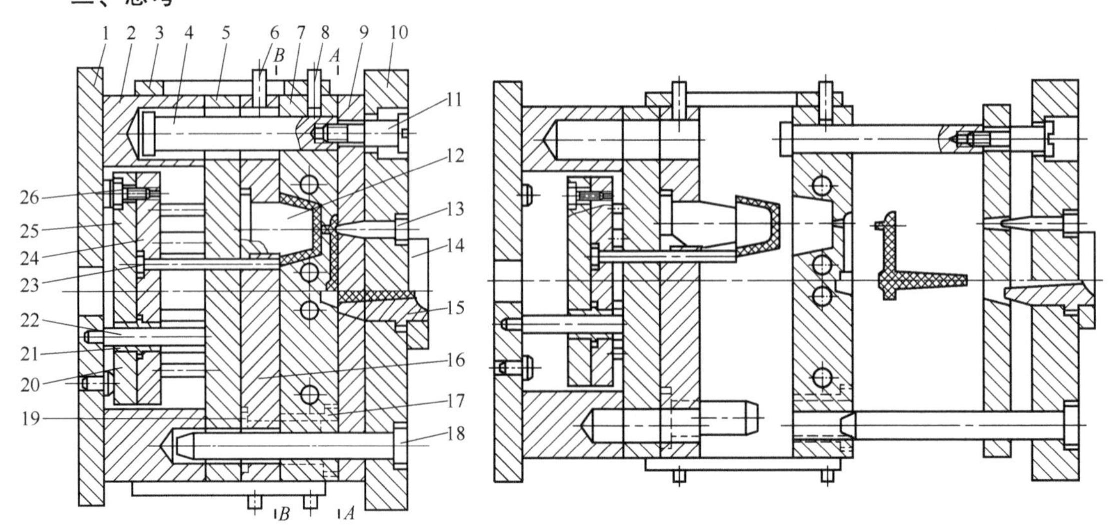

图 2-99 合模状态　　图 2-100 开模状态

1. 图 2-99 和图 2-100 所示分别为典型双分型面模具的合模和开模状态，看图回答下列问题。

① 写出图 2-99 中 1～26 各个零件的名称。

② 图 2-99 中所示的 A 和 B 分型面各有什么作用。

③ 与单分型面模具相比，双分型面模具有什么不同?

④ 简述该模具的工作过程。

2. 看图 2-101 指出模具各部分的名称，并设计一种最简易的塑料制品后试画模具的三视图。

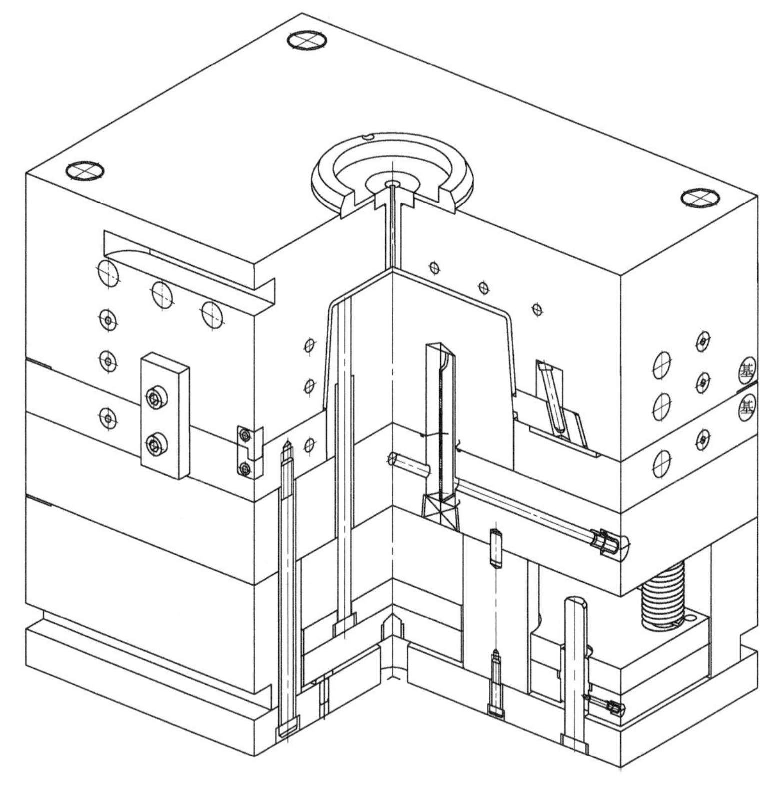

图 2-101　题 2 图

3. 看图 2-102、图 2-103 指出模具各部分的名称，简要说说模具各零件的主要作用，并将剖面线补充完整。

4. 看图 2-104 将剖面线补充完整，设计一种最简易的塑料制品后补全模具的必要视图。

5. 读懂图 2-105 中的零件或结构，按要求答题：

① 根据零件或结构的作用给出一个最合适的名称；

② 在引线处标出结构中各零件的名称；

③ 合理地补齐剖面线；

④ 比较图（n）与图（o）的异同（从结构与作用上），并总结两种结构的用途。

6. 分析图 2-106 与图 2-107 结构的画法，给出一个最合理的名称，并将引线处的零件名称写出来。

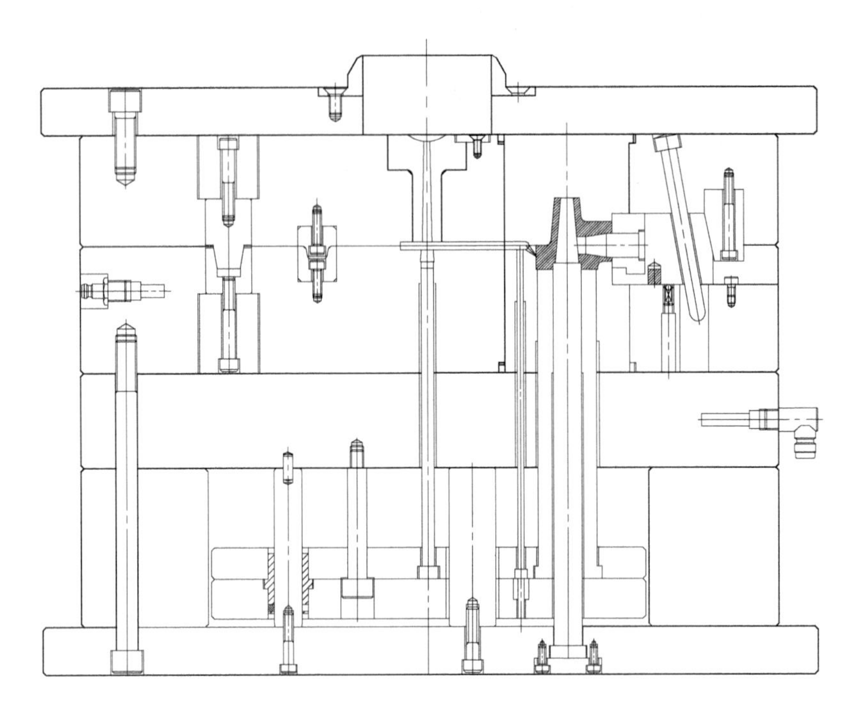

图 2-102　题 3 图 (1)

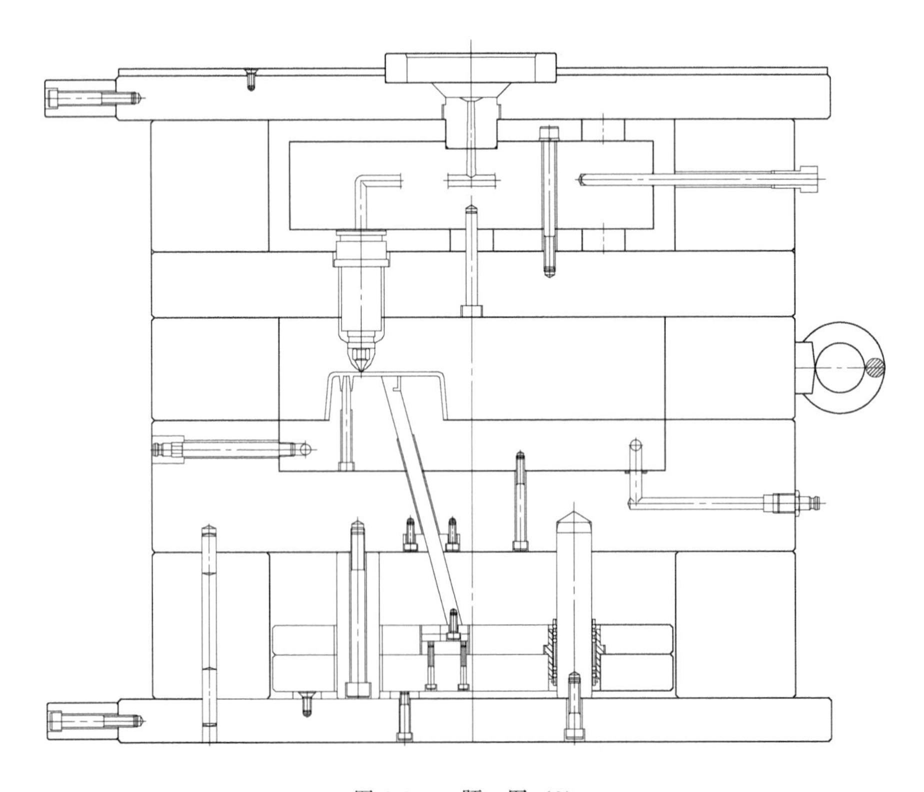

图 2-103　题 3 图 (2)

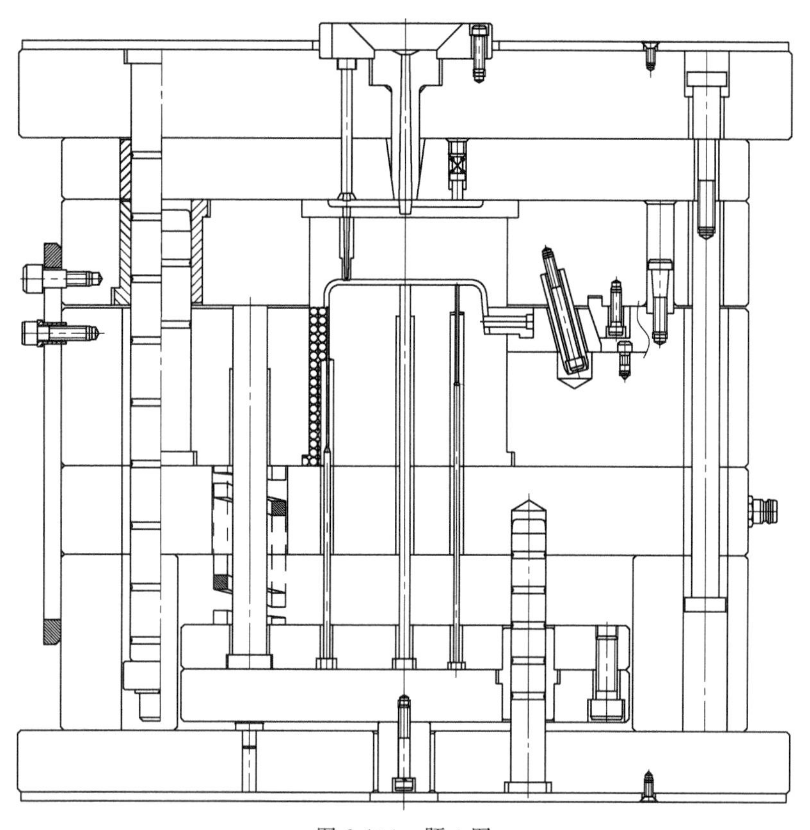

图 2-104　题 4 图

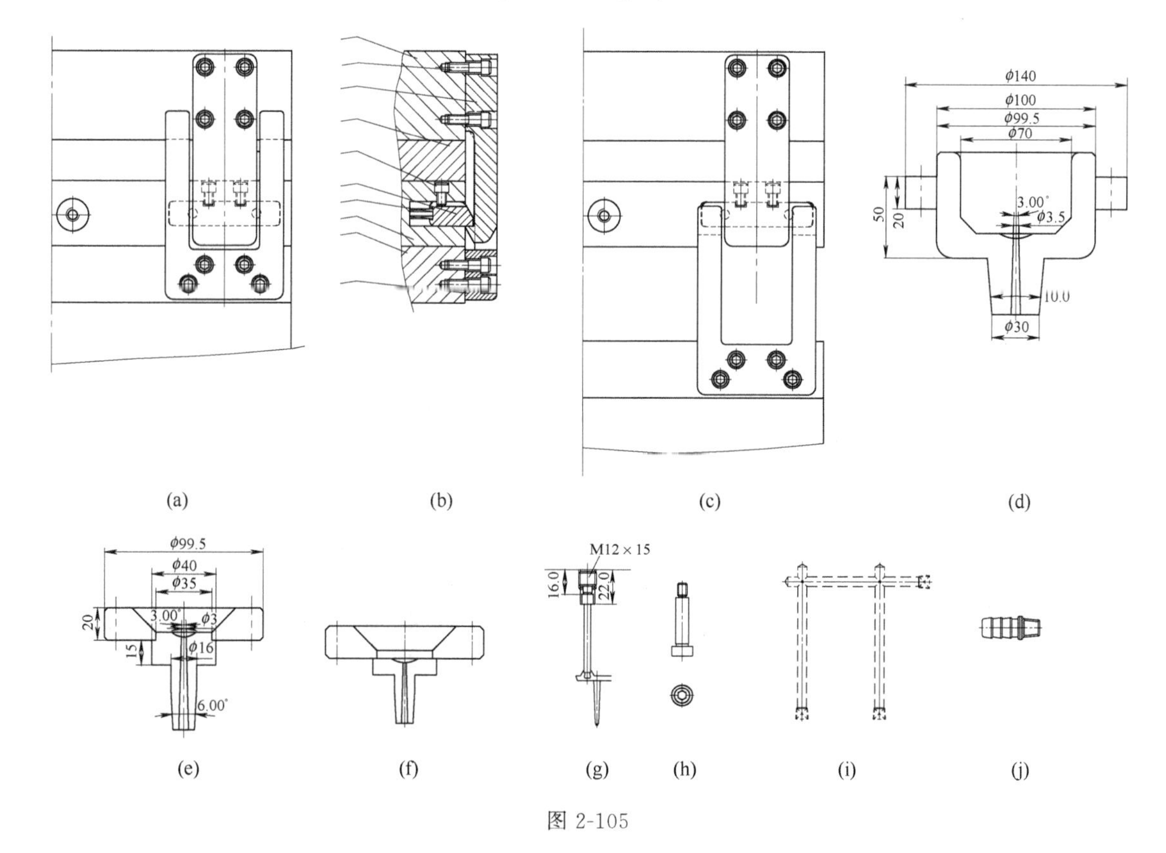

图 2-105

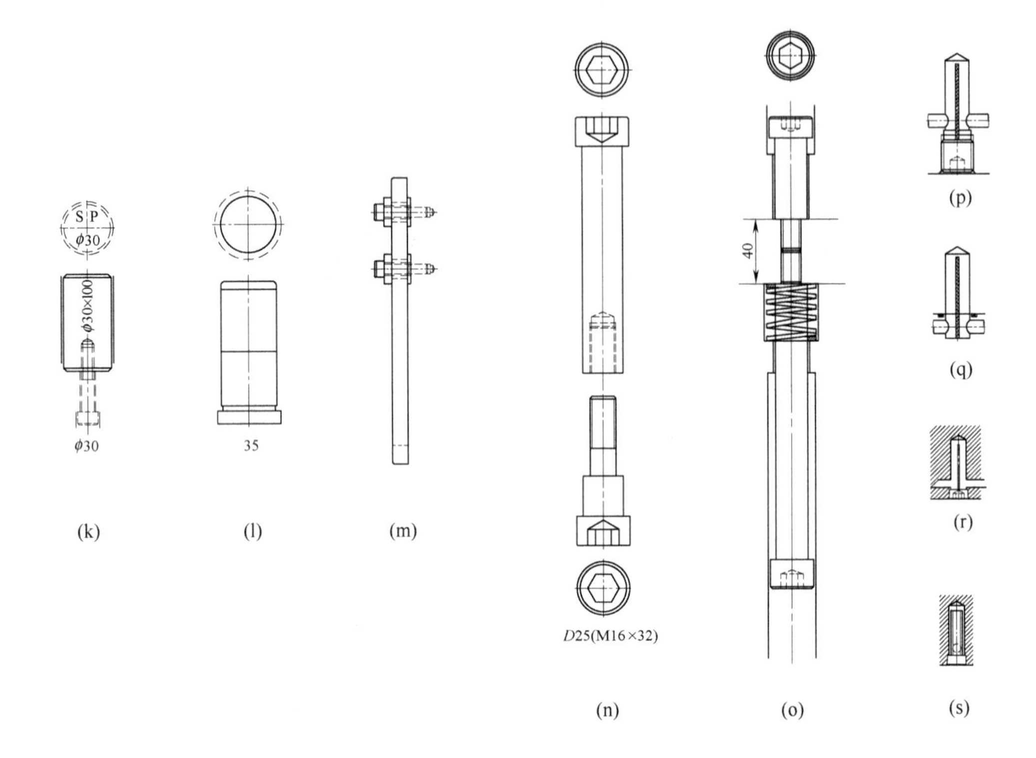
S P
φ30
φ30×100
φ30
35
(k)
(l)
(m)
D25(M16×32)
(n)
40
(o)
(p)
(q)
(r)
(s)

图 2-105　题 5 图

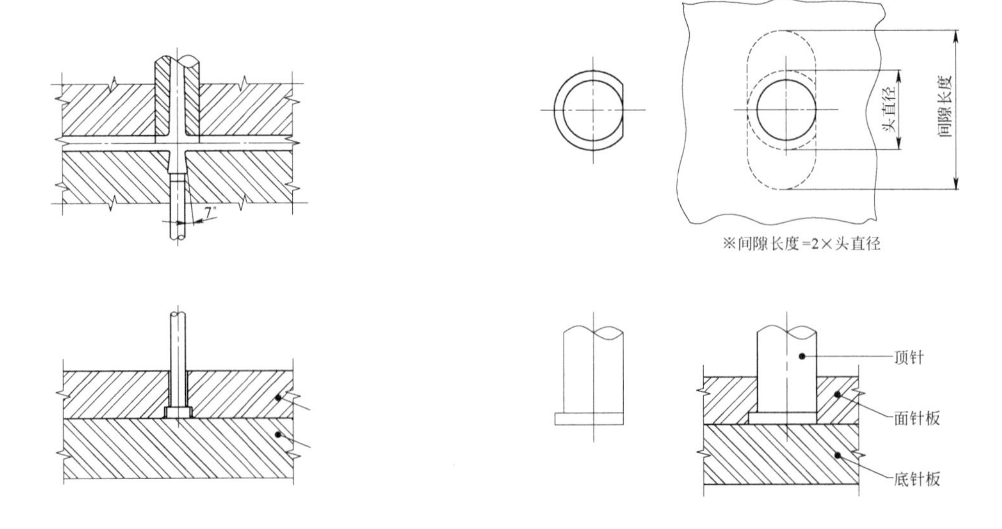
7°
头直径
间隙长度
※间隙长度=2×头直径
顶针
面针板
底针板

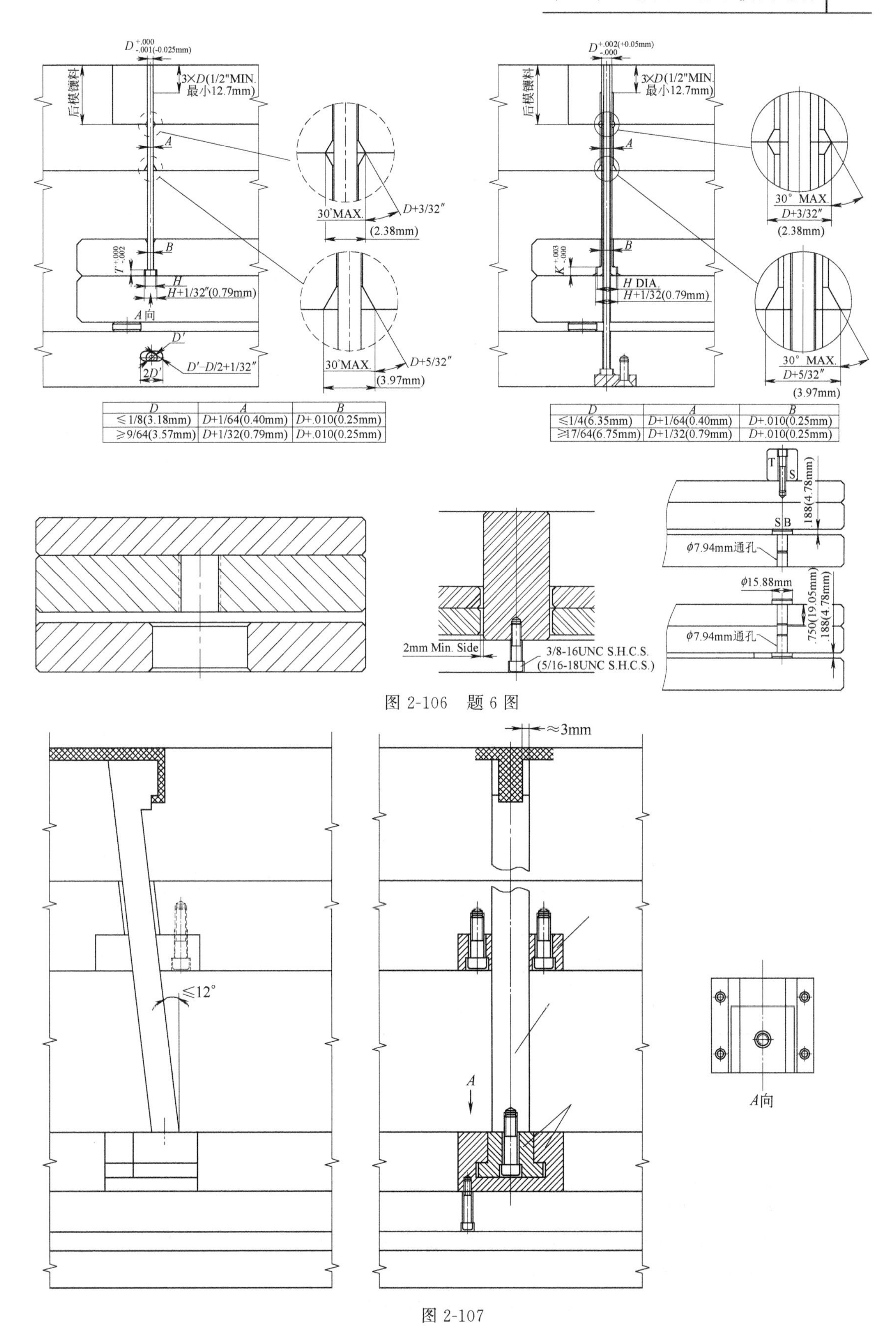

D	A	B
≤1/8(3.18mm)	D+1/64(0.40mm)	D+.010(0.25mm)
≥9/64(3.57mm)	D+1/32(0.79mm)	D+.010(0.25mm)

D	A	B
≤1/4(6.35mm)	D+1/64(0.40mm)	D+.010(0.25mm)
≥17/64(6.75mm)	D+1/32(0.79mm)	D+.010(0.25mm)

图 2-106　题 6 图

图 2-107

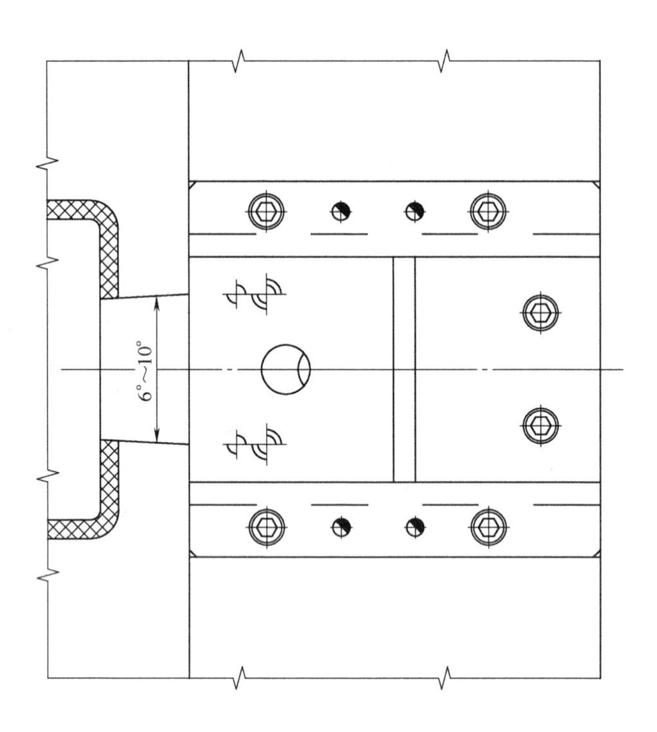

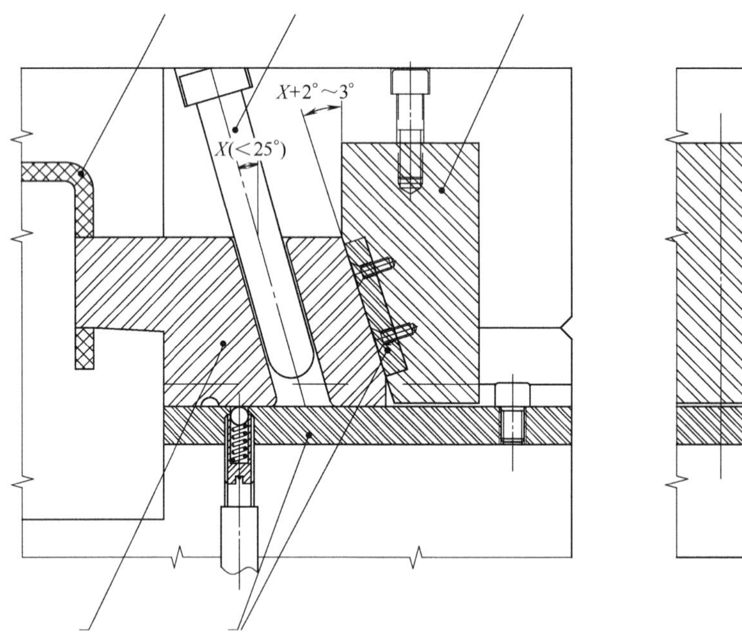

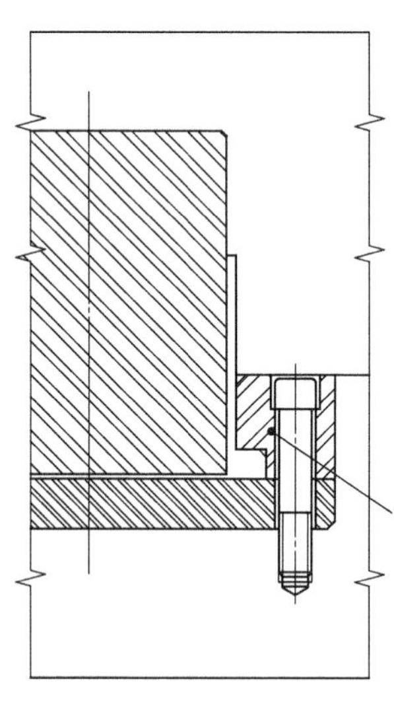

图 2-107 题 6 图

7. 读懂图 2-108 模具结构图，按要求答题：

① 写出各零件的名称；

② 说说模具的脱模方式，并指出哪些零件属于顶出机构；

③ 指出设计不合理的地方，并说明理由；

④ 根据模具结构图，设计一种合理而又简单的塑料制品（自定尺寸并标注）。

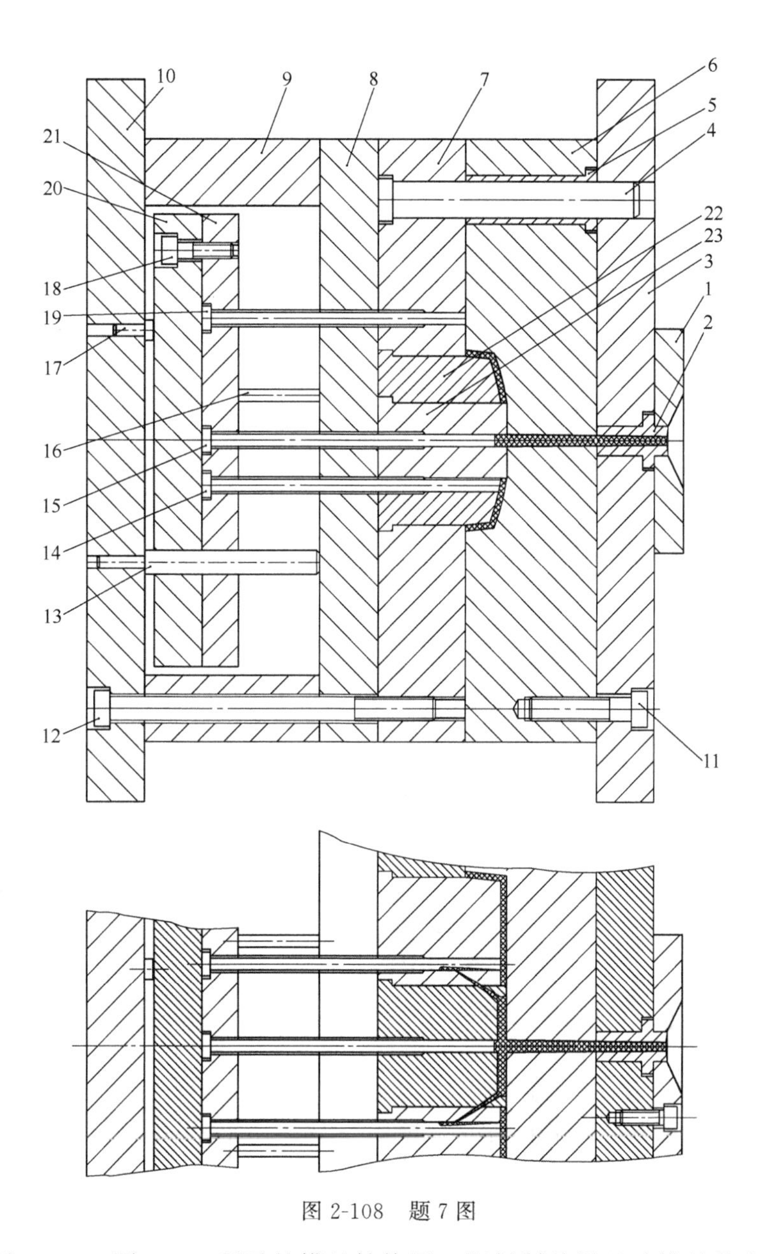

图 2-108　题 7 图

8. 读懂图 2-109～图 2-116 所示的模具结构图、塑料制品图以及模具的主要零件图，按要求答题：

① 写出各零件的名称；

② 说说模具的脱模方式，并指出哪些零件属于顶出机构，在产品上标出顶出的位置，并总结其特点；

③ 指出模具浇注系统的整体特点、浇口进胶口位置特点；

④ 指出模具视图的特点，说明模具的运动，并将主视图改画成开模状态图；

⑤（选做）用 1000 字数以上的文字说明该模具的设计过程，包括塑料制品的工艺（塑料性能与塑件结构工艺性）、注塑机的选用（型号及参数校核）、模具结构（分型面位置、浇注系统、型腔布局、模架类型、成型零件的结构以及顶出方式等）以及模具所有零件简略的加工工艺等。

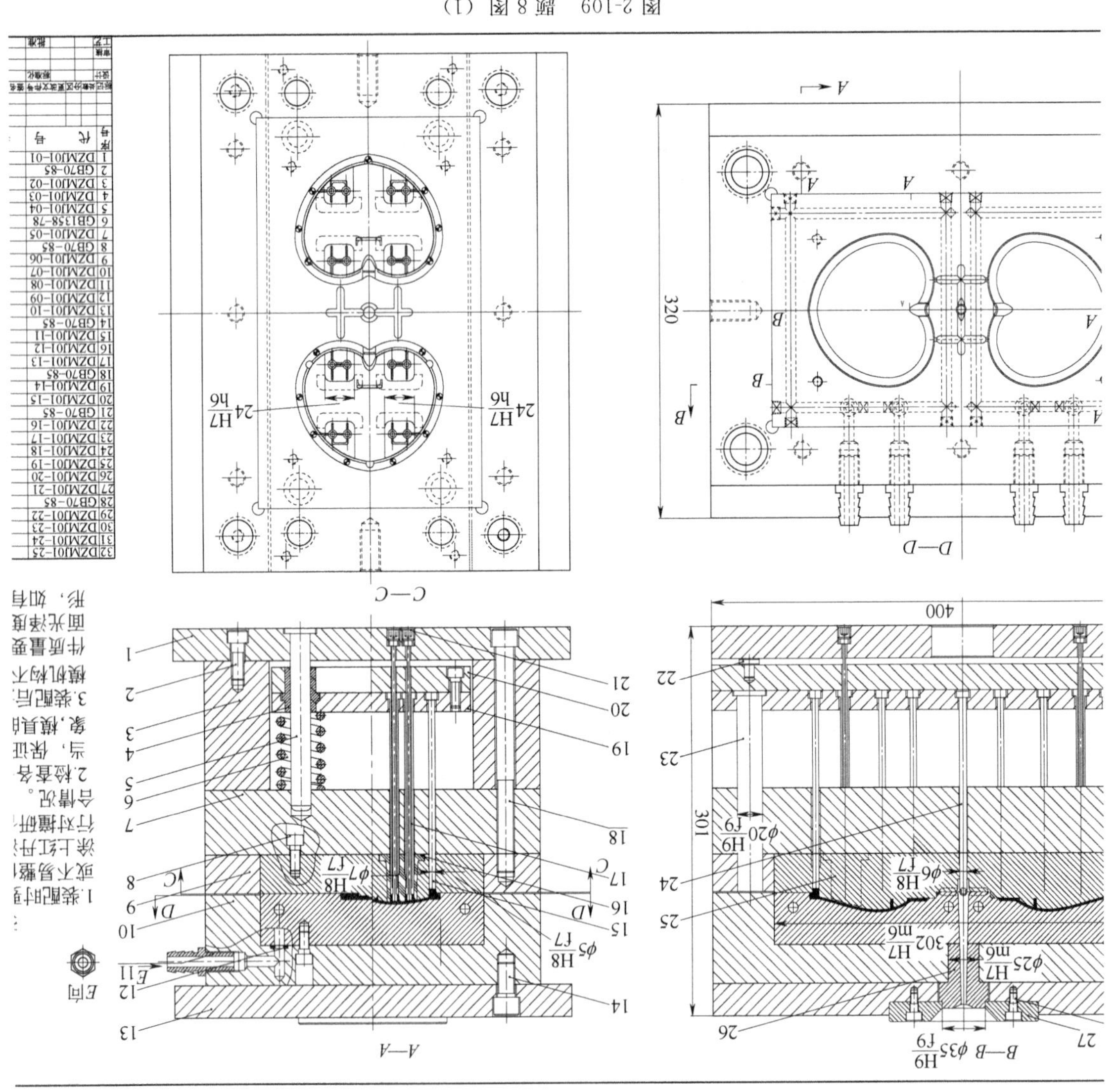

图 2-109 题 8 图 (1)

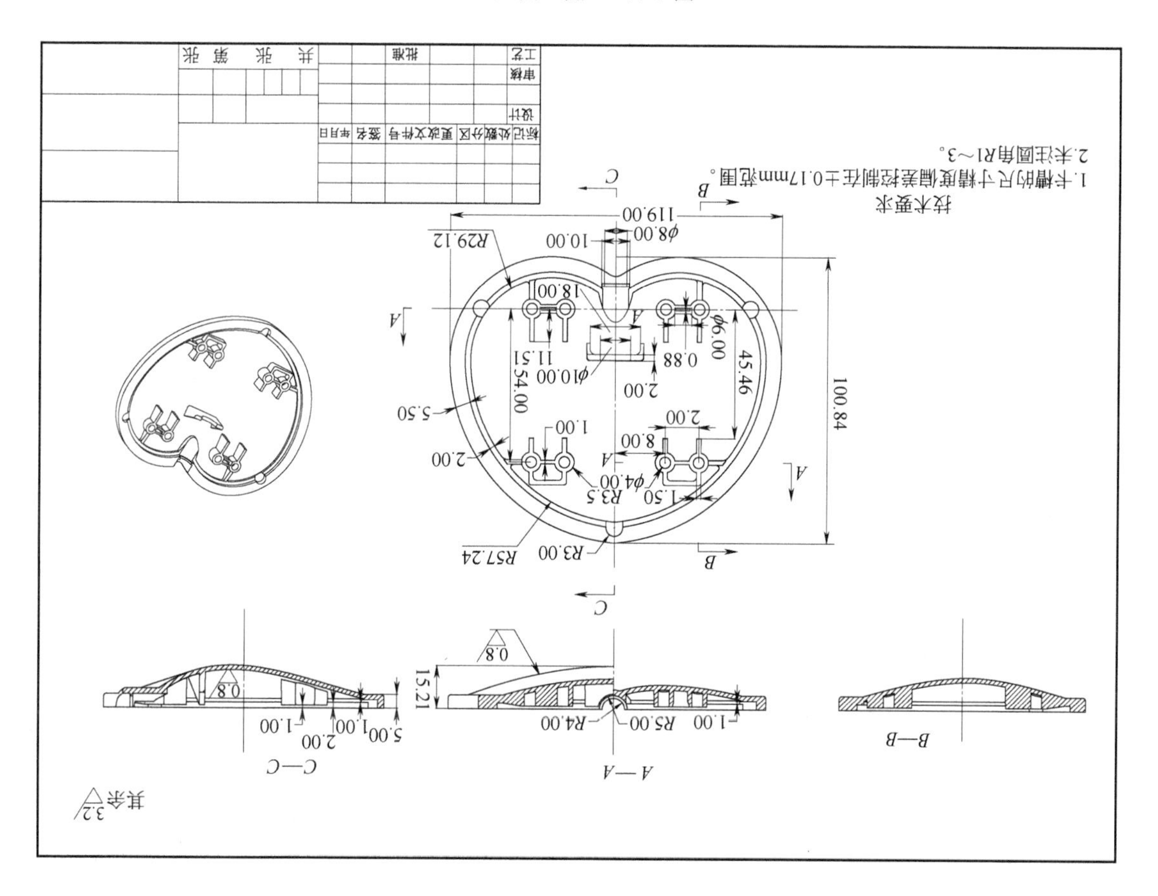

图 2-110 题 8 图（2）

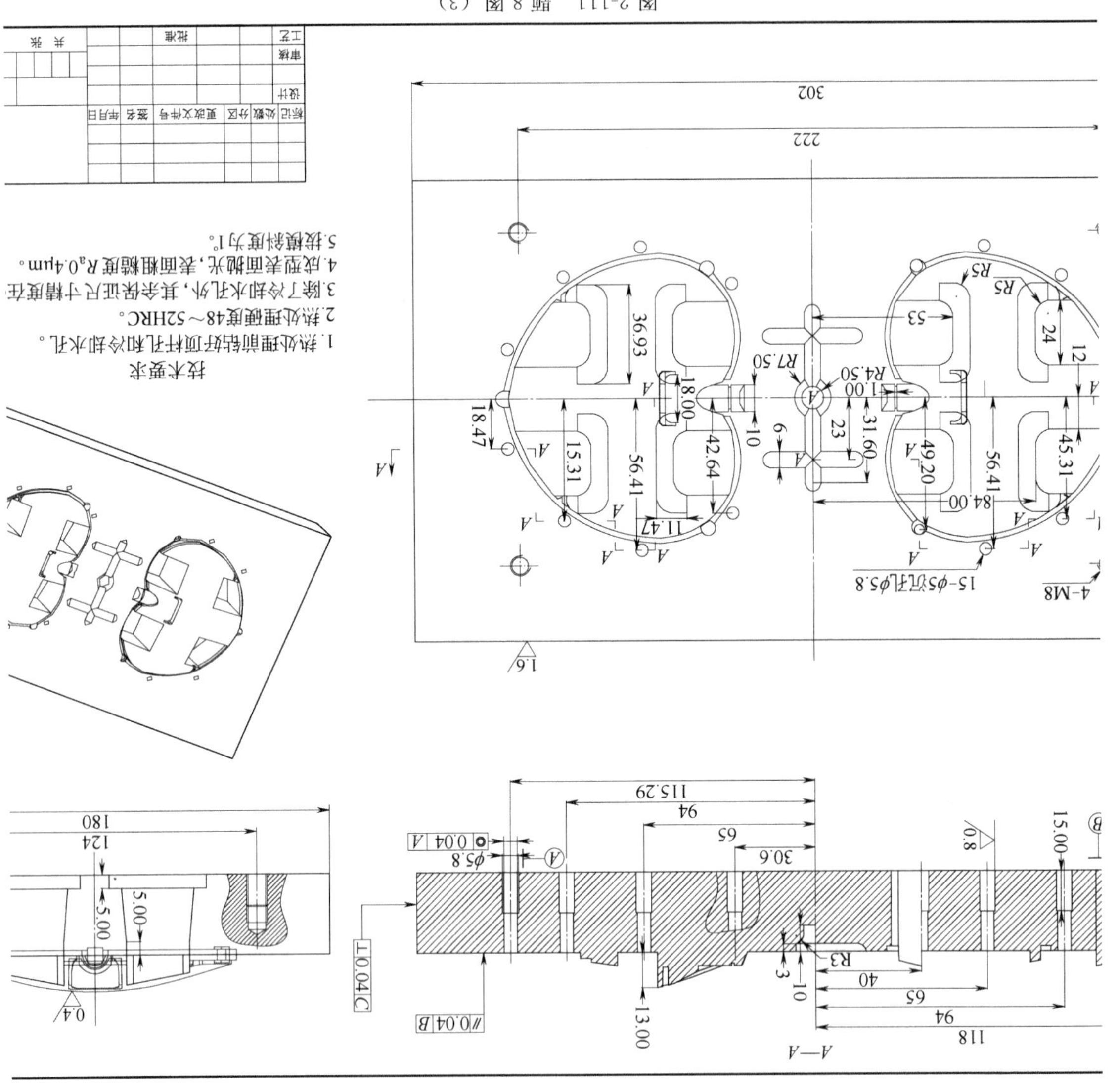
技术要求
1.热处理前钻好顶杆孔和冷却水孔。
2.热处理硬度48～52HRC。
3.除了冷却水孔外，其余保证尺寸精度在
4.成型表面抛光，表面粗糙度R_a0.4μm。
5.拔模斜度为1°。
A—A
15-ϕ5沉孔ϕ5.8
4-M8
302
222
标记 处数 分区 更改文件号 签名 年月日
设计
审核
工艺
批准
共 张

图 2-111 题 8 图 (3)

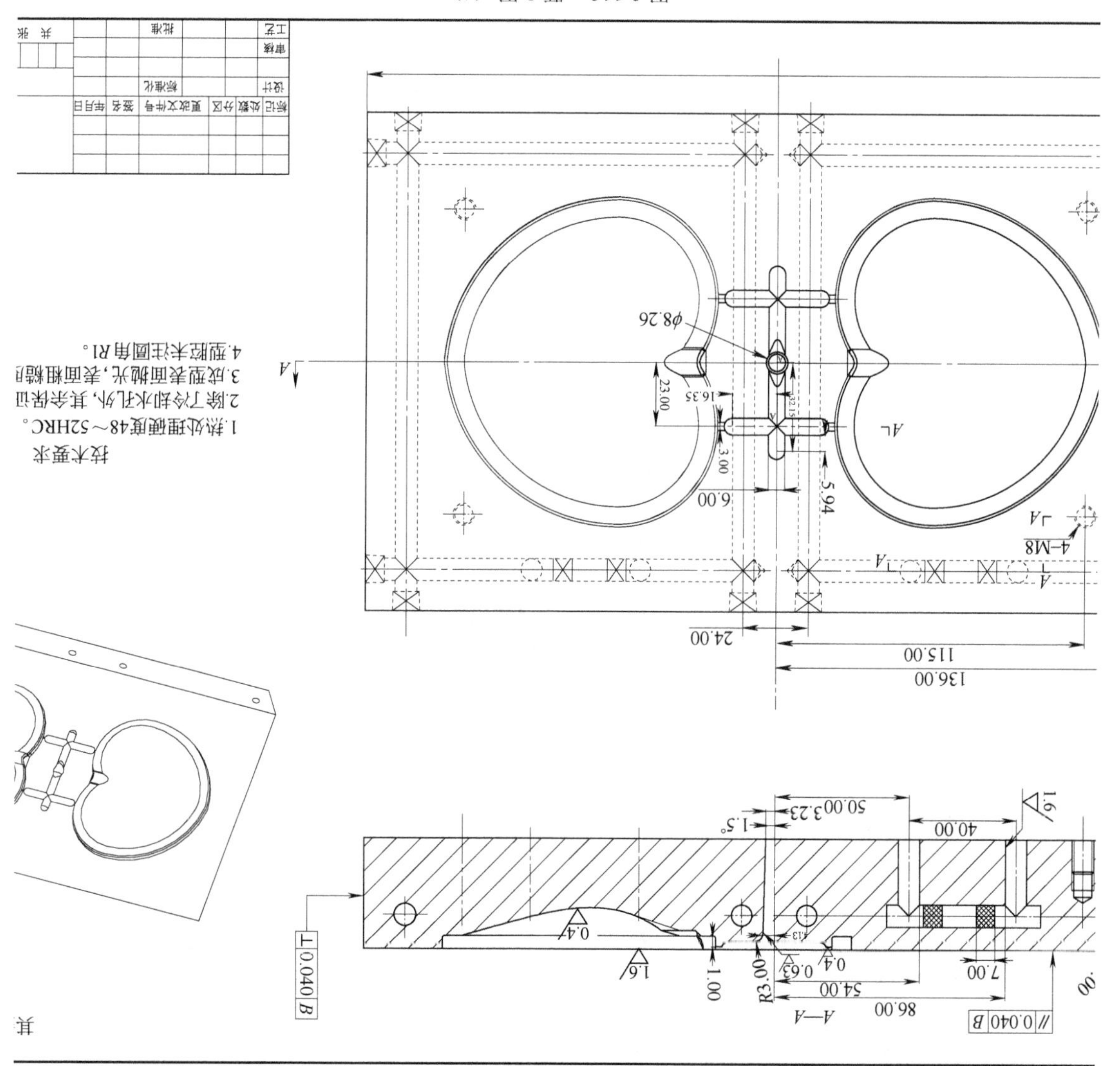
技术要求
1.热处理硬度48～52HRC。
2.除了冷却水孔外，其余保证
3.成型表面抛光，表面粗糙
4.型腔未注圆角R1。
φ8.26
23.00
16.35
3.00
6.00
5.94
4-M8
24.00
115.00
136.00
50.00
3.23
1.5°
40.00
1.6
0.4
1.00
R3.00
0.63
54.00
7.00
86.00
A—A
⊥ 0.040 B
// 0.040 B
设计
标准化
审核
工艺
批准
标记 处数 分区 更改文件号 签名 年月日
共 张

图 2-112　题 8 图（4）

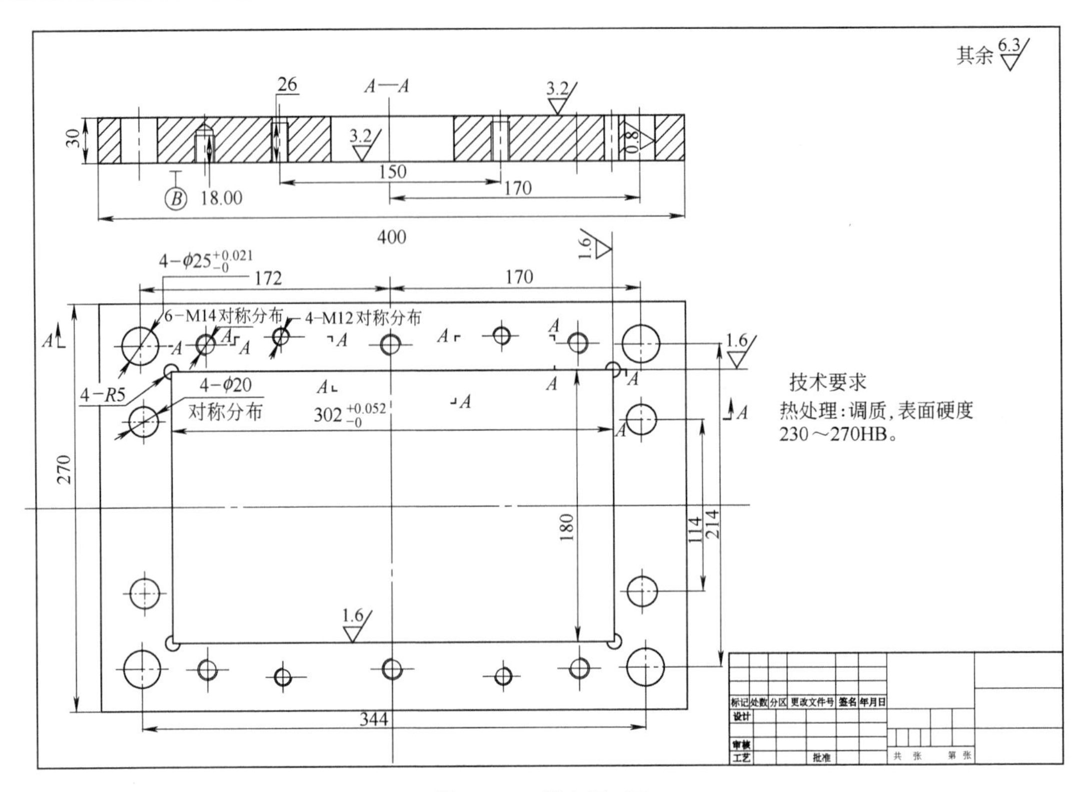

图 2-113 题 8 图（5）

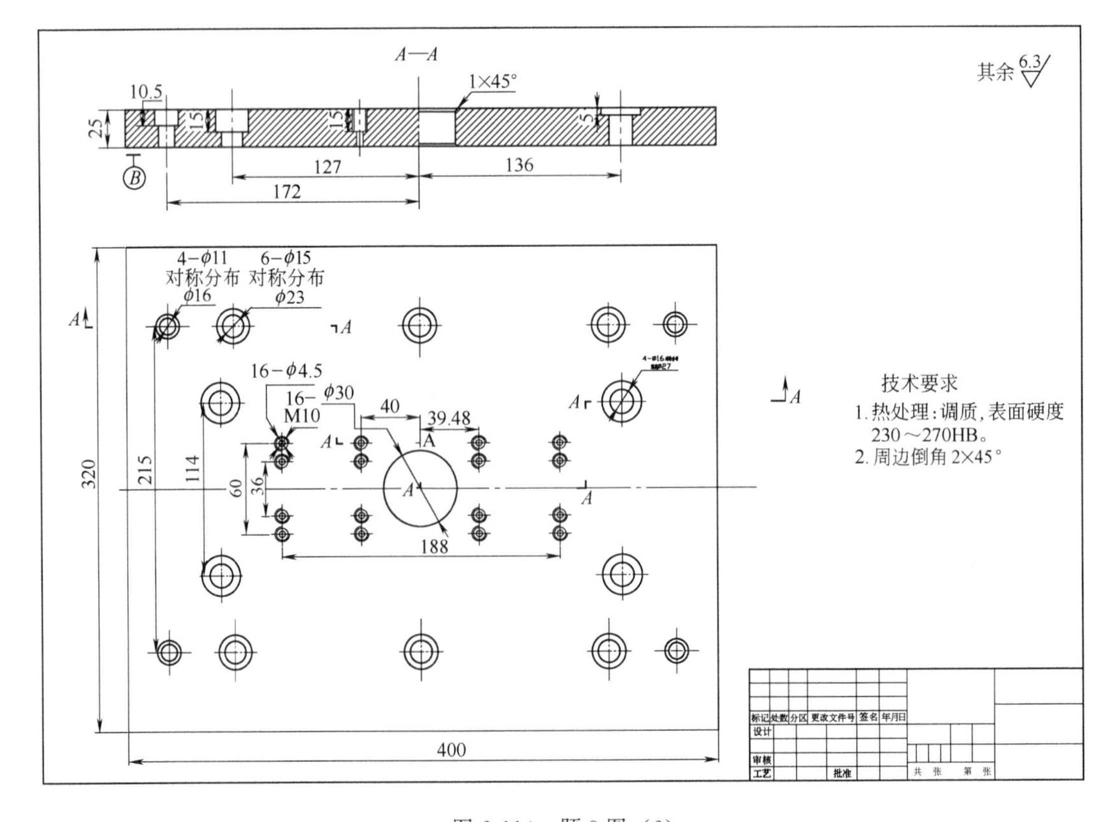

图 2-114 题 8 图（6）

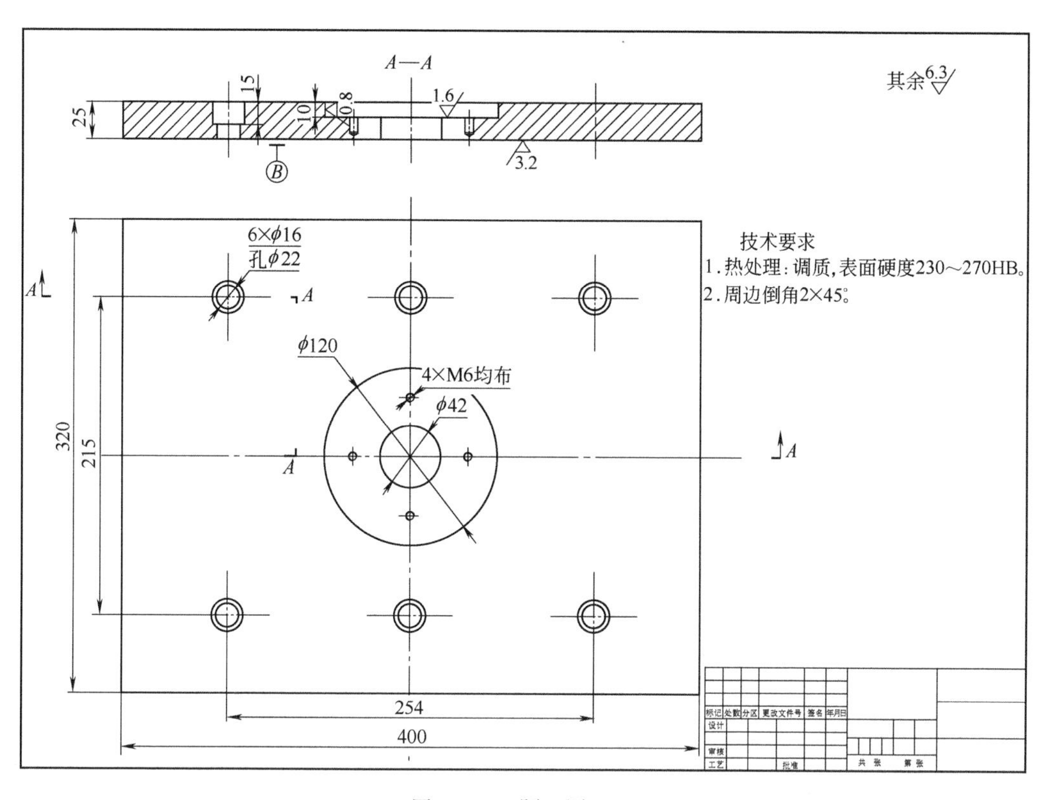

图 2-115　题 8 图（7）

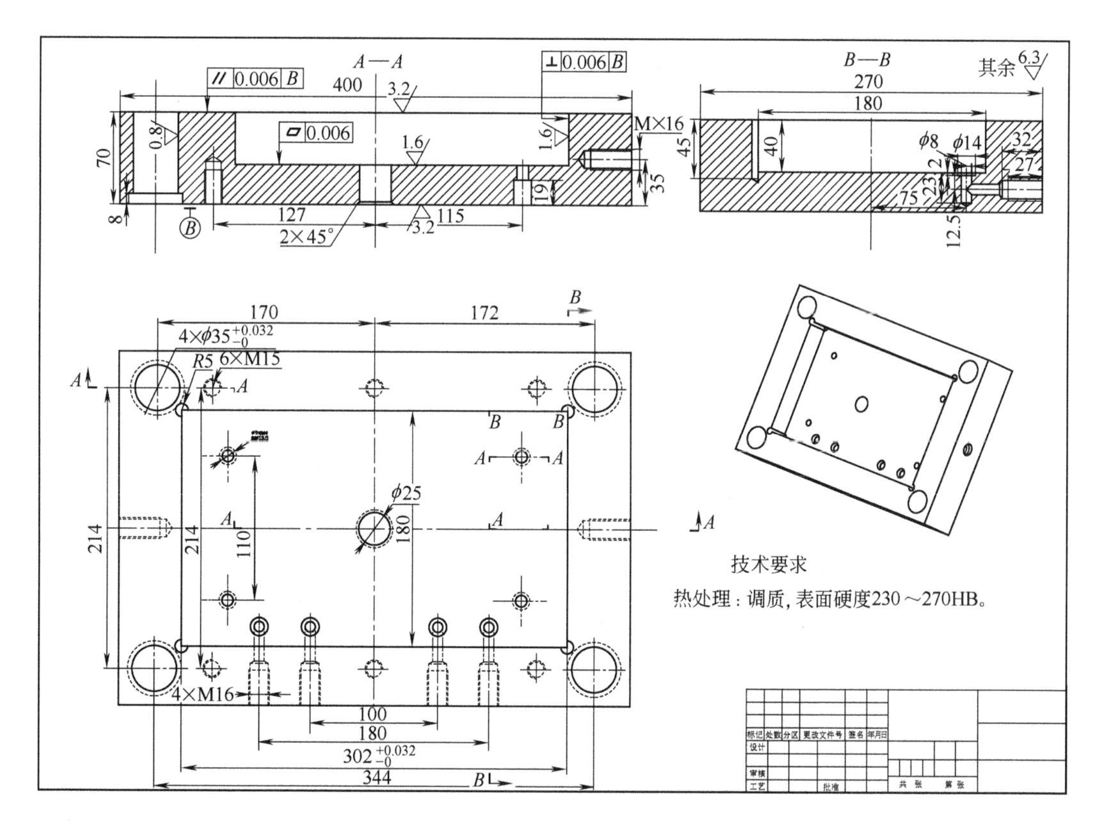

图 2-116　题 8 图（8）

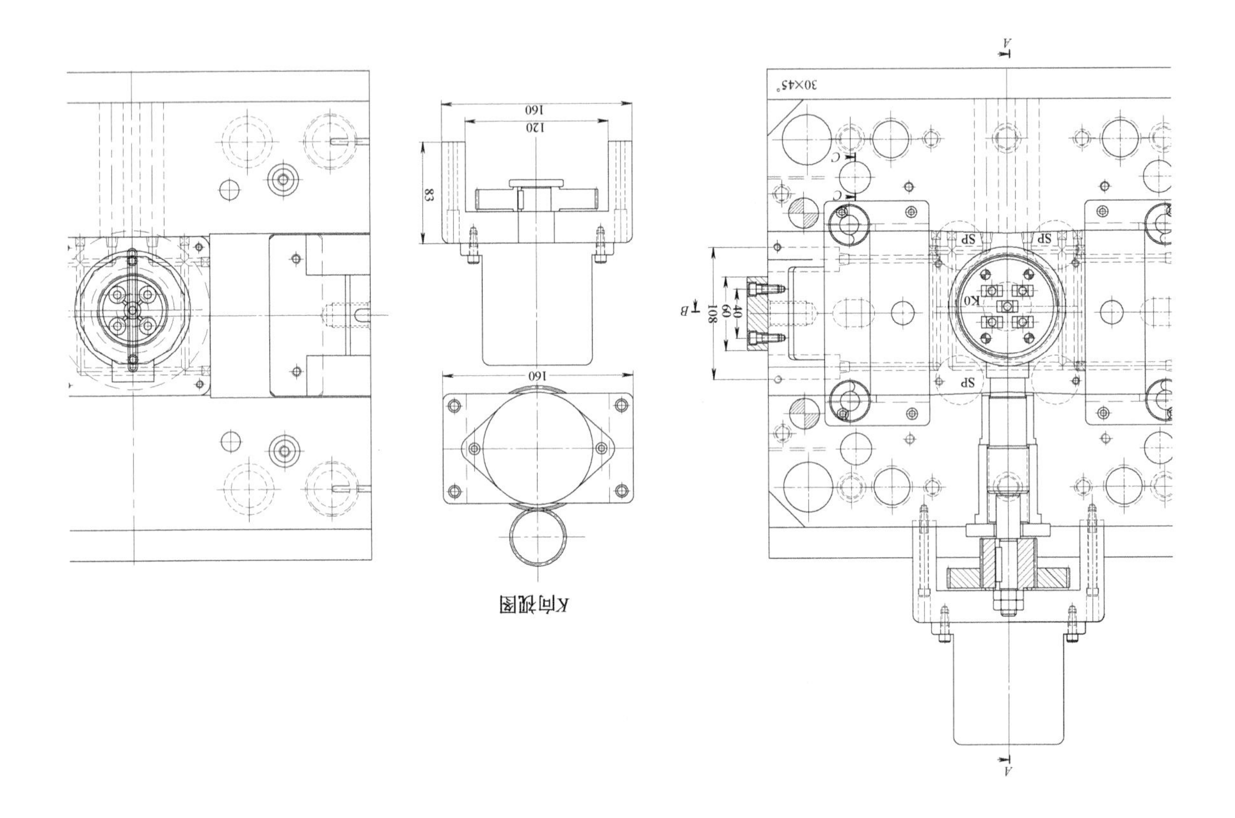

160
120
83
160
K向视图
30×45°
108
60
40
B
K0
SP

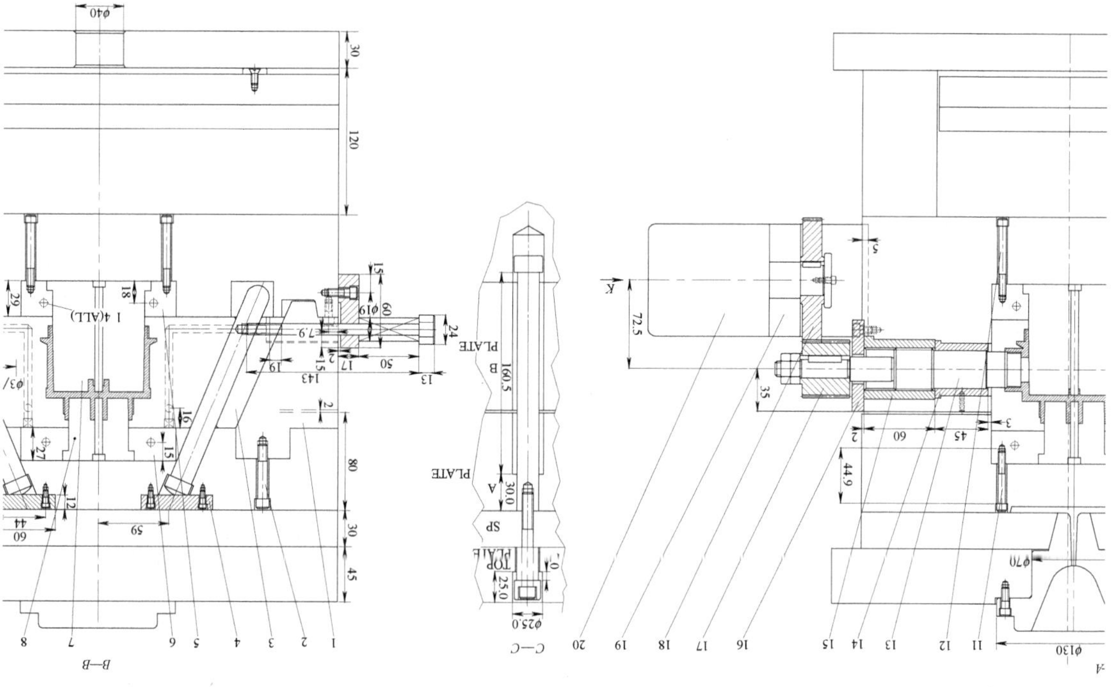

图 2-117 题 9 图

9. 读懂图 2-117 模具装配图，按要求答题。

① 写出引线处各零件的名称，并绘制塑件的视图。

② 说说该模具的浇口形式，并在两个视图上指出浇口的位置。

③ 在模具图上指出所有 *PL* 线（即分型面）的位置，用文字说明开模时各分型面分开的顺序，并说说理由。

④ 说说该模具的抽芯方式，如果不止一种抽芯方式，请比较它们的特点，并写出它们的主要组成零件。

⑤ 数数图中有几个 offset 标志，说明其含义。

⑥ 对于侧壁带凹形的塑料制品（如线圈骨架），为了便于塑料制品脱模，可将凹模做成两瓣或多瓣组合式，成型时瓣合，脱模时瓣开，这种凹模通常称为哈夫（half）凹模，带哈夫凹模的模具一般也就称为哈夫模。根据哈夫模的定义，请思考本题中给出的模具是否可以称为哈夫模。如果是，请画出该哈夫凹模的零件图。

⑦ 在图上标出动模侧、定模侧冷却水道的进水口（用 IN）和出水口（用 OUT），并想想冷却水的循环路线。

⑧ 说说 *C*—*C* 视图中表达的结构的作用与运动原理，看看该模具图上还有没有与其作用类似的结构，如果有请指出。

10. 以下两个表格（表 2-10、表 2-11）是广东某大型模具企业注塑模具零件标准列表，试从图 2-99～图 2-117 中找出表中各零件并对比熟记。

表 2-10 模具零件标准名称列表 1

序号	中文名	英文名	序号	中文名	英文名
1	顶针	E. P.	29	唧嘴	Sprue Bushing
2	有托顶针	Stepped E. P.	30	截流塞	Cooling Circuit Plug
3	扁顶针	Rectangular E. P.	31	上固定板	Top Clamping Plate
4	司筒	E. P. Sleeve	32	脱料板	Runner Stripper Plate
5	中心针	Center Pin	33	上模板	Cavity Plate
6	直身导边	Straight Leader Pin	34	推板	Stripper Plate
7	有托导边	Shoulder Leader Pin	35	下模板	Core Plate
8	直身杯司	Straight Bushing	36	支承板	Support Plate
9	有托杯司	Shoulder Bushing	37	间隔板	Spacer Block
10	方定位块	Position Block Set	38	顶针板 1	Ejector Retainer Plate
11	定位锥	Taper Pin Set	39	顶针板 2	Ejector Plate
12	尼龙塞	Parting Lock	40	顶针板 3	Ejector Plate
13	中托司套	Ejector Lead Bushing	41	顶针板 4	Stripper Plate
14	中托导柱	Ejector Leader Pin	42	下固定板	Bottom Clamping Plate
15	脱水口螺丝组	Puller Bolt Set	43	回针	Return Pin
16	限位螺丝	Stopper Bolt	44	拉杆	Support Pin
17	限位钉	Positioning Pin	45	拉杆定位介子	Support Pin Spacer
18	管位块	Slotter Key	46	齿轮	Gear
19	弹簧	Spring	47	丝杆	Screw
20	螺钉	Screw	48	轴承	Bearing
21	限位块	Distance Spacer	49	油缸	Oil Cylinder
22	无头螺钉	Screw Plug	50	气缸	Air Cylinder
23	平头螺钉	Socket Head Cap Screw	51	间隔圈	Spacer Ring
24	波子螺丝	Ball Plunger	52	垃圾钉	Slopper Ring
25	定位螺钉	Positioning Screw Plug	53	撑头	Support Pillar
26	胶圈	O ring	54	行位开关组	Detection Switch Set
27	喉塞	Taper Screw Plug	55	撑脚	Distance Spacer
28	法兰	Locating Ring			

表 2-11　模具零件标准名称列表 2

序号	中文名	英文名	序号	中文名	英文名
1	上模	Cavity	16	销钉	Dowel Pin
2	上模镶件	Cavity Insert	17	下模	Core
3	上模镶针	Inlay Cavity Pin	18	下模孔	Block Core
4	潜水镶套	Pin Point Gate Bushing	19	下模镶件	Core Insert
5	流道衬板	Runner Plate	20	下模镶针	Core Pin
6	水口扣针	Runer Lock Pin	21	撑头	Support Pillar
7	行位	Slider	22	拉板	Tension Link
8	行位导向键	Slider Certer Rail	23	拉板介子	Tension Link Retainer
9	行位镶件	Slider Insert	24	行位垫块	Slide Plate
10	斜边	Angular Pin	25	斜边压块	Holding Plate For A. P.
11	方斜边	Angular Cam	26	斜顶	Loose Core
12	行位压板	Slider Guide Rail	27	斜顶滑座	Slide Unit For Loose Core
13	隔热板	Insulation Sheet	28	冷胶套	Sprue Lock Bushing
14	压板(其他类)	Holding Plate	29	运水镶件	Insert For Cooling
15	楔块	Spacer Wedge	30	等高螺钉	Stopper Bolt

三、测试

1. 图 2-118 中结构在什么地方出现？请给个名称。图中标注 $R0.5$ 或者 $0.5\times45°$ 的倒角或倒圆有什么作用？

2. 图 2-119 中尺寸 0.2 说明什么问题？2°这个角度的作用是什么？该结构是否主流道结构？为什么？

3. 在图 2-120 中标出分型面的位置，并说明浇口的形式。

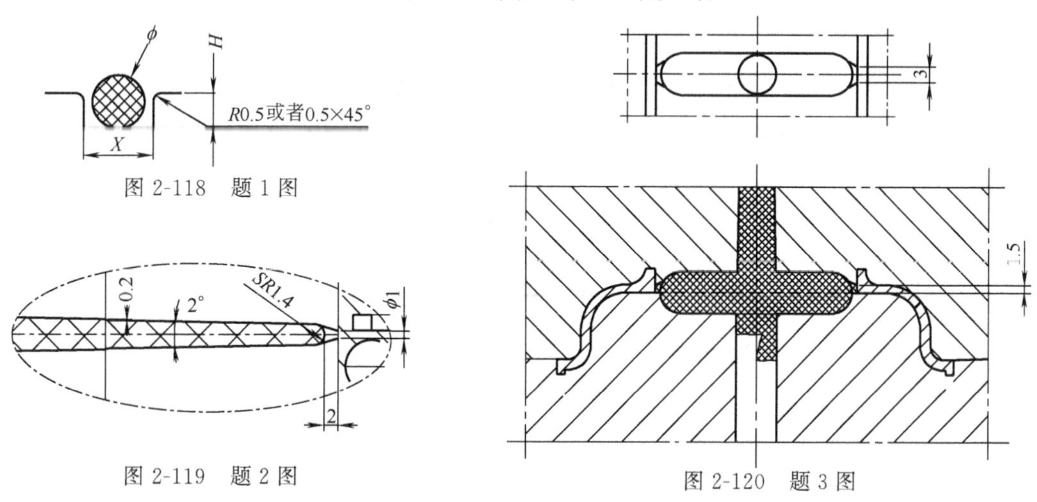

图 2-118　题 1 图

图 2-119　题 2 图

图 2-120　题 3 图

4. 比较图 2-121 中两浇口形式的异同，并总结它们的用途。

5. 在图 2-122 中标出抽芯机构的零件号与名称，然后说说其抽芯动作。

6. 说说图 2-123 中所标零件或结构的作用，并给出名称。

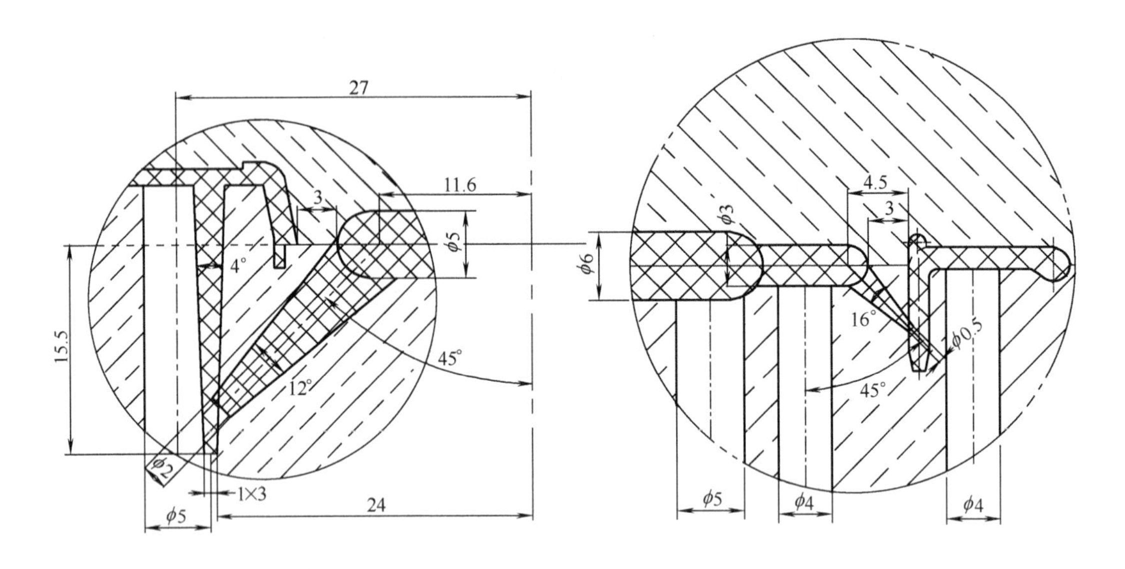

图 2-121　题 4 图

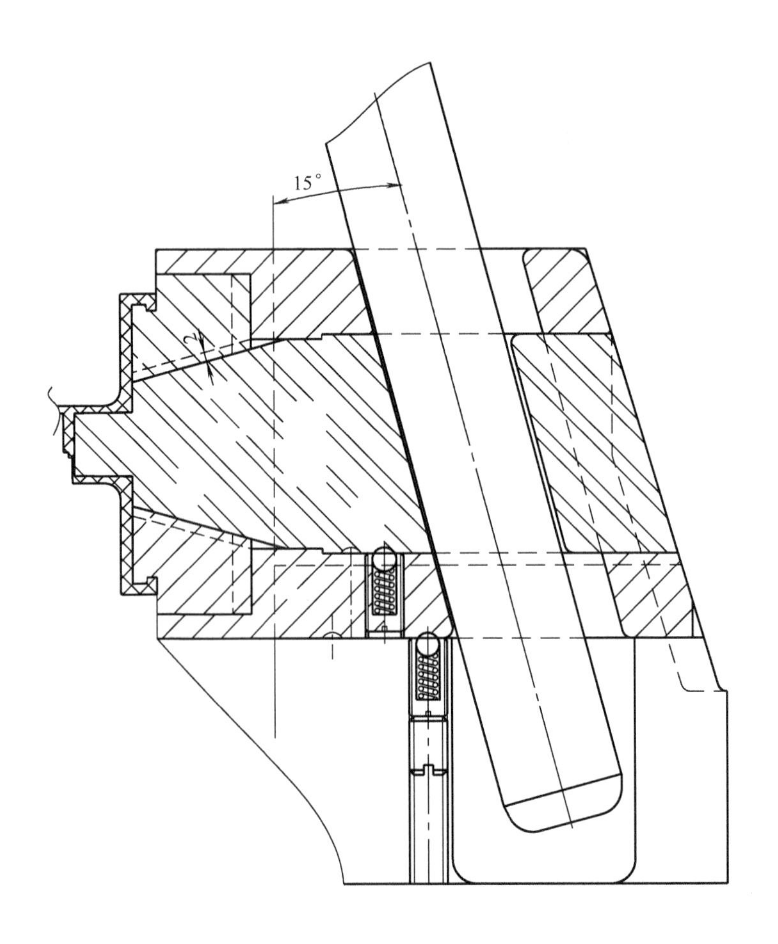

图 2-122　题 5 图

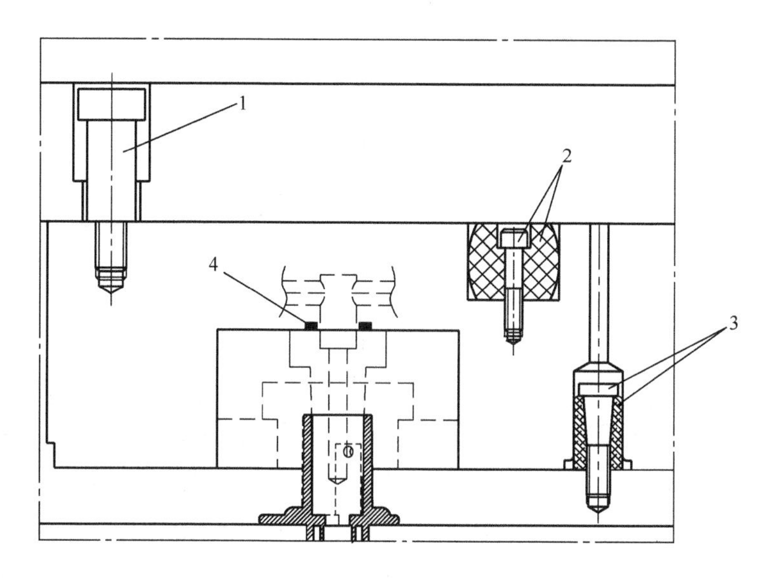

图 2-123　题 6 图

7. 说说图 2-124 中带尺寸标注的零件或结构的作用，并给出名称。

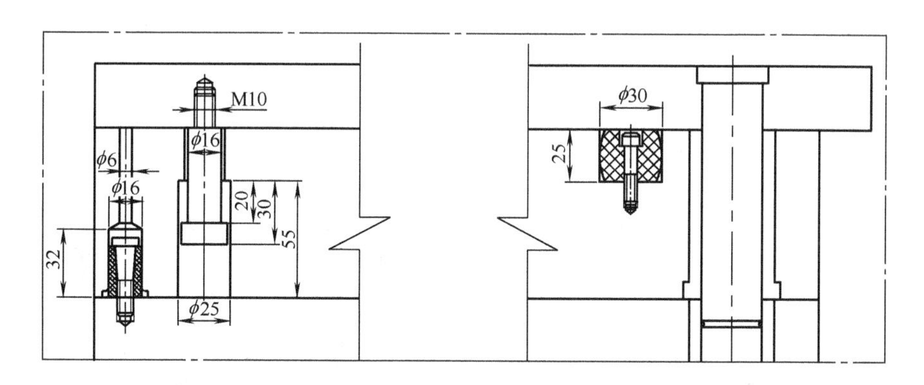

图 2-124　题 7 图

8. 在图 2-125（如果零件 2 为型腔镶件，请指出其他零件名称）与图 2-126 上标示出冷却水的路线图，并总结规律。

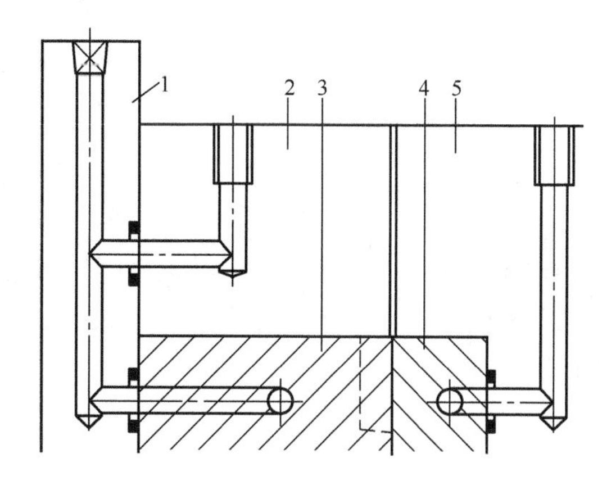

图 2-125　题 8 图（1）

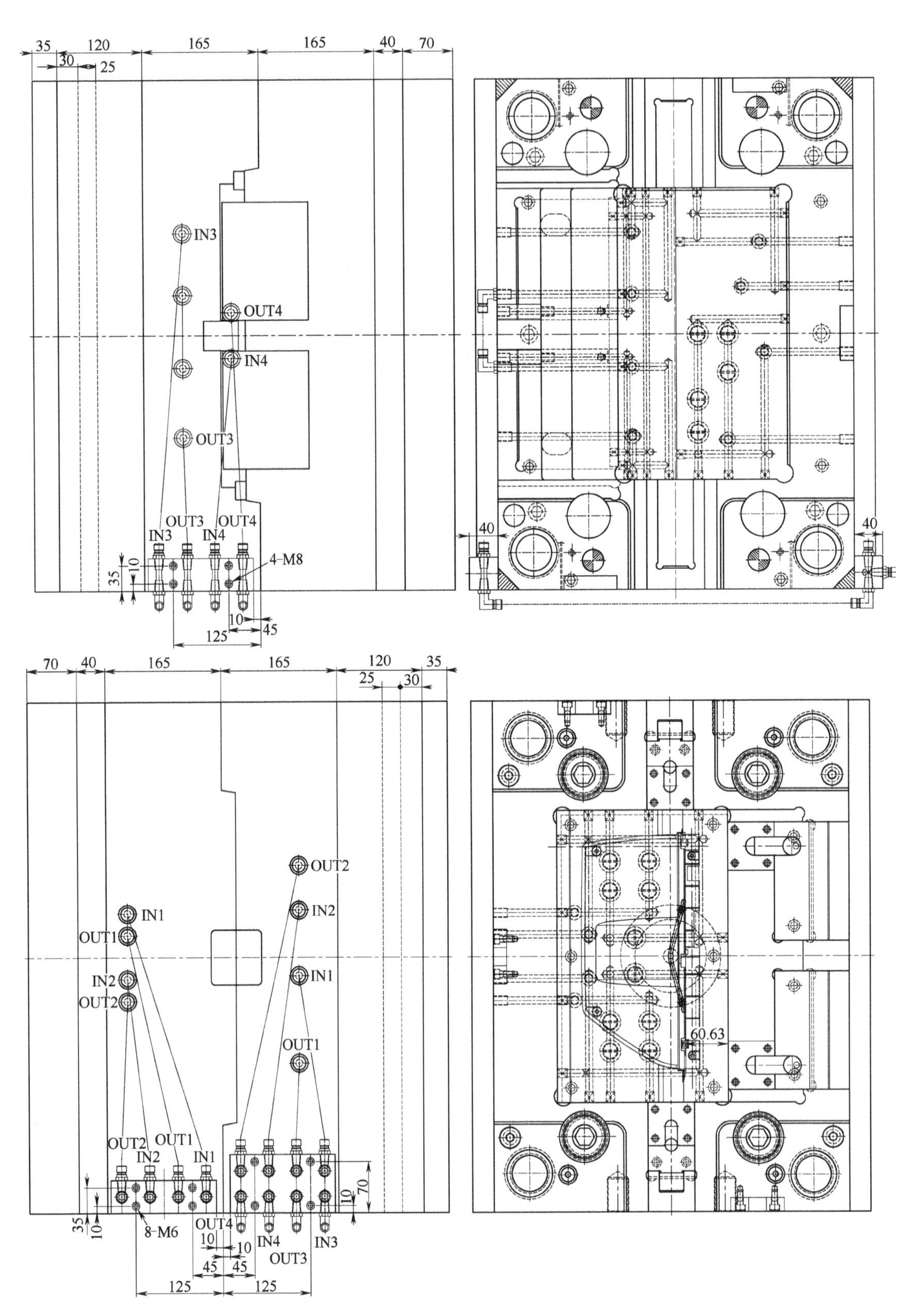
35
120
30
25
165
165
40
70
IN3
OUT4
IN4
OUT3
OUT3
OUT4
IN3
IN4
4-M8
35
10
10
45
125
40
40
70
40
165
165
120
35
25
30
OUT2
IN2
IN1
OUT1
IN2
OUT2
IN1
OUT1
60.63
OUT2
IN2
OUT1
IN1
35
10
8-M6
OUT4
10
10
IN4
IN3
OUT3
45
45
125
125
10
70

图 2-126 题 8 图（2）

9．说说图 2-127 与图 2-128 中所有机构的名称及运动或工作原理。

10．说说图 2-129 中四个角度尺寸的作用，并说明右边两个角度尺寸的关系与原因。

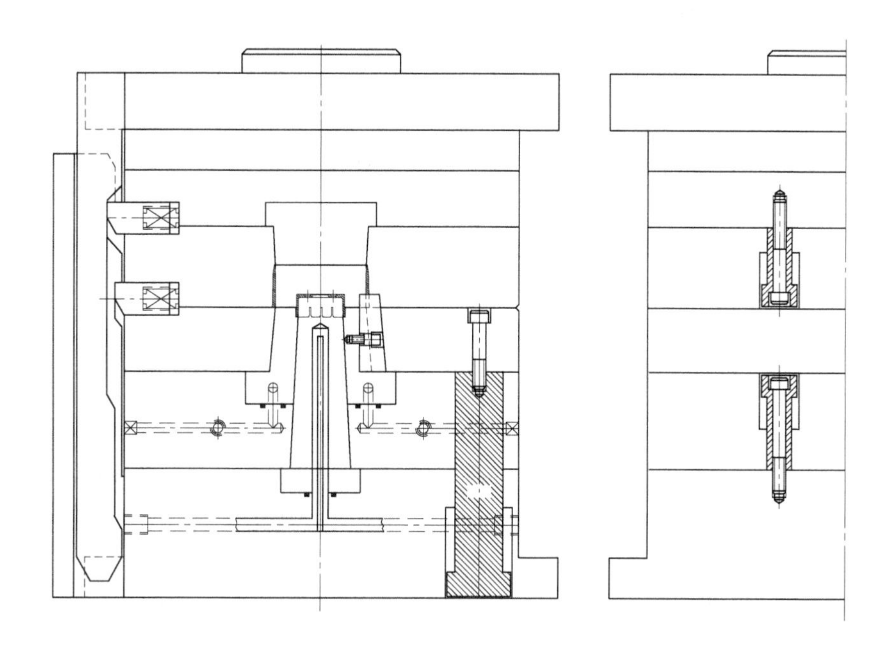

图 2-127　题 9 图（1）

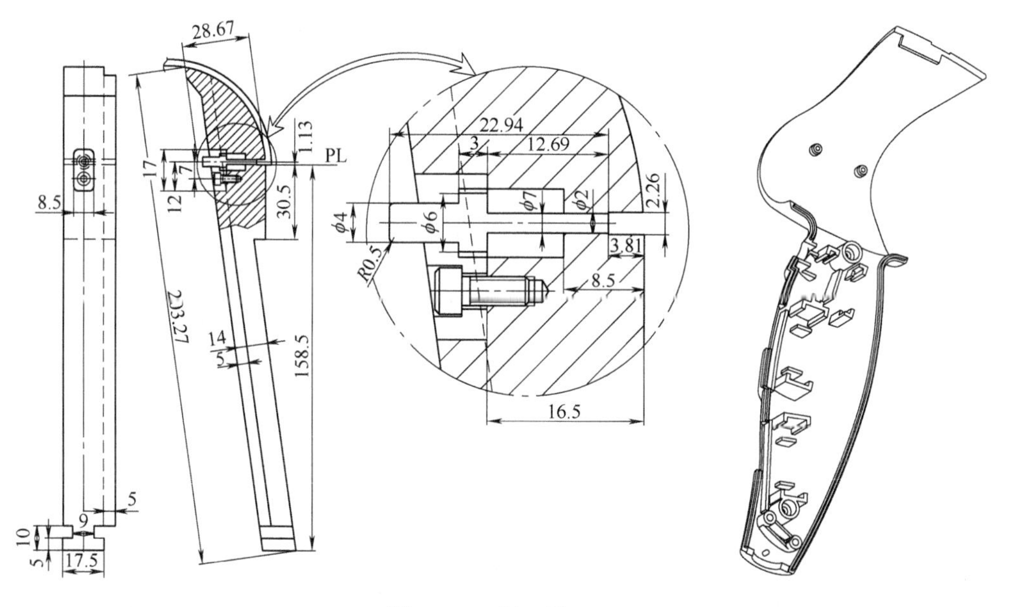

图 2-128　题 9 图（2）

11．看图 2-130～图 2-135，完成本题：

① 在各制品上指出 *PL* 位置，如果模具采用一模一腔的话请说明各制品可以采用的浇口形式与其注塑模具的结构形式，如果采用一模两腔呢？

② 绘制图 2-130～图 2-134 各制品注塑模具的型芯与型腔的工作位置图样，并总结模具

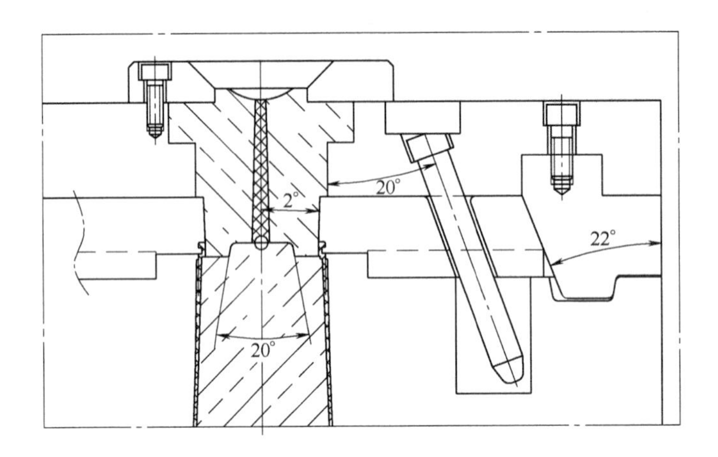

图 2-129 题 10 图

的型芯与型腔的工作位置图形与制品的关系；

③ 想想图 2-135 制品模具的脱模与顶出形式，说出脱模与顶出元件有哪些，并说出这些脱模与顶出元件对应制品上的哪些顶出位置，如果该制品模具有抽芯，给出可行的抽芯的方式；

④ 分析图 2-130 中两塑料制品的工艺性，如果两产品分别采用 PP 与 PS 塑料生产，试说明其注塑工艺；

⑤ 图 2-134 中左图制品的注塑模具中抽芯机构（元件）应当采用什么形式最合适，请绘制这种抽芯机构的简图并说明工作原理；

⑥ 绘制图 2-133 右边制品的注塑模具的结构简图（用第三角画法）。

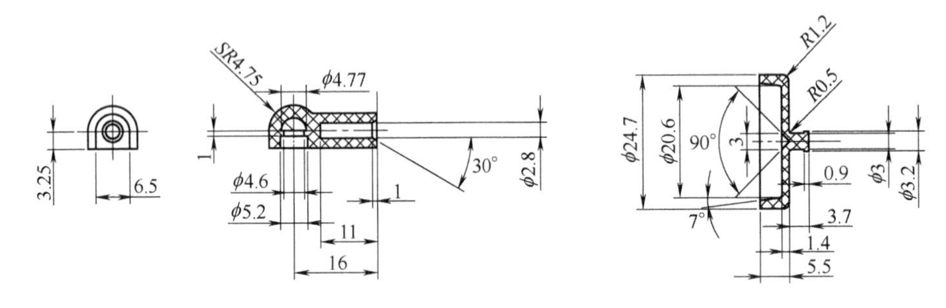

图 2-130 题 11 图（1）

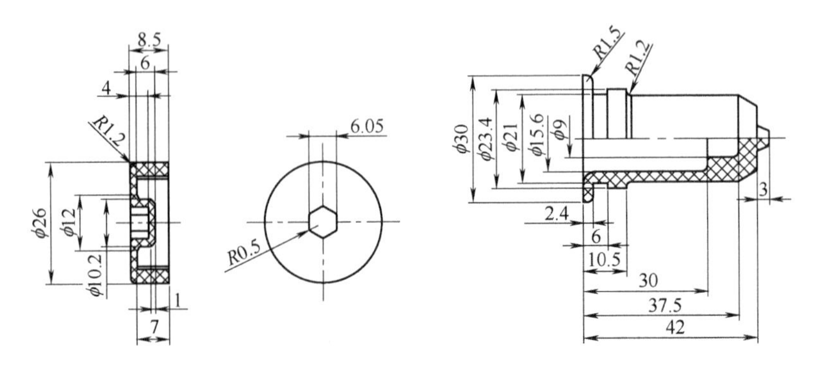

图 2-131 题 11 图（2）

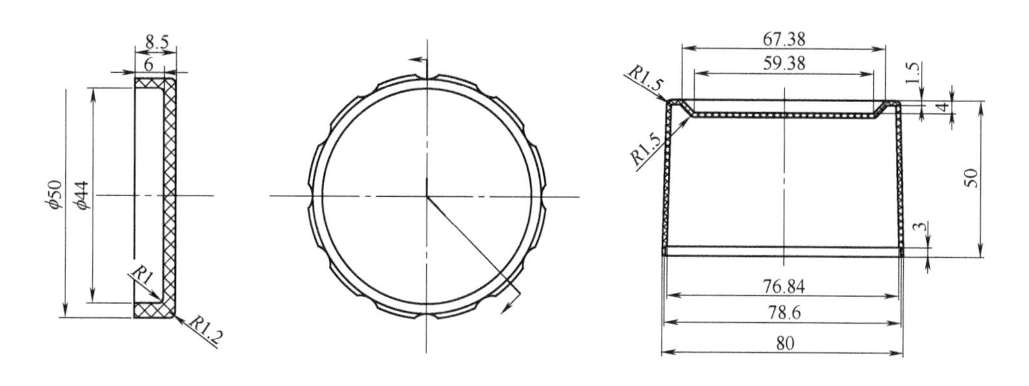

图 2-132　题 11 图（3）

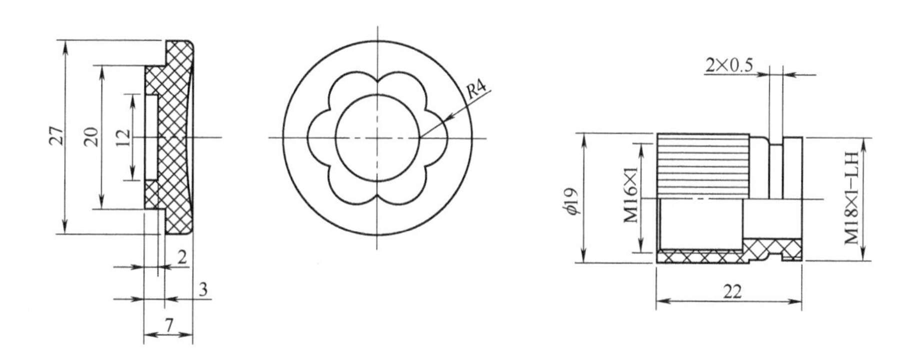

图 2-133　题 11 图（4）

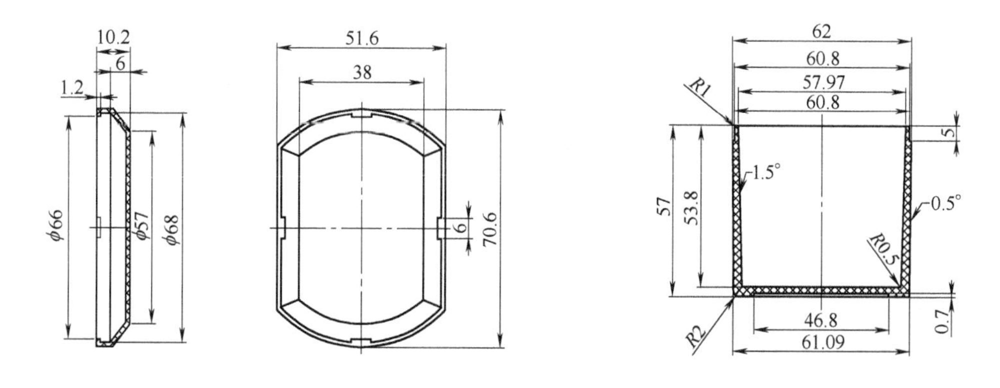

图 2-134　题 11 图（5）

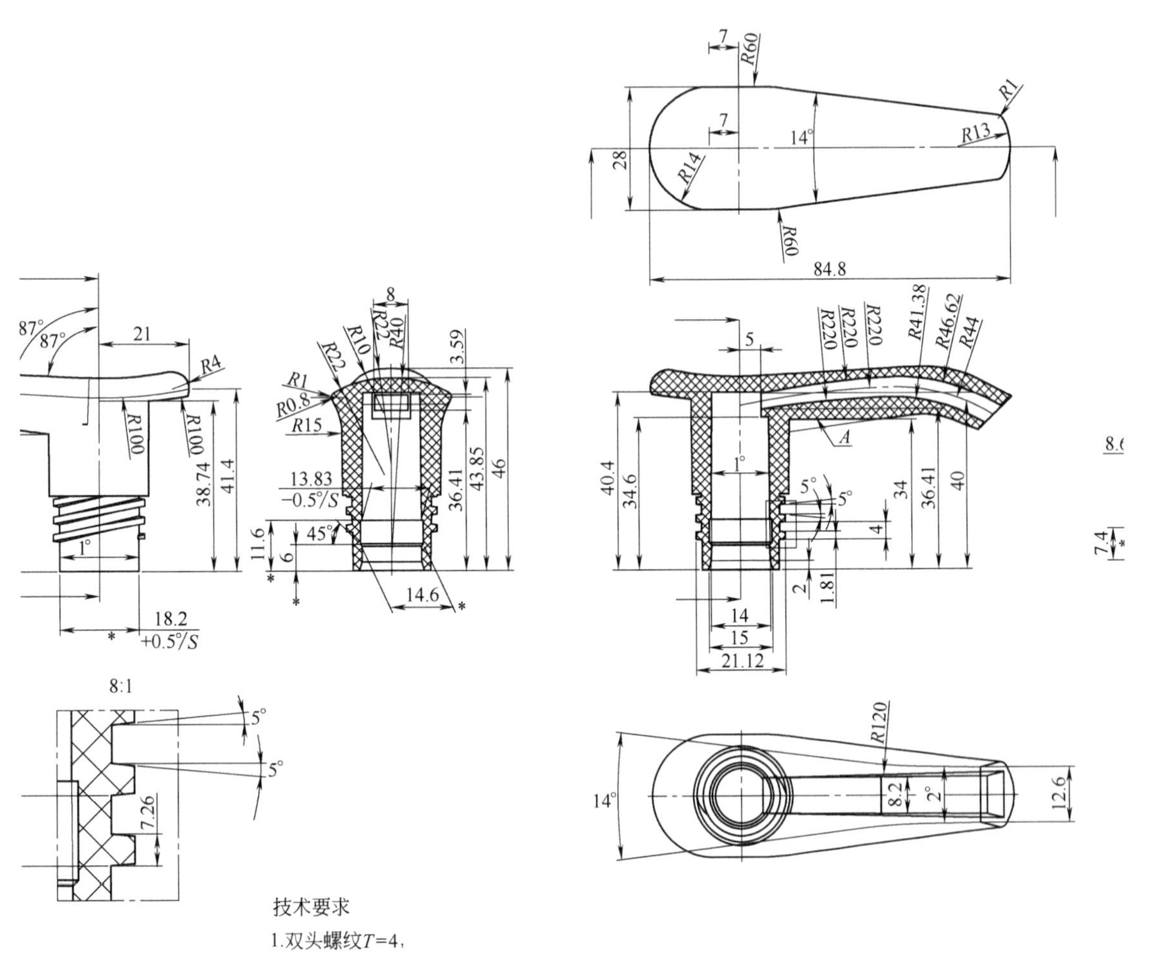

图 2-135　题 11 图（6）

第三章　其他模塑工艺与模具结构

塑料模具除了注塑模具以外，一般还有压缩模、压注模、挤出模、中空吹塑模等。

第一节　压　缩　模

压缩模又称压塑模，分为固定式、移动式与半固定式三种。压缩模一般没有浇注系统，且一般用于热固性塑料的成型。

一、固定式压缩模

固定式压缩模的结构如图 3-1 所示。它包括固定在压机上工作台的上模和固定在压机下工作台的下模两大部分。

工作时，由导柱导套构成的合模导向机构定位和导向开合。

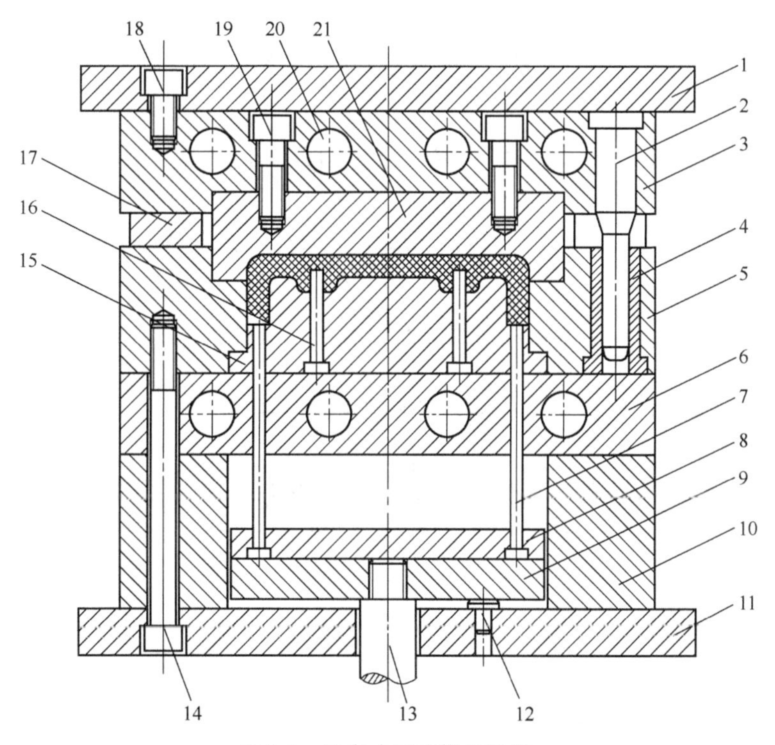

图 3-1　固定式压缩模的结构

1—上模座板；2—导柱；3—上模加热板；4—导套；5—凸模固定板；6—下模加热板；7—顶杆；8—顶杆固定板；9—顶杆垫板；10—垫块；11—下模座板；12—限位钉；13—顶杆；14,18,19—内六角螺钉；15—下凸模；16—型芯；17—承压板；20—加热棒安装孔；21—上凸模

1. 固定式压缩模的结构组成

① 型腔：直接成型塑件的部位，加料时配合加料腔起装料作用。

② 加料腔：凸模固定板的上半部分与下凸模和型芯所形成的型腔空间。

③ 合模导向机构：由布置在模板周边的 4 根导柱和 4 个导套所组成。

④ 脱模机构：成型后的塑件由脱模机构从模具的型腔中推出。

⑤ 加热系统：热固性塑料的压缩成型需要对模具加热。

2. 固定式压缩模的工作过程

如图 3-2 所示的开模状态图。在开模时，压机的上工作台朝向上移，上凸模脱离下模一段距离，压机的辅助液压缸（下液压缸）开始工作，推动顶杆使顶杆垫板推动推杆将压缩成型后的塑件顶出模外。再在凸模固定板与下凸模所形成的型腔中加料，合模时通过导柱和导套导向定位，并使热固性塑料在模腔内受热受压成为熔融状态而充满模具型腔，固化成型后再开模，完成一个压缩成型循环周期。

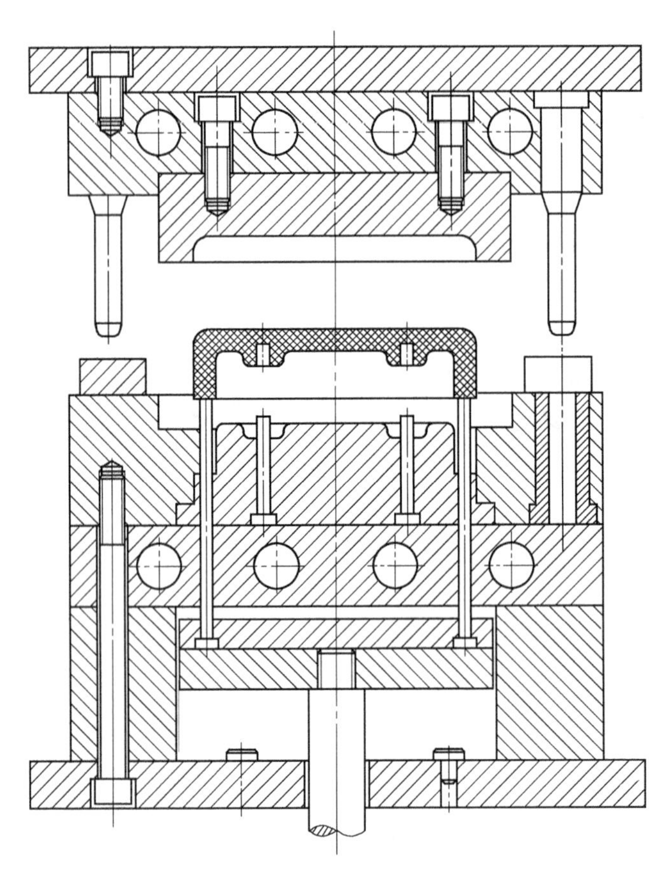

图 3-2　开模状态图

二、移动式压缩模

利用移动式压缩模完成压缩成型后，可将模具移至压机之外，在特制的专用机架上使模具的上下模分开，然后用手工或简易的工具取出塑件。采用这种方式脱模，可使模具的结构简单，成本低，有时用几副模具轮流操作，可提高压缩成型的速度。但劳动强度大，振动大，而且由于在取出塑件的过程中有不断撞击，易使模具变形磨损，适用于成型小型塑件。如图 3-3 所示为一小型电器旋钮移动式压缩模结构。

1. 模具的结构组成

上模部分：上模座板、导柱、凹模固定板、凹模和螺钉。

下模部分：螺纹型环、模套、下模座板、手柄、下模型芯和螺钉。

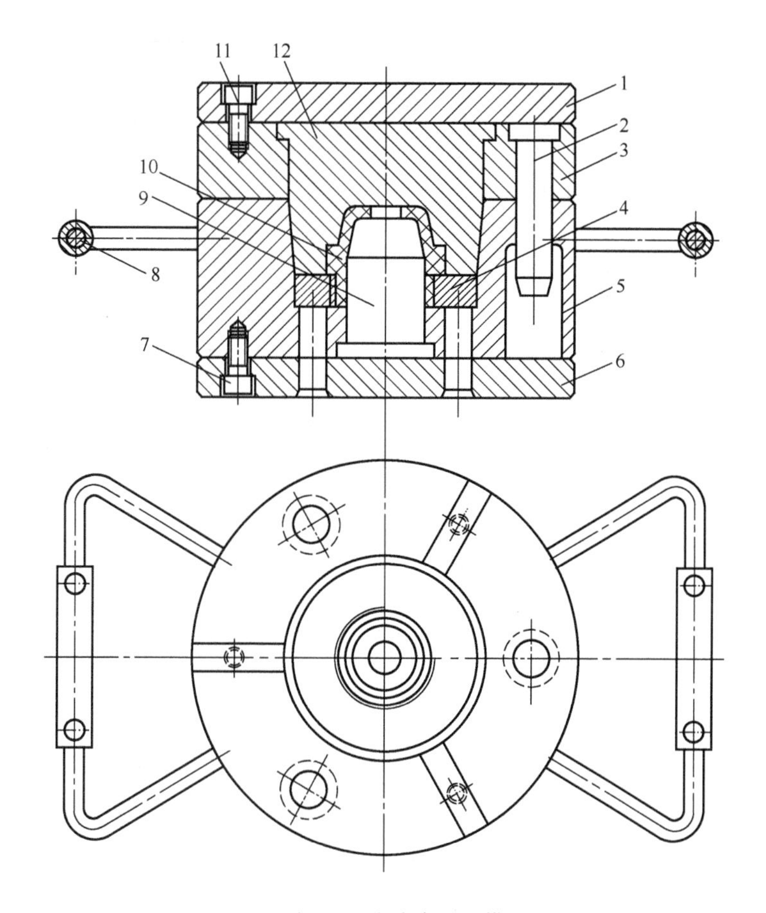

图 3-3　移动式压缩模

1—上模座板；2—导柱；3—凹模固定板；4—螺纹型环；5—模套；6—下模座板；
7,11—内六角螺钉；8—手柄；9—下模型芯；10—塑件产品；12—凹模

2. 模具的工作过程

先将螺纹型环放入模套的底部，将所需重量的热固性塑料电木粉放入由模套等零件构成的加料室中，将上模与下模闭合，然后握住手柄，将整副模具移到压机中进行压制成型。待塑件固化成型后，将模具移出压机，利用专用卸模架中的推杆将螺纹型环和成型后的塑件产品一起推出模套，最后从塑件上拧下螺纹型环，重新放入模中使用，完成一个成型周期。

三、半固定式压缩模

模具的结构组成及工作原理：

如图 3-4 所示为一副半固定式压缩模。该模具的特点为：开合模在压机内进行，一般将上模用压板固定在压机上，下模可沿导轨移动并用限位块限定移动的位置。合模前，首先要将金属或非金属嵌件放入凹模中固定，再放入所要求重量的热固性塑料材料。通过手柄使凹模沿导轨移动至限位块所限定的位置。合模时，通过导柱导向定位，在压机的加热加压下熔化塑料并充满型腔，经固化成型后，压机将上模提升，用手将下模沿导轨移出后再从下模中取出塑件。该模具结构通常用于需要安放嵌件的塑件的压缩成型中，在安放嵌件和加料时比较方便，以降低劳动强度，特别是当移动式模具过重或嵌件过多时，为便于操作，可采用这种模具结构。

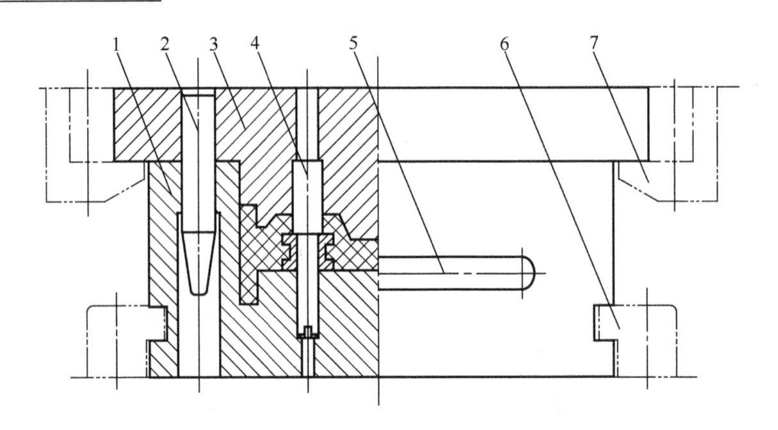

图 3-4 半固定式压缩模

1—凹模（加料室）；2—导柱；3—凸模；4—型芯；5—手柄；6—导轨；7—压板

第二节 压 注 模

压注成型和压缩成型都是热固性塑料常用的成型方法。压注模又称传递模，它与压缩模在模具结构上的最大区别在于：压注模设有单独的加料室。

压注成型的一般过程：先闭合模具，然后将塑料加入模具加料室中，使其受热成熔融状态，在与加料室相配合的压料柱塞的作用下，使熔料通过设在加料室底部的浇注系统高速挤入型腔。塑料在型腔内继续受热受压而发生交联反应并固化成型。然后打开模具取出塑件，清理加料室和浇注系统后进行下一次成型过程。

一、移动式料槽压注模

1. 模具的结构特点

如图 3-5 所示为一移动式料槽压注模结构，其特点是加料室和模具主体部分可各自分

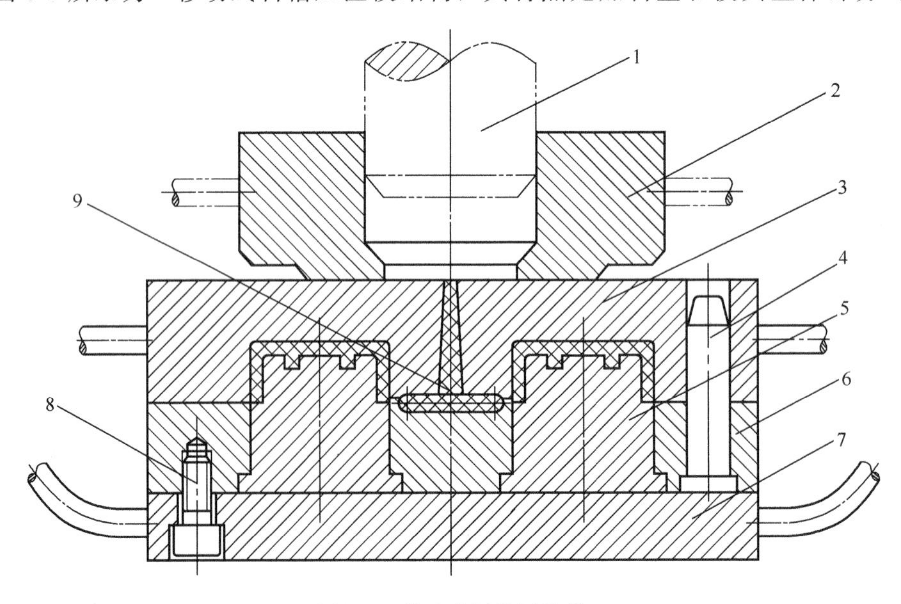

图 3-5 移动式料槽压注模

1—压料柱塞；2—加料室；3—凹模；4—导柱；5—型芯；6—型芯固定板；7—下模板；8—内六角螺钉；9—浇注系统

离。移动式料槽压注模适用于小型塑件的压注成型生产，其压料柱塞是一个活动的零件，不需要连接到压机的上压板上。

2. 模具的工作过程（见图 3-6）

在加料室中加入热固性塑料，通过压机对压料柱塞进行加热加压，在加料室中使塑料熔化，并通过模具的浇注系统将熔化的塑料注入模具型腔中。完成塑件的压注成型工艺后，压机的上压板上移离开压料柱塞，将压料柱塞从加料室中取出。然后从模具上移开加料室，对加料室内及其底部进行清理。随后取下凹模，打开模具分型面取出塑件和浇注系统。清理型芯和分型面表面后合模，再将加料室放在模具上，在加料室中加入热固性塑料，进行下一周期的压注成型过程。

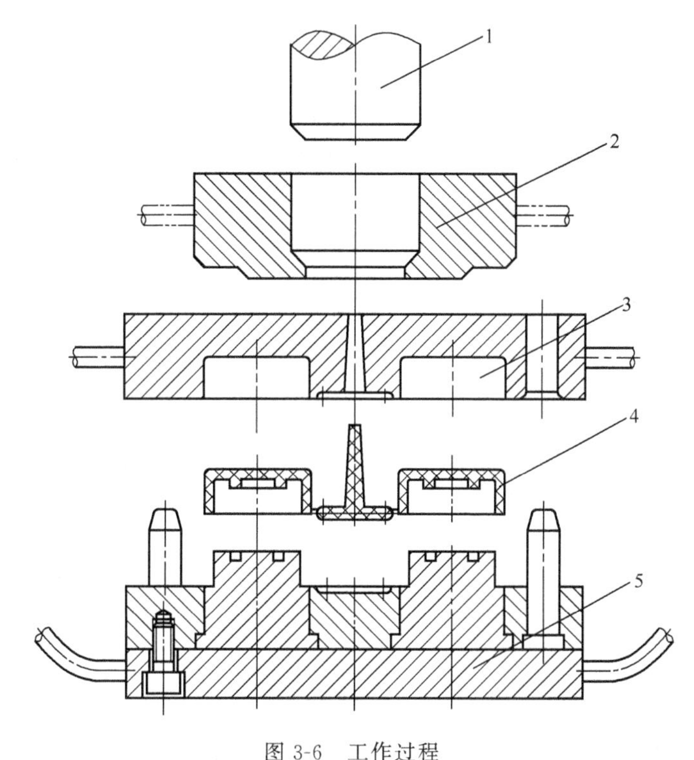

图 3-6 工作过程

1—压料柱塞；2—加料室；3—凹模；4—成型后的塑件及浇注系统；5—下模

3. 加料腔的结构

加料腔的截面大多为圆形，但也有矩形和椭圆形结构，主要取决于模腔的结构及数量。由于移动式料槽压注模的加料室可单独取下，并且有一定的通用性，因而加料腔需要考虑与模具的定位和配合等问题。

如图 3-7 所示为加料腔几种常用的配合形式。

图(a) 为导柱定位加料腔，在这种结构中，导柱既可以固定在上模，也可以固定在加料腔上，其间隙配合一端应采用较大间隙。这种结构拆卸和清理不太方便。

图(b) 采用圆柱销在加料室外部定位，这种结构加工及使用都比较方便。

图(c) 采用加料室内部凸台定位，这种结构可以减少溢料的可能性，因此得到广泛应用。

4. 柱塞的结构

如图 3-8 所示为常用的柱塞结构。

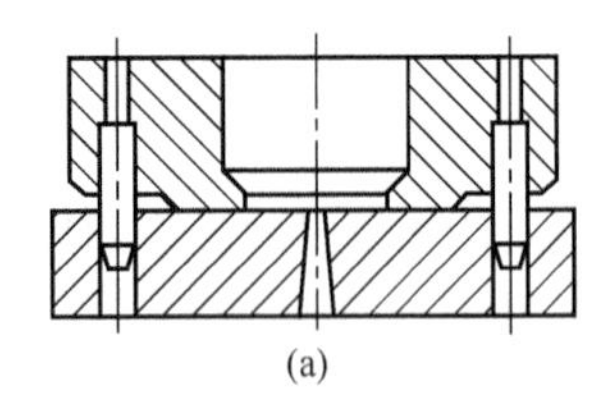
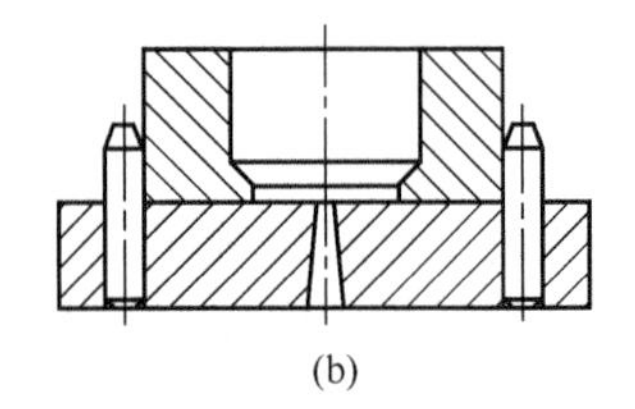
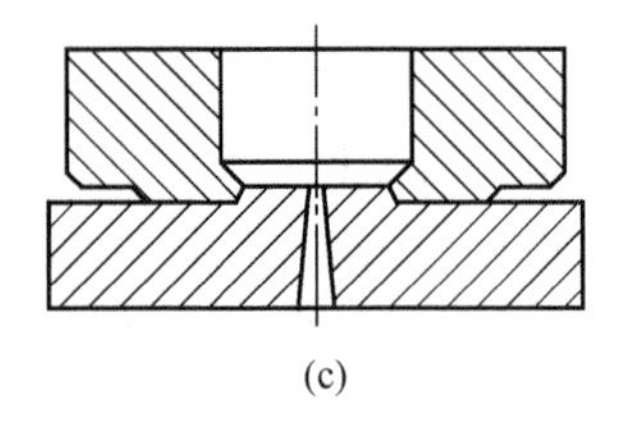

图 3-7 加料腔几种常用的配合形式

图(a) 为简单的圆形结构，加工简便省料，常用于移动式压注模。

图(b) 为带凸缘的结构，承压面积大，压注平稳，移动式与固定式压注模均能使用。

5. 加料室与柱塞的配合

加料室与柱塞的配合关系如图 3-9 所示。

加料室与柱塞的配合通常为 H8/f9～H9/f9 或采用 0.05～0.1mm 的单边间隙。若结构采用带有环槽的柱塞，间隙还要更大一些。柱塞的高度 H_1 应比加料室的高度 H 小 0.5～1mm，底部转角处应留 0.3～0.5mm 的储料间隙，加料室与定位凸台的配合高度差为 0～0.1mm，加料室的底部倾角为 $\alpha=40°\sim45°$。压注模的浇注系统与排气槽的结构形式可参考注射模的相应结构。

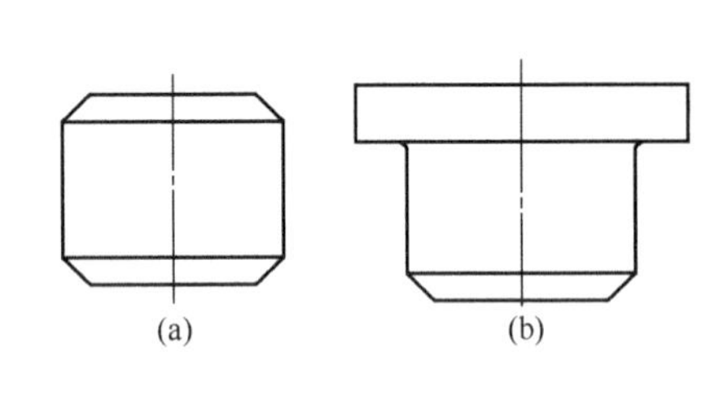

图 3-8 柱塞结构

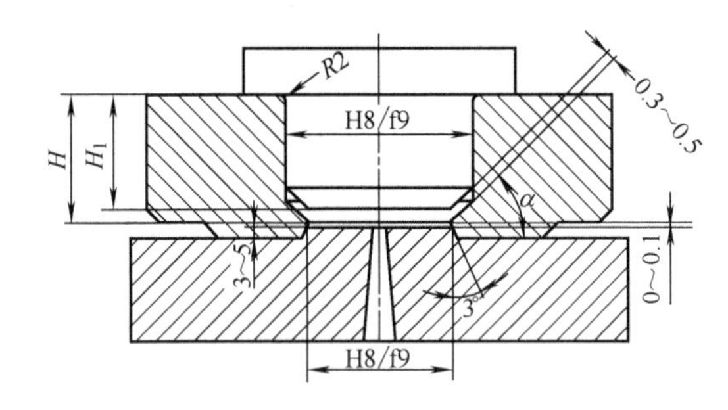

图 3-9 加料室与柱塞的配合

二、固定式料槽压注模

1. 固定式料槽压注模（见图 3-10）的特点

模具的压料柱与压机的上板连接在一起，加料室与模具的上模部分连接为一个整体，下模部分固定在压机的下压板上。模具打开时，加料室外与上模部分悬挂在压料柱塞与下模之间，以便取出塑件并清理加料室。固定式料槽压注模用于较大塑件的生产。

2. 固定式料槽压注模的工作过程

首先通过安装在加热器安装孔内的加热棒对模具加热至所需要的温度，再在加料室中根据需要加入一定量的热固性塑料，在压机的压力作用下，连接在上模底板的压柱将加料室中的熔融塑料，通过浇口套和开设在型芯固定板上的分流道和浇口，压入到模具的型腔中固化成型。开模时，压机的上工作台带着上模座板上升，压柱拉断浇口套中的主流道废料离开加料室，A 分型面分开，取出主流道废料。当上模上升到一定的高度后，拉杆上的螺母迫使拉钩转动，使之与下模部分脱开，接着在限位杆的限定下模具从 B 分型面分开，塑件因收缩留在下模。最后由压机上的顶杆推动顶针脱模机构，将塑件和分流道凝料顶出。在加料室中加入塑料原料后合模。合模时，由复位杆使脱模机构复位，拉钩靠自重将下模部分锁住。固定式料槽压注模开模状态如图 3-11 所示。

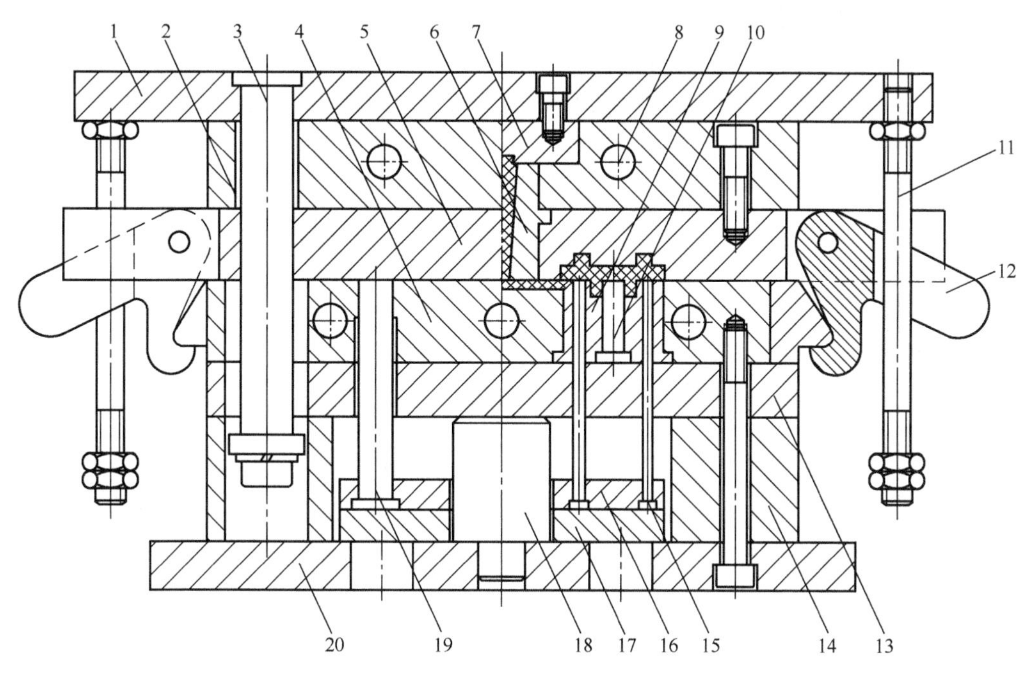

图 3-10　固定式料槽压注模

1—上模座板；2—加料室；3—定距杆；4—型芯固定板；5—上凹模板；6—浇口套；7—压柱；8—加热器安装孔；9—型芯；10—小型芯；11—拉杆；12—拉钩；13—垫板；14—垫块；15—顶杆；16—顶杆固定板；17—顶杆垫板；18—支承柱；19—复位杆；20—下模座板

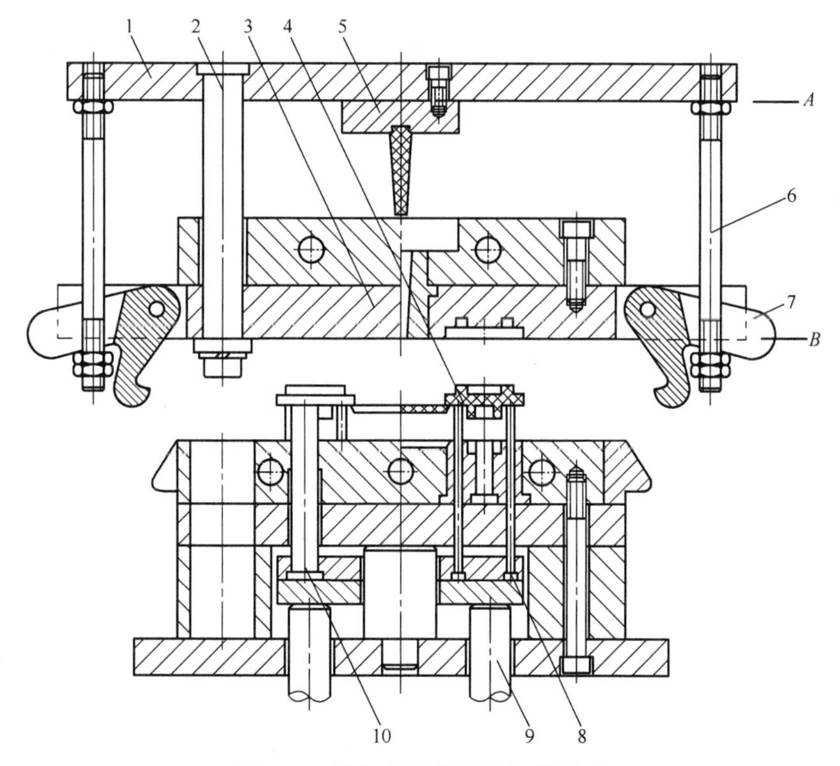

图 3-11　固定式料槽压注模开模状态

1—上模座板；2—定距杆；3—上凹模板；4—成型后的塑件；5—压柱；6—拉杆；7—拉钩；8—顶杆；9—压机顶杆；10—复位杆

三、压注模的结构组成

1. 成型零部件

成型塑件的最重要的部分，与压缩模相仿，由凹模、凸模和型芯等零件组成。

2. 加料装置

由加料室和压柱柱塞等零件组成。移动式压注模的加料室和模具本体是可分离的，开模前，先取下加料室，然后再开模取出塑件。固定式压注模的加料室在上模部分，加料时可与压柱柱塞部分定距分型。

3. 浇注系统

与注射模相似，包括主流道、分流道和浇口。单型腔压注模与注射模的点浇口和直接浇口相似，并可在加料室底部开设多个流道进入型腔。

4. 加热系统

移动式压注模是利用压机上的上、下加热板进行加热的，其加热的方式与压缩模相同。固定式压注模其结构主要由压柱柱塞、上模和下模三部分组成，因此应分别对这三部分进行加热。此外，还有导向机构、侧向分型与抽芯机构、脱模机构等。

第三节 挤 出 模

挤出模是塑料挤出成型所用模具的统称，也叫挤出成型机头或模头，是塑料挤出成型加工的重要工艺设备。

塑料挤出成型，在热塑性塑料加工领域中，是一类用途广、变化多、所占比重大的加工方法。挤塑成型是将塑料注入，并在旋转的螺杆和机筒之间进行输送、压缩、熔融、塑化，然后定量通过处于挤塑机头部的模具和定型装置，生产出连续型材的加工工艺过程。挤出型材的截面形状取决于挤出模具。因此模具结构的合理与否，不仅影响产品的经济性，同时也是保证良好成型工艺和成型质量的决定因素。

1. 挤出模的作用

塑料型材的挤出成型模具包括两部分：机头（口模）和定型模（套）。

(1) 机头的作用　机头是挤塑成型的主要部件，它使来自挤出机的熔融塑料由螺旋旋转运动变为直线运动，并进一步塑化，产生所需要的成型压力，保证塑件的密实，从而获得截面形状一致的连续型材。

(2) 定型模的作用　采用冷却、加压或抽真空的方法，将从机头中挤出的塑料的形状稳定下来，并对其进行调整，从而得到截面尺寸更为精确、表面更光亮的塑料制件。

2. 挤出模的分类

(1) 按制件的类型分类　通常挤出成型的塑件有管材、棒材、板材、片材、网材、单丝、粒料、各种异型材、吹塑薄膜、带有塑料包覆的电线电缆等，因此根据塑件的不同截面形状相应地分为挤管机头、挤板机头、吹膜机头、电线电缆机头和异型材机头等。

(2) 按制件的出口方向分类　按照塑件从机头挤出的方向不同，可分为直通机头和角式机头。

(3) 按塑料在机头内所受压力分类　挤出成型根据机头内对塑料熔体压力不同，可分为低压机头、中压机头和高压机头。低压机头对塑料熔体的压力小于4MPa，中压机头对塑料熔体的压力为4～10MPa，高压机头对塑料熔体的压力大于10MPa。

3．挤出模的结构组成

如图3-12所示为一套管材挤出成型机头。

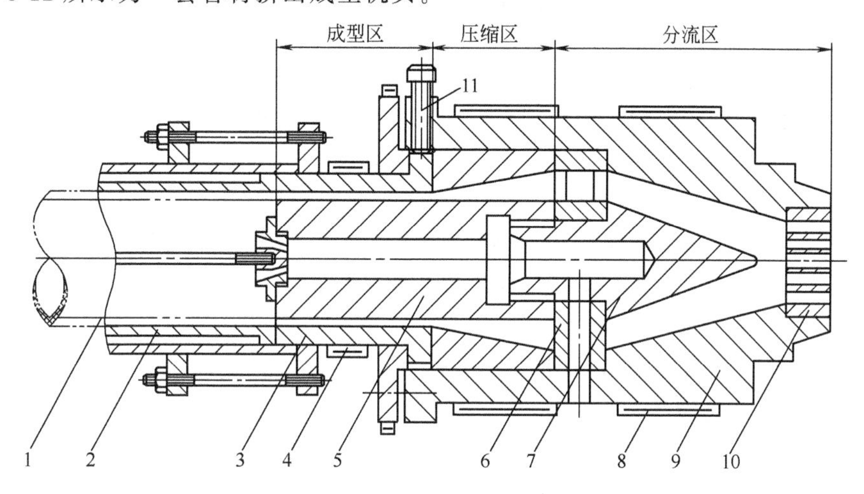

图3-12　挤出模的结构

1—成型管材；2—定径套；3—口模；4，8—电加热圈加热器；
5—芯棒；6—分流器支架；7—分流器；9—机头体；10—多孔过滤板；11—调节螺钉

管材挤出成型机头的结构组成有以下几个主要部分。

（1）口模和芯棒　口模用来成型塑件的外表面，芯棒用来成型塑件的内表面。

（2）过滤板　过滤板的作用是将塑料熔体由螺旋运动转变为直线运动，过滤杂质，并形成一定的压力。过滤板又称多孔过滤板，同时还起支承过滤网的作用。

（3）分流器和分流器支架　分流器使通过它的塑料熔体分流变成薄环状以平稳地进入成型区，同时进一步加热和塑化；分流器支架主要用来支承分流器及芯棒，同时也能对分流后的塑料熔体加强剪切混合作用。小型机头的分流器与其支架常设计成整体结构，如图3-12所示。

（4）机头体　机头体相当于模架，用来组装并支承机头的各零部件。

（5）温度调节系统　为了保证塑料熔体在机头中正常流动及挤出成型质量，机头上一般设有可以加热的温度调节系统（如电加热圈等）。

（6）调节螺钉　调节螺钉用来调节控制成型区内口模与芯棒间的环隙及同轴度。

（7）定径套　离开成型区后的塑料熔体虽已具有给定的截面形状，但因其温度仍较高不能抵抗自重变形，为此需要用定径套对其进行冷却定型。

4．挤出模的结构特点

① 根据不同的制品和挤出材料，确定机头的结构类型。

② 确定机头流道内物料的流动压力，一般在5～30MPa范围内选取。

③ 确定芯棒和口模的定径段长度和直径。

④ 确定冷却套的内径和长度。

⑤ 合理设置加热装置，并要正确地控制温度。

⑥ 机头内腔流道设计成流线形，不能急剧地扩大或缩小，以避免死角和物料停滞区。

⑦ 冷却定径套必须保证良好的冷却。

⑧ 流道应具有足够的压缩比，以保证挤出成型后的管材塑件密实。所谓压缩比是指流道中的最大环状截面积与出料口处的环状截面积之比。

第四节 中空吹塑模

中空吹塑成型是将处于塑性状态的塑料型坯置于模具内，使压缩空气注入型坯中将其吹胀，使之紧贴于模腔上，冷却定型后得到一定形状的中空塑件的加工方法。吹塑成型的制件多为中空的容器类器具，例如，瓶子、桶、罐、箱等。

吹塑的方法虽然很多，但包括有塑料型坯制造和吹胀这两个不可缺少的基本阶段。根据在生产中实现这两个阶段的运作形式的不同，可将中空吹塑成型工艺为：挤出吹塑、注射吹塑、拉伸吹塑、多层吹塑等，其中挤出吹塑应用最为广泛。

1. 挤出吹塑成型工艺

挤出吹塑是成型中空塑件制品的主要方法。其工艺过程（如图 3-13）如下：

① 挤出机挤出管状型坯；

② 截取一段管坯放在模具中闭合，夹紧型坯的上下两端；

③ 用吹管通入压缩空气，使型坯吹胀并贴于型腔表壁成型；

④ 经保压和冷却定型，便可排出压缩空气并开模取出塑件。

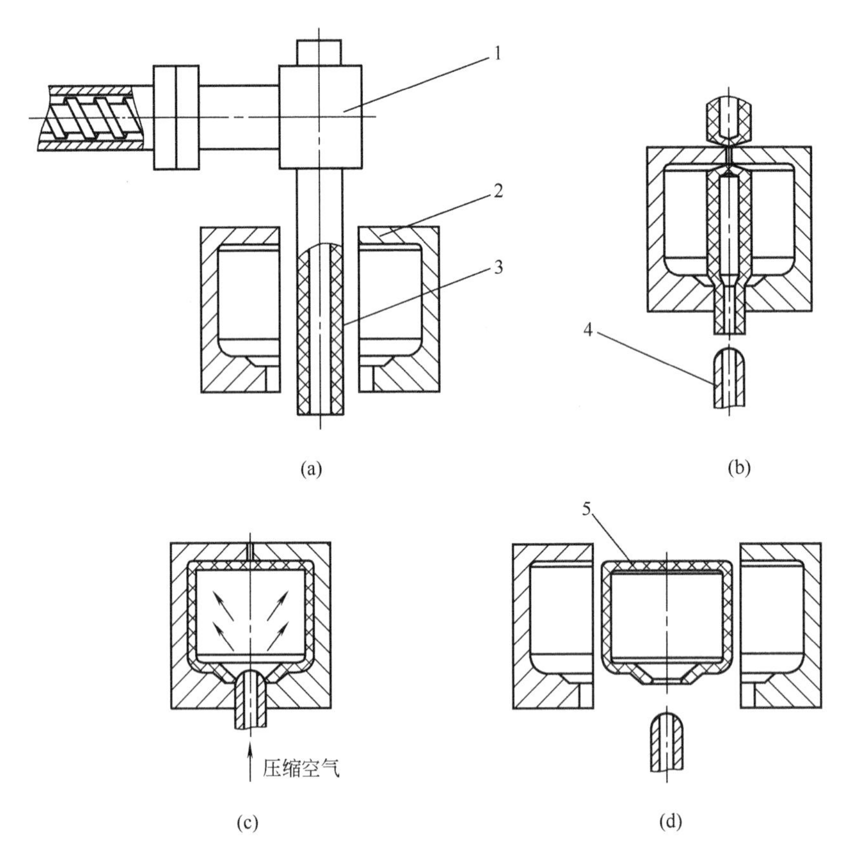

图 3-13 吹塑工艺

1—挤出机头；2—吹塑模；3—管状型坯；4—压缩空气吹管；5—塑件

2. 挤出吹塑模具结构

中空挤出吹塑模具的结构通常由两瓣合成，即对开的结构形式。对于大型吹塑模具可以设置冷却水道。模口部分制作成较窄的切口，以便切断型坯。

从模具的结构和工艺方法上看，吹塑模可分为上吹口模和下吹口模两类。

① 上吹口吹塑模。压缩空气从模具的上端吹入模腔。

② 下吹口吹塑模。使用时料坯套在底部芯棒上，压缩空气自芯棒吹入模腔。

典型的上吹口吹塑模具结构如图 3-14 所示。

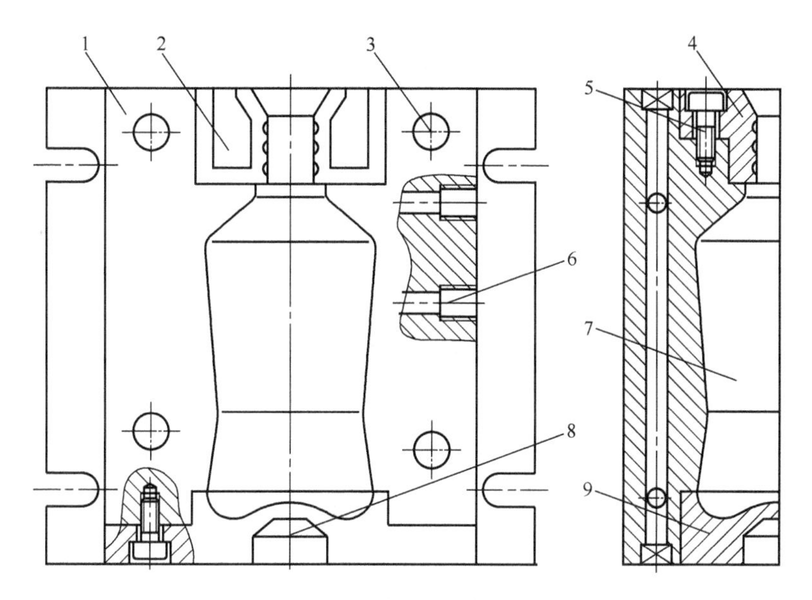

图 3-14 上吹口吹塑模具结构

1—模体；2,8—余料槽；3—导柱（孔）；4—口部镶块；5—内六角螺钉；6—冷却水道；7—型腔；9—底部镶块

典型的下吹口吹塑模具结构如图 3-15 所示。

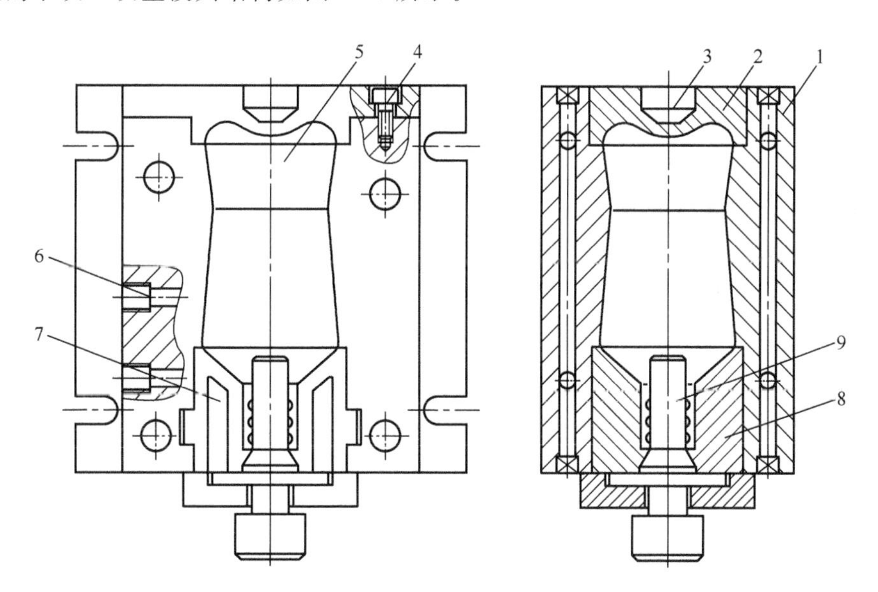

图 3-15 下吹口吹塑模具结构

1—模体；2—顶部镶块；3,7—余料槽；4—内六角螺钉；5—型腔；6—冷却水道；8—口部镶块；9—底部芯轴

3. 吹塑模具结构特点

(1) 夹坯口 夹坯口亦称切口。挤出吹塑成型过程中，模具在闭合的同时需将型坯封口并将余料切除，因此在模具的相应部位要设置夹坯口，如图 3-16 所示。夹料区的深度 h 可

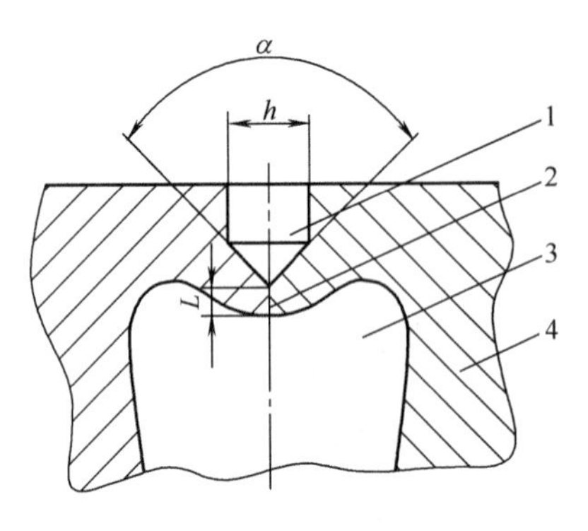

图 3-16 夹坯口
1—夹料区；2—夹坯口（切口）；3—型腔；4—模体

选择型坯厚度的2～3倍。切口的倾角α选择15°～45°，切口宽度L对于小型吹塑件取1～2mm，对于大型吹塑件取2～4mm。如果夹坯口角度太大，宽度太小，会造成塑件的接缝质量不高，甚至会出现裂缝。

（2）余料槽　型坯在夹坯口的切断作用下，会有多余的塑料被切除下来，它们将容纳在余料槽内。余料槽通常设置在夹坯口的两侧，其大小应根据型坯夹持后余料的宽度和厚度来确定，以模具能严密闭合为准。

（3）排气孔槽　模具闭合后，型腔呈封闭状态，应考虑在型坯吹胀时模具内原有空气的排出问题。排气不良会使塑件表面出现斑纹、麻坑以及成型不完整等缺陷。为此，吹塑模还要考虑设置一定数量的排气孔。排气孔一般设置在模具型腔的凹坑、尖角处，以及最后贴模的地方。排气孔的直径通常取0.5～1mm。此外，分型面上开设宽度为10～20mm、深度为0.03～0.05mm的排气槽也是排气的主要方法。

（4）模具的冷却　模具冷却是保证中空吹塑成型工艺正常进行、保证产品外观质量、提高生产率的重要因素。对于大型模具，可以采用箱式冷却，即在型腔背后铣一个空槽，再用一块板盖上，中间加上密封件。对于小型模具，则可直接在模具上开设冷却循环水道，成型时通过冷却水冷却模具。

思考与练习

一、选择题

1. 压缩模与注射模的结构区别在于压缩模有（　　），没有（　　）。（　　）

A. 成型零件　加料室

B. 导向机构　加热系统

C. 加料室　支承零部件

D. 加料室　浇注系统

2. 压缩模主要用于加工（　　）的模具。

A. 热塑性塑料

B. 热固性塑料

C. 通用塑料

D. 工程塑料

3. 压缩模按模具的（　　）分为溢式压模、不溢式压模、半溢式压模。

A. 导向方式

B. 固定方式

C. 加料室形式

D. 安装形式

4. 压缩模一般按哪两种形式分类？（　　）

A. 溢式和不溢式

B. 固定方式和导向方式

C. 固定方式和加料室形式

D. 导向方式和加料室形式

5. 压注模主要用于加工（　　）的模具。

A. 热塑性塑料

B. 热固性塑料

C. 通用塑料

D. 工程塑料

6. 压注模按加料室的特征可分为（　　）两种形式。

A. 上加料室和下加料室

B. 固定方式和移动式

C. 罐式和柱塞式

D. 手动式和机动式

7. 压注模的组成为（　　）。

A. 成型零部件、加料装置、浇注系统、导向机构、推出机构、加热系统和侧抽芯机构

B. 成型零部件、加料装置、浇注系统、导向机构、推出机构、冷却系统和侧抽芯机构

C. 成型零部件、加料装置、推出机构、冷却系统、导向机构、加热系统和侧抽芯机构

D. 成型零部件、推出机构、冷却系统、浇注系统、导向机构、加热系统和侧抽芯机构

8. 挤出机头的作用是将挤出机挤出的熔融塑料由（　　）运动变为（　　）运动，并使熔融塑料进一步塑化。（　　）

A. 螺旋　直线

B. 慢速　快速

C. 直线　螺旋

D. 快速　慢速

9. 机头的结构组成是（　　）。

A. 过滤板、分流器、口模、型芯、机头体

B. 过滤板、分流器、型腔、型芯、机头体

C. 过滤板、分流器、口模、芯棒、机头体

D. 推出机构、分流器、口模、芯棒、机头体

10. 机头内径和栅板外径的配合，可以保证机头与挤出机的（　　）要求。

A. 同心度

B. 同轴度

C. 垂直度

D. 平行度

11. 口模主要成型塑件的（　　）表面，口模的主要尺寸为口模的（　　）尺寸和定型段的长度尺寸。（　　）

A. 内部　内径

B. 外部　外经

C. 内部　外经

D. 外部　内径

12. 分流器的作用是对塑料熔体进行（　　），进一步（　　）。（　　）

A. 分流　固化

B. 分流　成型

C. 分层减薄　加热和塑化

D. 分层减薄　成型

13. 管材的拉伸比是指（　　）在成型区的环隙截面积与管材成型后的截面积之比。

A. 分流器和分流器支架

B. 机头体和芯棒

C. 定径套

D. 口模和芯棒

14. 设计多层薄膜吹塑机头时，一般要求机头内的料流达到相等的（　　）。

A. 厚度

B. 线速度

C. 温度

D. 速度

15. 管材从口模中挤出后，温度（　　），由于自重及（　　）效应的结果，会产生变形。（　　）

A. 较低　热胀冷缩

B. 较高　热胀冷缩

C. 较高　离模膨胀

D. 较低　离模膨胀

16. 中空吹塑成型是将处于（　　）的塑料型坯置于模具型腔中，通入压缩空气吹胀，（　　）得到一定形状的中空塑件的加工方法。（　　）

A. 塑性状态　冷却定型

B. 流动状态　冷却定型

C. 塑性状态　加热成型

D. 流动状态　加热成型

17. 注射拉伸吹塑成型的原理和（　　）的原理相同。

A. 双向拉伸薄膜

B. 多层吹塑成型

C. 注射吹塑成型

D. 以上全是

18. 吹胀比是指塑件（　　）与型坯（　　）之比。（　　）

A. 最小直径　最小直径

B. 最大直径　最大直径

C. 最大直径　直径

D. 最小直径　直径

19. 吹塑模具的设计内容有（　　）。

A. 夹坯口

B. 余料槽

C. 排气孔槽

D. 以上全是

20. 真空成型是先把塑料板加热，然后（　　），冷却后（　　）。（　　）

A. 通入压缩空气　抽真空
B. 通入压缩空气　通入压缩空气
C. 抽真空　抽真空
D. 抽真空　通入压缩空气
21. 真空成型的方法是（　　）。
A. 凹模真空成型
B. 凸模真空成型
C. 凹凸模真空成型
D. 以上全是
22. 塑件（　　）与（　　）之比称为引伸比。（　　）
A. 深度　宽度
B. 深度　厚度
C. 厚度　宽度
D. 宽度　深度
23. 中空成型可分为（　　）等。
A. 挤出吹塑成型
B. 注射吹塑成型
C. 多层吹塑成型
D. 以上全是
24. 表面粗糙度（　　），塑料板黏附在型腔表面上不易脱模，因此真空成型模具的表面粗糙度（　　）。（　　）
A. 较高　低
B. 较高　较高
C. 低　较高
D. 低　低

二、填空题

1. 溢式压缩模又称为______，不溢式压缩模又称为______。
2. 压注成型和压缩成型都是__________常用的成型方法。
3. 按模具在压机上的固定方式分类，压缩模可分为______、______和______三类。
4. 压缩模由______、______、______、______、______、______等部分组成。
5. 按模具加料室的形式分类，压缩模可分为______、______两种。
6. 压注模与压缩模的最大区别是______。
7. 压注模按固定方式分为______、______和______。
8. 压注模按型腔数目可分为______和______两种。
9. 加料室断面形状常见的有______和______。
10. 常见的压注模的浇口形式有______、______、______、______以及______。
11. 挤出模包括______和______两部分。
12. 塑件的截面形状由______和______决定。
13. 常用的管材挤出机头结构有______、______和______三种。
14. 国产的挤出机主要参数有______、______、______（任填三个即可）。
15. 芯棒的外径尺寸______管材内径尺寸。

16. 常用的薄膜机头可分为______机头、______机头、______机头和______机头、______机头。

17. 挤出成型板材与片材的机头可分为______、______、______和______四大类。

18. 管材的压缩比反映出塑料熔体的______程度。

19. 中空吹塑成型根据成型方法不同可分为______、______、______、______四种。

20. 压缩空气成型的塑件底部厚一般是采用______成型，底部薄是采用______成型。

21. 塑料片材收缩率，通常是指______下模具与______之差，与______之比。

22. 真空成型方法主要有______真空成型、______真空成型、______真空成型、______真空成型和______真空成型。

23. 吹塑模具的温度一般控制在______。

24. 设计塑料容器时，一般不以______作为塑件支承面，应尽量______底部的支承面。

25. 按模具的结构及工艺方法分类，吹塑模可分为______和______。

三、问答题

1. 压注模与压缩模有哪些区别？
2. 压注模浇注系统与注射模浇注系统有何异同？
3. 压注模分流道与注射模分流道有何异同？
4. 塑件在模具内加压方向应考虑哪些因素？
5. 固定式压注模的脱模机构和压机的顶杆主要采用什么连接方式？
6. 简述挤出成型的工艺过程。
7. 什么是拉伸比？什么是压缩比？
8. 管材挤出机头的工艺参数包括哪些？
9. 挤出成型模具包括几部分？各有什么作用？
10. 板材与片材挤出机头为什么要设阻流器或阻流棒？
11. 口模与制品形状一样吗？为什么？
12. 为什么管材要定径和冷却？
13. 挤出时拉伸比较大有何优点？
14. 中空吹塑成型分为几种形式？
15. 简述真空成型过程。

第四章　注塑模具拆装、调试与测绘实训

第一节　拆装与调试实训

一、拆装

（一）塑料模具拆装

1. 了解塑料模具外形结构；用草稿纸勾画出模具外形，每块模板的位置；了解该模具成型的塑件。

2. 用卡尺和直尺测量出型腔尺寸，绘制出塑料件草图。

3. 拆装定模部分

原则：先取螺钉，再取销钉，用螺丝刀或六角扳手，卸下螺钉，再用垫铁把模具分型面朝上平放在上面，用销钉棒把销钉往下敲出。

① 拆浇口套：先卸下定位圈；再用铜棒冲出浇口套。

② 拆成型零件：把型腔板的分型面朝上平放在垫铁上，用软制金属（铜棒或铝棒）取出凸模或型芯。

装定模的工艺过程与①、②中所述的顺序相反，但装销钉时必须把销钉擦干净确认无砂子和无刺后方可装上。而且必须从分型面往下打。

4. 拆装动模部分

原则：先取螺钉再取销钉，取销钉要从分型面往下打。

① 拆支承块：用螺丝刀或六角扳手卸下螺钉；再用垫把模具放在垫铁上，分型面朝上，其后是用销钉棒把销钉往下冲出，支承块和动模就拆下了。

② 拆顶出杆：卸下动模板和支承块后，亮出了顶杆推板。用螺丝刀拆下推板上的螺钉拿开推板，就能把推杆从推板固定板中取出或者是将推杆和推板固定板一起从凹模中取出。

③ 拆成型件：取出顶杆后，拿开固定板，可看见凹模或凸模固定板上凸模或型芯在上面的固定情况，把型腔的分型面朝上用铜棒可把凸模或型芯拆下来。

装动模的过程与①、②、③中所述顺序相反，但销钉也必须是从分型面向下打。

（二）思考题

1. 根据模具分析制品并画出制品正规三视图。（现场完成）

2. 绘制一副模具装配图及2～3个零件图（草图）。

3. 查找资料填写塑料模具明细表，见下表：

序　号	名　称	数　量	用　途	材　料	热处理	备　注

二、调试

(一)实训目的与要求

通过注射模上机安装实训使学生明了注塑机与模具之间的关系，以指导学生正确选择成型设备和设计模具相应的结构。

(二)实训设备和工具

注射机一台；注射模一副；钢尺一把；扳手（不同规格）若干对；木板一块。

(三)实训步骤

1. 熟悉实训指导书，拟定模具上机安装和试模方案，必须和指导教师讨论以确定最终方案。

2. 模具安装前的准备

(1) 校核模具与注射机之间的安装及动作关系

① 测量模具外形尺寸，应满足下列条件：

$$H_{min} \leqslant H_m \leqslant H_{max}$$

式中 H_{min}——注射机最小闭模厚度；

H_{max}——注射机最大闭模厚度；

H_m——模具厚度。

② 了解注射机拉杆间距尺寸，确定由何处将模具装入设备内；

③ 校核模具定位圈与注射机定位孔之间关系；

④ 了解注射机定模板和动模板的结构尺寸，校核模具的顶出位置和模具固定在注射机上的方向；

⑤ 明确模具在设备上固定方式。

(2) 模具上机安装

① 用吊装设备或工具，将模具吊装到注射机动定模板之间的拉杆位置，将模具缓慢放入拉杆之间的支承模板上，然后将模具定位圈送入注射机定模板的中心孔内，对模具定位。

② 取走木板，转动模具，找正固定模具的螺钉孔位，将模具压紧。然后用压板装置或螺钉将模具固定牢。固定模具时，应先固定动模座板，后固定定模座板。

③ 使喷嘴与模具浇口套球坑良好贴合。

(3) 调整注射机的动作满足模具的要求。

(四)现场问答题

1. 机-液式合模机构的动模板的行程和模具的厚度有什么关系？

2. 在哪一个步骤调整注射机的闭模厚度和模具的厚度基本相等？

三、实训报告

(一)数据的记录

模具的外形尺寸（长×宽×高），定位圈直径，浇口套球坑半径，喷嘴孔径，喷嘴外形圆弧半径，注塑机的型号及相关参数。

(二)计算校核相关参数

1. 模具的厚度与设备最大、最小合模厚度的关系。

2. 模具的分型距离和设备动模板行程的关系。

3. 模具的顶出距离与设备顶出装置引程的关系。

4. 模具外形尺寸与设备拉杆间距、空间的关系。

（三）讨论和分析

1. 编写实训流程图。

2. 对注塑模上机安装中出现的问题进行分析并提出解决方案及最终结果。

3. 对模具上机安装实训做出评价和总结。

第二节　测绘实训

一、装配体测绘

（一）装配图图面布置

为了绘制一张美观、正确的模具装配图，必须掌握模具装配图面的布置规范。图 4-1 所示为模具装配图的图面布置示意图，可参考使用。

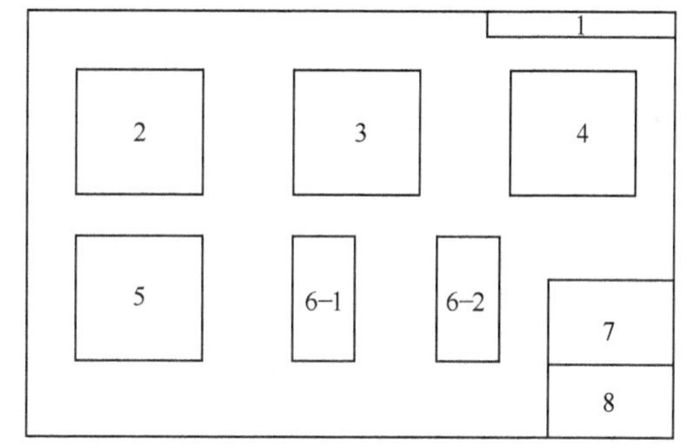

图 4-1　图面布置示意图

按第三角画法

1—档案编号处；2—动模侧视图；3—Y—Y 向剖视图；4—定模侧视图；5—X—X 向剖视图；6-1—塑料制品图；6-2—技术要求说明处；7—明细表；8—标题栏

按第一角画法

1—档案编号处；2—定模侧视图；3—Y—Y 向剖视图；4—动模侧视图；5—X—X 向剖视图；6-1—塑料制品图；6-2—技术要求说明处；7—明细表；8—标题栏

图纸的右上角 1 处是档案编号。如果这份图纸将来要归档，就在该处编上档案号（且档案号是倒写的），以便存档，不能随意在此处填写其他内容。

2、3、4、5 处通常布置模具结构图。在画图前，应先估算整个视图大致的长与宽，然后选用合适的比例作图。视图与边框、主视图、标题栏或明细表之间也应保持约 50～60mm 的空白，不要画得“顶天立地”，也不要画得“缩成一团”，这就需要选择一合适的比例。推荐尽量采用 1∶1 的比例，如不合适，再考虑选用其他《机械制图国家标准》上推荐的比例。

6-1 处布置塑料制品图。并在制品图的右方或下方标注制品的名称、材料、收缩率及料厚等参数。对于有嵌件的产品，图上应将该嵌件图画出，并且还要标注有关的尺寸。

6-2 处标注技术要求。如模具的合模厚度、标准模架与代号及装配要求和所用的注塑设备型号等。

7、8 处布置明细表及标题栏。结合图 4-2 标题栏及明细表填写示例，应注意的要点如下。

① 明细表至少应有序号、图号、零件名称、数量、材料、备注（标准代号）等栏目。

② 在填写零件名称一栏时，应使名称的首尾两字对齐，中间的字则均匀插入。

③ 在填写图号一栏时，应给出所有零件图的图号。数字序号一般应与序号一样以主视图画面为中心依顺时针旋转的方向为序依次编定。由于模具装配图一般算作图号 00，因此明细表中的零件图号应从 01 开始计数。没有零件图的零件则没有图号。

29	标准件	内六角螺钉	4		M6×25	13	Jsm01-08	隔水片	2	黄铜	
28	标准件	复位杆	4		ϕ12×98	12	标准件	密封圈	2		LD24×ϕ25
27	标准件	支承钉	4		ϕ15×5×15	11	标准件	内六角螺钉	4		M8×35
26	标准件	内六角螺钉	2		M8×35	10	Jsm01-07	顶杆固定板	1	45	
25	Jsm01-11	支承柱	2	A3		9	标准件	内六角螺钉	2		M8×50
24	标准件	内六角螺钉	4		M8×32	8	Jsm01-06	顶杆垫板	1	45	
23	标准件	内六角螺钉	2		M6×15	7	标准件	内六角螺钉	4		M12×105
22	Jsm01-10	定模型腔镶件	1	718	HRC50～55	6	Jsm01-05	动模座板	1	45	
21	Jsm01-09	动模型芯镶件	1	718	HRC50～55	5	标准件	支承块	2	A3	33×180×70
20	标准件	内六角螺钉	4		M12×35	4	Jsm01-04	动模板	1	45	
19	标准件	定位环	1		ϕ100×15	3	Jsm01-03	顶板	1	45	
18	标准件	主流道衬套	1		ϕ16×55	2	Jsm01-02	定模板	1	45	
17	标准件	内六角螺钉	3		M8×32	1	Jsm01-01	定模座板	1	45	
16	标准件	导套	4		ϕ20×70	序号	图　号	名　称	数量	材　料	备　注
15	标准件	直导套	4		ϕ20×20	制图			模具名称	果盒注塑模	
14	标准件	导柱	4		ϕ20×135	审核			模具图号		
序号	图　号	名　称	数量	材　料	备　注			日　期			

图 4-2　标题栏及明细表填写示例

④ 备注一栏主要标标准件规格、热处理、外购或外加工等说明。一般不另注其他内容。

8 处布置标题栏。作为课程设计，标题栏主要填写的内容有模具名称、作图比例及签名等内容，其余内容可不填。

（二）装配图的绘制要求与技巧

在绘制模具装配图时，初学者的主要问题是图面紊乱无条理、结构表达不清、剖面选择不合理等，还有作图质量差，如引出线“重叠交叉”、螺销钉作图比例失真、漏线条等。上述问题除平时练习过少外，更主要的是缺乏作图技巧所致。一旦掌握了必要的技巧，这些错误是可以避免的。

结合范例图 4-3，下面简要地叙述绘制模具装配图的具体要求。

要说清这个问题，先要了解为什么要绘制模具装配图。绘制模具装配图最主要的是要反映模具的基本构造，表达零件之间的相互装配关系。

从这个目的出发，一张模具装配图所必须达到的最起码要求：一是模具装配图中各个零件（或部件）不能遗漏，不论哪个模具零件，装配图中均应有所表达；二是模具装配图中各个零件位置及与其他零件间的装配关系应明确。下面简要叙述装配图的作图技巧。

1. 装配图的作图状态

注塑模装配图可以画成注塑完成状态。对于初学者则建议画脱模的工作状态，这有助于校核各模具零件之间的相关关系。

2. 剖面的选择

图 4-3 所示模具剖面的选择应重点反映型芯与型腔的固定，型芯、型腔的形状，各模板之间的装配关系（即螺钉、销钉的安装情况），各部件（或零件）的安装关系及装配关系等。上述需重点突出的地方应尽可能地采用全剖或半剖，而除此之外的一些装配关系则可不剖而

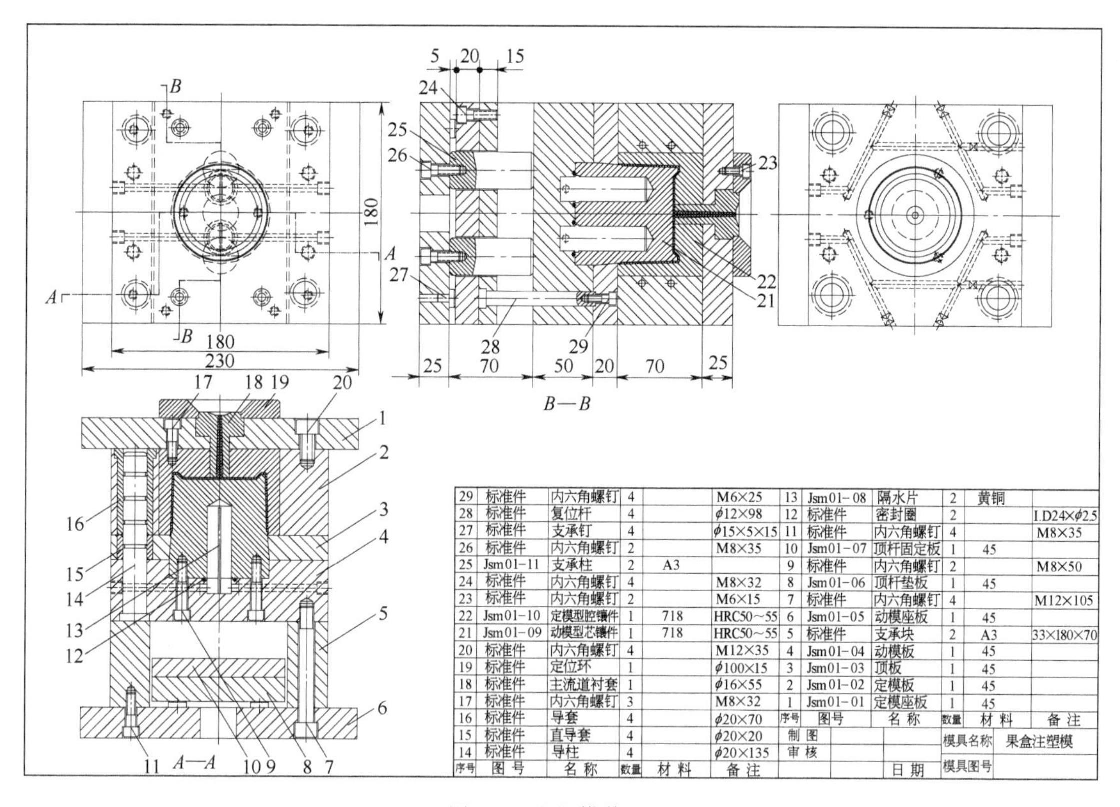

序号	图号	名称	数量	材料	备注	序号	图号	名称	数量	材料	备注
29	标准件	内六角螺钉	4		M6×25	13	Jsm01-08	隔水片	2	黄铜	
28	标准件	复位杆	4		ϕ12×98	12	标准件	密封圈	2		I.D24×ϕ2.5
27	标准件	支承钉	4		ϕ15×5×15	11	标准件	内六角螺钉	4		M8×35
26	标准件	内六角螺钉	2		M8×35	10	Jsm01-07	顶杆固定板	1	45	
25	Jsm01-11	支承柱	2	A3		9	标准件	内六角螺钉	2		M8×50
24	标准件	内六角螺钉	4		M8×32	8	Jsm01-06	顶杆垫板	1	45	
23	标准件	内六角螺钉	2		M6×15	7	标准件	内六角螺钉	4		M12×105
22	Jsm01-10	定模型腔镶件	1	718	HRC50～55	6	Jsm01-05	动模座板	1	45	
21	Jsm01-09	动模型芯镶件	1	718	HRC50～55	5	标准件	支承块	2	A3	33×180×70
20	标准件	内六角螺钉	4		M12×35	4	Jsm01-04	动模板	1	45	
19	标准件	定位环	1		ϕ100×15	3	Jsm01-03	顶板	1	45	
18	标准件	主流道衬套	1		ϕ16×55	2	Jsm01-02	定模板	1	45	
17	标准件	内六角螺钉	3		M8×32	1	Jsm01-01	定模座板	1	45	
16	标准件	导套	4		ϕ20×70						
15	标准件	直导套	4		ϕ20×20						
14	标准件	导柱	4		ϕ20×135						

图 4-3 注塑模装配图

用虚线画出或省去不画，在其他图上另作表达即可。

3. 序号引出线的画法

在画序号引出线前应先数出模具中零件的个数，然后再作统筹安排。在图 4-3 的模具装配图中，在画序号引出线前，数出整副模具中有 29 个零件。按照“数出零件数目→布置序号位置→画短横线→引画序号引出线”的作图步骤，可使所有序号引出线布置整齐、间距相等，避免了初学者画序号引出线常出现的“重叠交叉”现象。

4. 关于螺钉、销钉的画法

画螺钉应注意以下几点。

① 螺钉各部分尺寸必须画正确。螺钉的近似画法是：如螺纹部分直径为 D，则螺钉头部直径画成 $1.5D$，内六角螺钉的头部沉头深度应为 $D+1\sim3$mm；销钉与螺钉联用时，销钉直径应选用与螺钉直径相同或小一号（即如选用 M8 的螺钉，销钉则应选 $\phi8$ 或 $\phi6$）。

② 画螺钉连接时应注意不要漏线条。

③ 画销钉连接时也要注意不要漏线条。

模具装配图绘制完成后，要审核模具的各尺寸与注塑机有关技术参数间的关系是否正确。

（三）装配图的绘制步骤

① 选择布局方案。

为了绘制一张美观、正确的模具装配图，必须掌握模具装配图面的具体布置规范。图 4-4 所示是模具装配图的图面布置图，可参考使用。

从图 4-4 中看可知注塑模具装配图至少应有四个视图。包括动模平面装配图，定模平面

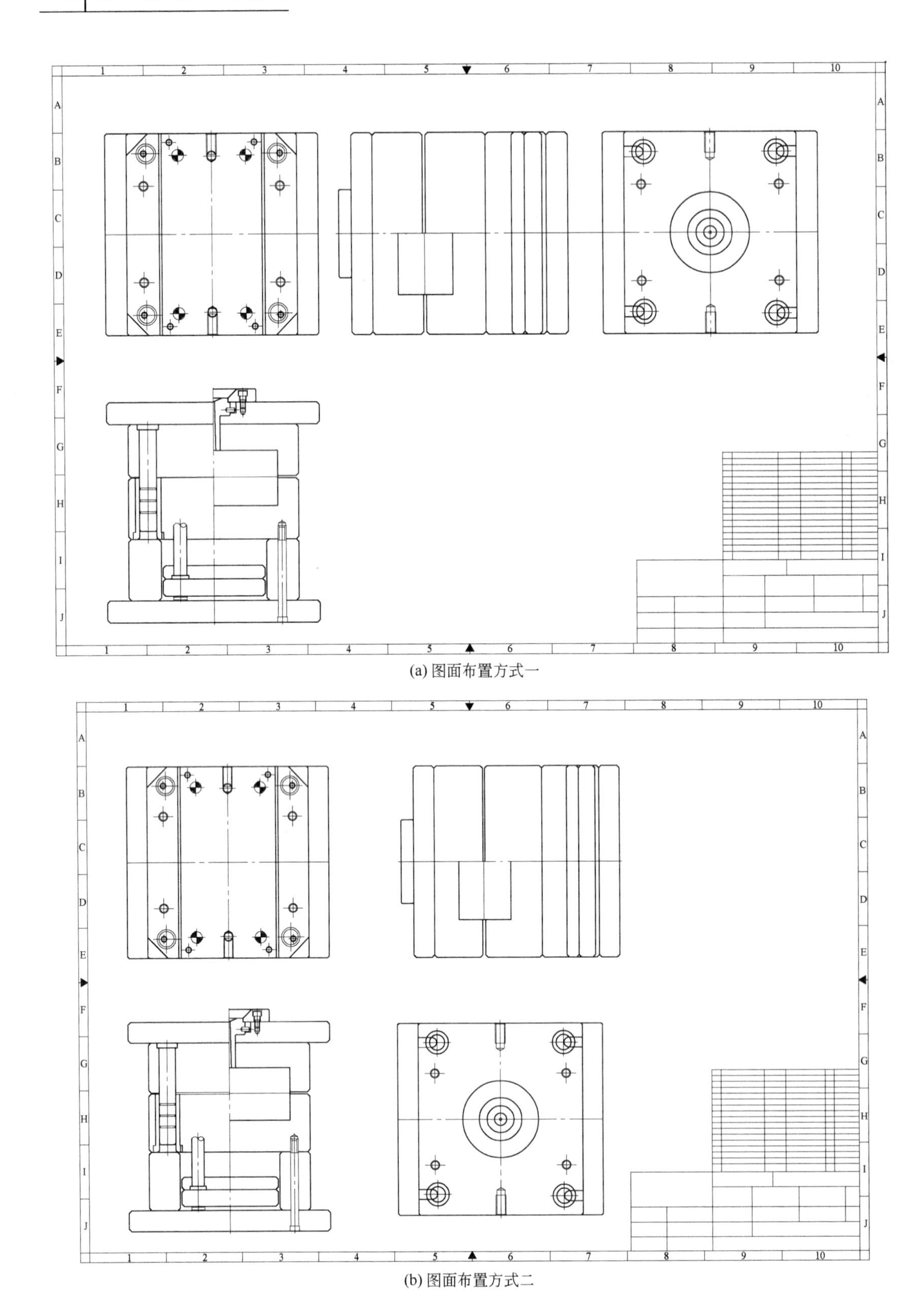

(a) 图面布置方式一

(b) 图面布置方式二

图 4-4　图面布置图

装配图，$X—X$ 剖视图，$Y—Y$ 剖视图。视其情况添加其他视图。关键是先要选择合适的视图（主要是指其剖视图），让它应尽可能反映产品的结构。

② 根据制品图样画动模侧型芯以及动模侧视图。

不管是用CAD绘模具装配图还是手工绘制装配图均应以成品为中心向四周扩展，且在选择的四个视图上同时进行绘图，即先绘制品图，以制品的四个视图为基础绘制模具的型芯型腔进而完成装配图。

四个主要视图应对齐，技巧之一是将动模平面装配图的中心置于原点（图纸的中心）上。其他视图的中心坐标应尽量取整数，这样可以方便以后用CAD软件的夹点功能放置顶针、支柱等。

③ 根据制品图样画定模侧型腔以及定模侧视图。

④ 根据制品图样画 $X—X$ 剖视图，$Y—Y$ 剖视图，并视其情况添加其他视图。

二、零件测绘

（一）图形的绘制方法

图形的绘制方法虽依各人习惯而不尽相同，以下的观点及建议，可供参考。

1. 模具中哪些零件图形不用绘制

画零件图的目的是为了反映零件的构造，为加工该零件提供图示说明。那么哪些零件需要画零件图呢？这可用一句话概括：一切非标准件或虽是标准件但仍需进一步加工的零件均需绘制零件图。以图4-3中模具为例，动模座板虽是标准件，但仍需要上面加工KO孔，另外定模座板虽然也是标准件，但需要在上面加工主流道衬套，因此要画零件图；导柱、导套及螺钉、销钉等零件是标准件也不需进一步加工，因此可以不画零件图。

2. 零件图的视图布置

为保证绘制零件图正确，建议按装配位置画零件图，但轴类零件按加工位置（一般轴心线为水平布置）。

3. 零件图的绘制步骤

绘制模具装配图后，应对照装配图来拆画零件图。推荐如下步骤：

绘制所有零件图的图形，尺寸线可先引出，相关尺寸后标注，以图4-3为例。模具可分为左右两大部分。在画右半部分的零件图时，绘制的顺序一般采用“自左向右，相关零件优先”的步骤进行。定模型腔镶件22是工作零件可以首先画出；绘完定模型腔镶件22的图形后，对照装配图，定模板2与定模型腔镶件22相关，其通框形状与定模型腔镶件22外形完全一致，厚度也与定模型腔镶件22一致，根据这一关系马上画出定模板2的图形；接下来再画定模座板1的图形，画好定模座板1以后……在画定模部分的零件图时，应注意经过定模座板1、定模板2、定位环19的螺销钉孔的位置一致。

在画动模部分的零件图时，一般采用“自右向左，相关零件优先”的步骤进行。先画顶板3的图形，然后对照装配图上的装配关系，画动模型芯镶件21、动模板4的图形……在画下模的零件图时，也应注意经过动模型芯镶件21、动模板4的螺丝钉孔的位置一致。

按照上述步骤，根据装配关系对零件形状的要求，绘制各零件图的图形，能很容易地正确绘制出模具零件的图形，并使之与装配关系完全吻合。

（二）尺寸标注方法

从事模具设计的人都有这样的体会：画图容易标注尺寸难。将一张零件图的图形绘制正确和将一张零件图上的所有尺寸标注正确相比要容易得多。然而初学者中普遍存在一种“重图形、轻尺寸标注”的倾向，一旦进行设计，所标注的尺寸或错误百出或紊乱不堪，令人难以读图；甚至出现螺销钉孔错位致使模具无法装配的严重错误，漏尺寸漏公差值等现象更是比比皆是。究其原因除了平时练习少外，更为重要的是缺乏必要的方法。进行尺寸标注时，建议根据装配图上的装配关系，用“联系对照”的方法标注尺寸，可有效地提高尺寸标注的正确率，具有较好的合理性。

1. 尺寸的布置方法

对于初学者出现尺寸标注紊乱、无条件等现象，主要是尺寸“布置”方法不当。要使用所有标注的尺寸在图面上布置合理、条理清晰，必须很好地运筹。

尺寸布置还要求其他相关零件图相关尺寸的“布置地”尽量一致。这样的尺寸标注方式极大地便利了读图者。学生要确立“图纸主要是画给别人看的”的观念。

2. 尺寸标注的思路

要使尺寸标注正确，就要把握尺寸标注的“思路”。前面要求绘制所要零件图的图形而先不标注任何尺寸，就是为了在标注尺寸时能够统筹兼顾，用一种正确的“思路”来正确地标注尺寸。

① 标注工作零件的工作尺寸。

② 标注相关零件的相关尺寸。

③ 补全其他尺寸及技术要求，这个阶段可逐张零件进行，先补全其他尺寸，例如轮廓大小尺寸、位置尺寸等；再标注各加工面的粗糙度要求及倒角、圆角的加工情况，最后是选材及热处理，并对本零件进行命名等。

（三）复杂型腔的尺寸标注

形状越复杂，尺寸就越多，由此造成的标注困难是初学者设计注塑模时的主要障碍。

尺寸繁多而出现标注困难时有两个解决方法：一是放大标注法，即将模具工作零件图适当放大后再标注尺寸；二是移出放大标注法，即将复杂部位单独移至零件图外面的适合位置，再单独标记繁多的工作位置尺寸，而零件图内仅标注工作零件图形的位置尺寸即可。

第三节 模具 CAD 实训

一、课题指导

（一）CAD 简介

1. CAD 说明

随着微电脑的诞生和发展，传统的工程设计领域发生了巨大的变化。过去的那种传统的人工设计计算、绘图直至加工制作的设计模式已无法适应产品的快速更新、质量日益提高的要求。计算机技术与工程设计的完美结合，产生了极具生命力的适应现代设计和制造要求的新兴交叉技术——CAD/CAM 技术。

计算机辅助设计（Computer Aided Design，简称 CAD）是电子计算机技术应用于工程领域产品设计的新兴交叉技术。为了适应工业技术的飞速发展，模具行业的设计和生产提出了越来越高的要求。计算机在模具工业的设计和生产上的应用已成为一种解决设计和制造中各种难题的不可替代的手段。在模具的设计和制造的过程中发挥着极其重要的作用。

模具的设计和生产，尤其是塑料模的设计和生产具有加工的零件形状复杂；系列化、标准化比重高；生产批量大和生产周期短等特点。只有采用计算机辅助设计技术才能提高计算、分析、出图和制造过程的效率，优化设计过程，最大限度的缩短设计和生产周期。由于计算机辅助设计在模具设计中的独特优势，使模具CAD/CAM技术获得广泛应用。

在CAD的应用方面，早期主要体现为二维计算机辅助绘图，人们借助此项技术来摆脱繁琐、费时的手工绘图。到20世纪70年代末，此后计算机辅助绘图作为CAD技术的一个分支而相对独立、平稳地发展。20世纪80年代后，微机工作站和微型计算机的发展与普及，再加上功能强大的外围设备，如大型的图形显示器、绘图仪、激光打印机等的问世，极大地推动了CAD技术的发展。与此同时，CAD理论也经历了几次重大的创新，形成了曲面造型、实体造型、参数化设计及变量化设计等系统。这为模具的设计与制造提供了良好条件。

随着生产精度要求的不断提高和生产周期要求的不断缩短，以及软件的应用和发展，3D设计的发展越来越快，Pro/e、UG、CIMATRON、Solidworks和MasterCAM等软件的广泛应用，不仅可完成2D设计，同时还可获得3D模型，为NC编程和CAD/CAM的集成提供了保证。数控机床的普遍应用，保证了模具零件的加工精度和质量。经过数控机床加工的零件，可直接进行装配，既提高了加工精度，又缩短了生产周期。然而，由于受3D软件成本较高且具体的操作应用较为复杂等因素的限制，使其应用范围受到了一定程度上的影响。

目前，模具CAD应用最为广泛、操作最易掌握的软件还是美国Autodesk公司开发研制的一种通用的计算机辅助设计软件AutoCAD以及国产的CAXA，由于两款软件极为相似，下面只介绍AutoCAD。

2. CAD组成

CAD系统由硬件和软件组成，要充分发挥CAD的作用，就要有高性能的硬件和功能强大的软件来支持。

硬件是CAD系统的基础，由计算机及其外围设备组成。

计算机分为大型计算机、工程工作站及高档微型计算机。目前应用较多的是CAD工作站及微机系统。外围设备包括鼠标、键盘、数字化仪、扫描仪等输入设备和显示器、打印机、绘图仪等输出设备。

软件是CAD系统的核心，分为系统软件和应用软件。

系统软件包括操作系统、计算机语言、网络通信软件、数据库管理软件等。应用软件包括CAD支撑软件和用户开发的CAD专用软件，如产品设计软件包、机械零件设计计算库等。

典型CAD软件如下。

(1) Unigraphics (UG)　UG软件起源于美国麦道飞机公司，于1991年加入世界上最大的软件公司——EDS公司，随后以Unigraphics Solutions公司（简称UGS）运作。UGS是全球著名的CAD/CAE/CAM供应商，主要为汽车、航空航天、通用机械等领域的CAD/CAE/CAM提供完整的解决方案。其主要的CAD产品是UG。美国通用汽车公司是UG软件的最大用户。其主要功能有：基于UNIX和Windows操作系统；参数化和变量化技术相结合；全套工程分析、装配设计等强大功能；三维模型自动生成二维图档；曲面造型、数控加工等方面的一定的特色等。因而在航空及汽车工业得到广泛应用。

(2) Pro/Engineer　其生产厂家是美国PTC公司，该公司于1985年成立于波士顿，是全球CAD/CAE/CAM领域最具代表性的著名软件公司，同时也是世界第一大CAD/CAE/CAM软件公司。其主要功能有：基于UNIX和Windows操作系统；基于特征的参数化建模；强大的装配设计；三维模型自动生成二维图档；曲面造型、数控加工编程；真正的全相关性，任何地方的修改都会自动反映到所有相关地方；有限元分析等。

（3）SolidWorks 其生产厂家是美国 SolidWorks 公司，该公司于 1993 年成立，是全世界最早将三维参数化造型功能发展到微型计算机上的公司。该公司主要从事三维机械设计、工程分析及产品数据管理等软件的开发和营销。其主要功能有：基于 Windows 平台；参数化造型；包含装配设计、零件设计、工程图和钣金等模块；图形界面好，操作简便。

（4）AutoCAD 其生产厂家是 Autodesk 公司，该公司是世界第四大 PC 软件公司，成立于 1982 年。在 CAD 领域内，该公司拥有全球最多的用户量，它也是全球规模最大的基于 PC 平台的 CAD、动画及可视化软件企业。其主要功能有：基于 Windows 平台，是当今最流行的二维绘图软件；强大的二维绘图和编辑功能；三维实体造型；具有很强的定制和二次开发功能。

3. AutoCAD 的发展及特点

AutoCAD 是美国 Autodesk 公司开发研制的一种通用计算机辅助设计软件包，它在设计、绘图和互相协作方面展示了强大的技术实力。由于其具有易于学习、使用方便、体系结构开放等优点，因而深受广大工程技术人员的喜爱。

Autodesk 公司在 1982 年推出了 AutoCAD 的第一个版本 V1.0，随后经由 V2.6、R9、R10、R12、R13、R14、R2000 等典型版本，发展到目前常用的 AutoCAD 2007 和 AutoCAD 2008 版。在这 20 多年的时间里，AutoCAD 产品在不断适应计算机软硬件发展的同时，自身功能也日益增强且趋于完善。早期的版本只是绘制二维图的简单工具，现在它已经集平面作图、三维造型、数据库管理、着色渲染、互联网等功能于一体，并提供了丰富的工具集。如今，AutoCAD 在机械、建筑、电子、纺织、航空等领域得到了广泛的使用。AutoCAD 在全世界 150 多个国家和地区广为流行，占据了 75% 的国际 CAD 市场。此外，全球现有近千家 AutoCAD 授权中心，有近三千家独立的开发商，以及四千多种基于 AutoCAD 的各类专业应用软件。可以说 AutoCAD 已成为微机 CAD 系统的标准，而 DWG 格式文件已是工程设计人员交流思想的公共语言。尤其在模具设计行业，AutoCAD 依然占有十分重要的位置。特别是 AutoCAD 的二维绘图功能和编辑功能，许多三维功能非常强大的软件仍不能完全取代它。

AutoCAD 具有以下特点：

① 丰富的二维绘图、编辑指令和建模方式新颖的三维造型功能；

② 直观的用户界面、下拉菜单、图标、易于使用的对话框等；

③ 多样的绘图方式，可以进行交互式绘图，也可通过编程自动绘图；

④ 多行文字编辑器与标准的 Windows 系统下的文字处理软件工作方式相同，并支持 Windows 系统的 TrueType 字体；

⑤ 强大的文件兼容性，可通过标准或专用的数据格式与其他 CAD/CAM 系统交换数据；

⑥ 提供了许多 Internet 工具，使用户可通过 AutoCAD 在 Web 上打开、插入或保存图形；

⑦ 开放的体系结构，为其他开发商提供了多元化的开发工具。

（二）注塑模具CAD 举例

图例说明：图 4-5 为一套一模两腔注塑模具装配图，塑料制品为遥控器外壳的上盖与下盖，其中一个型腔为上盖、一个型腔为下盖；图 4-6 为上盖制品图，图 4-7 为下盖制品图。

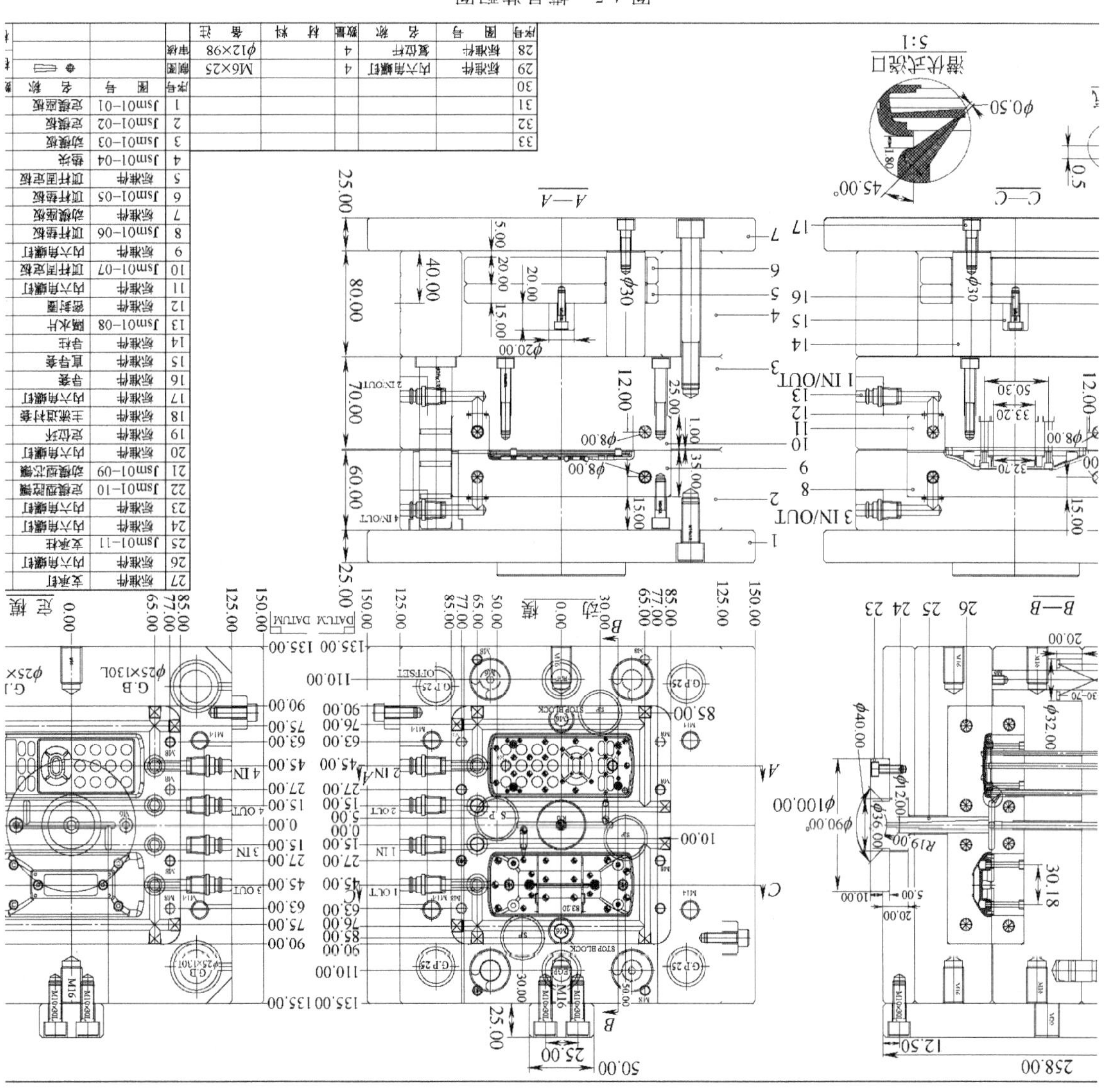

图4-5　模具装配图

下面简要说明该模具CAD绘图步骤。

1. 准备工作

① 设置模具装配图的模板文件：线型、图层、线宽、文字样式、标注样式五个方面，并保存。

② 载入或绘制产品图。

③ 根据产品图设置收缩系数。

④ 在制品图上选择分型面。

⑤ 确定型腔和模芯，并分别形成模具装配图的定模图与动模图。

⑥ 装载或绘制选定的模架图。

⑦ 在型腔和型芯图上按选定的浇口形式绘制浇注系统图样。

⑧ 装载或绘制选定的顶杆效果图。

注意：

① 载入或绘制产品的结构图，如果是复杂的塑料制品，不宜直接采用AutoCAD或CAXA绘产品图，建议（有时是必须的）在一款三维软件中先造型再生成平面视图，最后用该三维软件另存（或导出）为iges或dxf格式，这样方可用AutoCAD或CAXA载入产品图；

② 如果是载入的产品图，带复杂曲面的图形必须先进行修改，[如图4-6(b)与图4-7(b)所示为载入的原始图，图4-6(c)与图4-7(c)为修改后的效果图]，修改后对图形设置收缩系数（如果在造型软件中没有设置收缩的话），模具尺寸=产品尺寸×(收缩系数+1)；

③ 把制品图MIRROR（镜像）一次，即模具型芯与型腔的工作部位图样与制品对应的图形是反像的（制品完全对称的除外），并分别在定模侧与动模侧对制品图样线条进行修改，主要是删除一些多余的线条。

准备工作完成后CAD界面上应有以下图样：制品图生成的型芯型腔工作部分图、选定的模架三个基本视图、顶杆分布图以及动定模侧上的浇注系统图。

2. 绘图

① 从动模侧视图入手绘制型芯镶件、移入模架动模侧视图、增加动模侧视图上的结构(如增加的螺销钉或孔、冷却水道等)。

② 再绘定模侧视图，先绘型腔镶件、再移入模架定模侧视图，并增加定模侧视图上的结构（主要有增加的螺销钉或孔、冷却水道以及主流道衬套等)。

③ 在动模侧视图上移入顶杆的分布图。

④ 分析结构后在制品载入模架剖视图（Y—Y方向，即图4-5中的B—B剖视图)，并在动模侧视图上选择剖切方案。

⑤ 补齐Y—Y剖视图中的结构（主要有复位杆、推板导柱以及主流道衬套等)。

⑥ 分析结构后在制品载入模架剖视图（X—X方向，即图4-5中的A—A剖视图)，并在动模侧视图上选择剖切方案，补齐剖视图中的结构。

⑦ 分析结构后在制品载入模架剖视图（另一个X—X方向，即图4-5中的C—C剖视图)，并在动模侧视图上选择剖切方案，补齐剖视图中的结构。

⑧ 标出各个零件的序号，列出标题栏，填写标题的内容；根据装配图画出各零件图并标出需要加工的尺寸。

注意：

① 以制品的四个视图为基础绘制模具的型芯型腔进而完成装配图，即绘制装配图均应以成品为中心向四周扩展，且四个视图应同时进行；四个主要视图应对齐，技巧之一是将动模平面装配图的中心置于原点（图纸的中心）上，其他视图的中心坐标应尽量取整数，这样可以方便以后用 CAD 软件的夹点功能放置顶针、支柱等。

② 模具装配图的布局方式如图 4-3 所示，从图 4-3 中可知，完整模具装配图应有两个剖视图，横向（$X—X$）、纵向（$Y—Y$）各一个。一般横向剖导柱、螺钉，纵向剖复位杆、推板导柱和主流道衬套等。弹簧属于模架类零件，只画一次即可，支承柱及顶杆可以不用画全。视图以整洁为要，支承柱、顶杆、复位杆、弹簧在图面上不可交杂一起，不可避免时可各画一半或干脆不画。

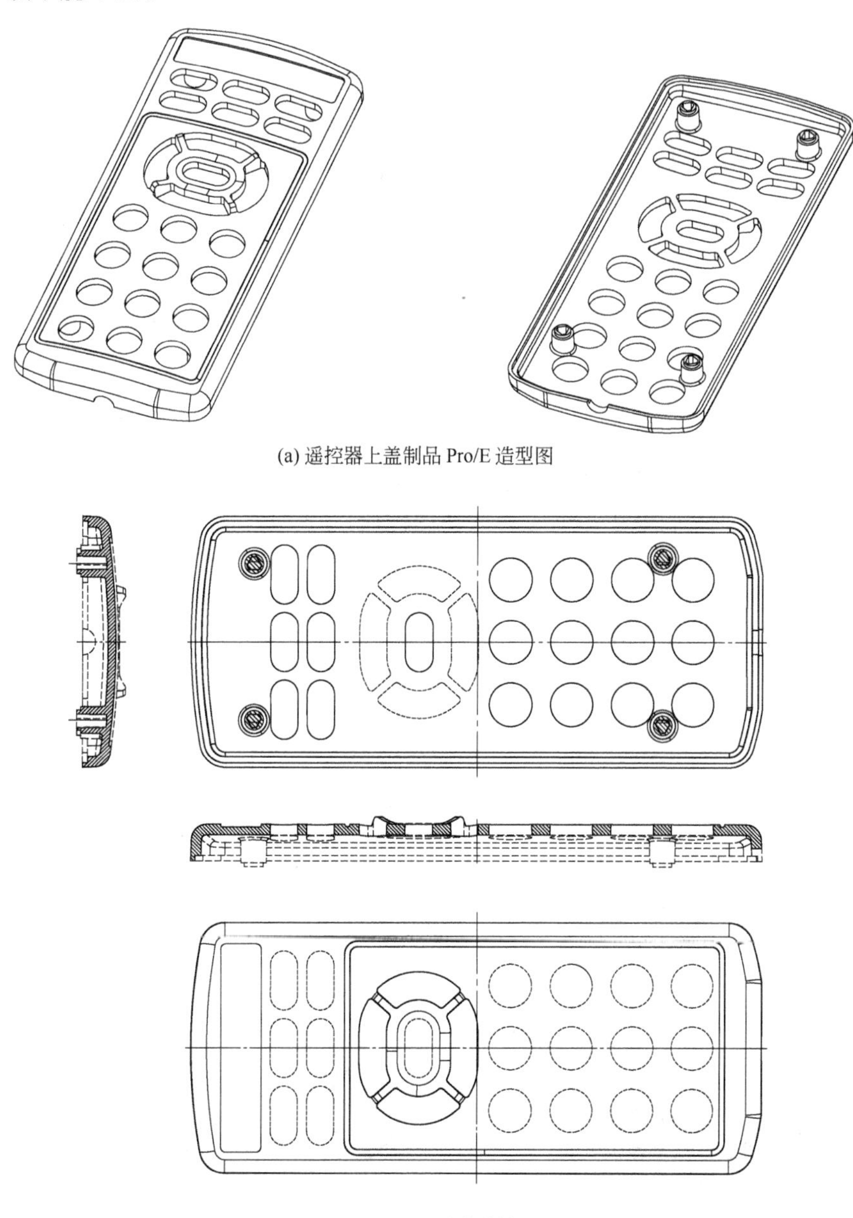

(a) 遥控器上盖制品 Pro/E 造型图

(b) Pro/E 中生成的工程图

图 4-6

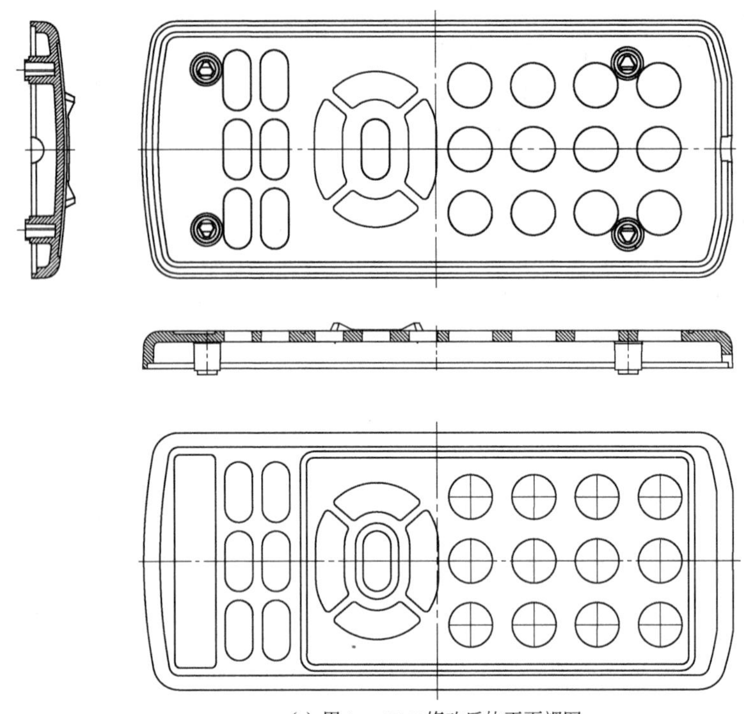

(c) 用AutoCAD修改后的平面视图

图 4-6 上盖制品

从电脑里调出一个标准模架，它的摆放位置是标准的摆放位置，但画一幅完整的模具装配图，还需要在定模的右侧增加一纵向的剖视图。所以模具装配图在CAD界面的摆放应该是：动模图在左，定模图在右，剖视图一个在动模正下方、一个在定模图的右边。特别需要注意的是，在画模具装配图时不要移动前模图及后模图的相对位置，更不要将它旋转，为方便作图可移动或旋转剖视图，在打印图纸时，如果不能在一张纸上打印完所有的视图，应该把前后模视图放在一起，剖视图摆放在一起，并且上下位置不要颠倒。

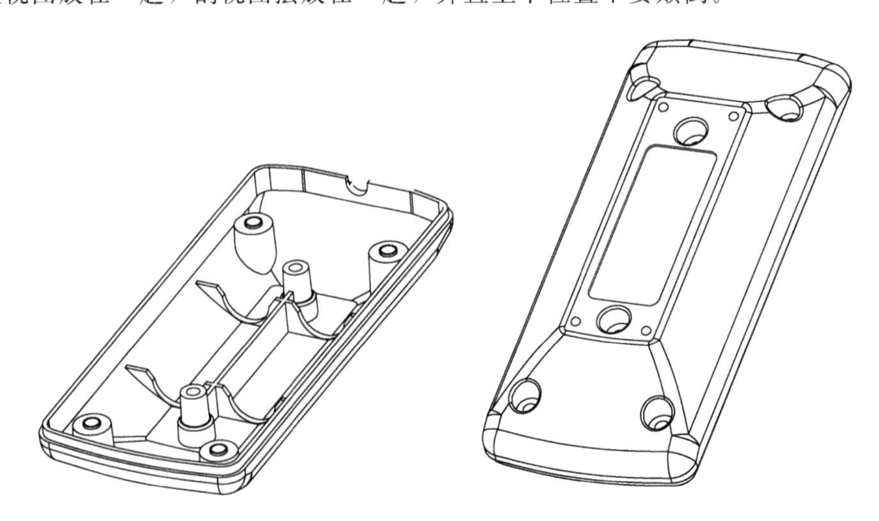

(a) 遥控器下盖制品Pro/E造型图

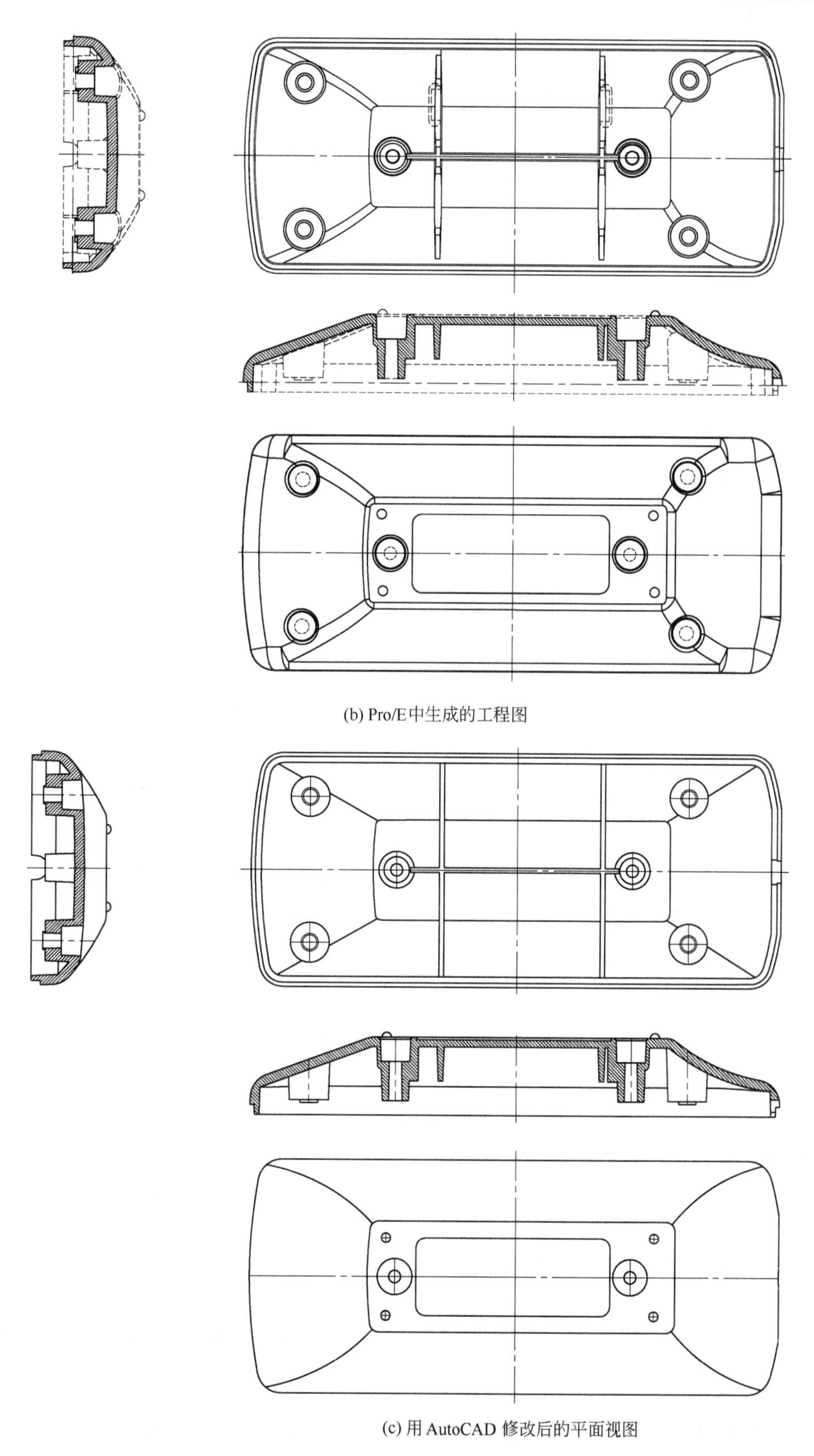

(b) Pro/E中生成的工程图

(c) 用AutoCAD修改后的平面视图

图 4-7　下盖制品

二、课题训练

（一）课题1 抄画、补画、改画模具装配图

1. 课题说明

按实训步骤完成课题训练。图 4-8 中的塑料制品为扫帚盖体，材料为 PP（收缩率约为 1.5%）。

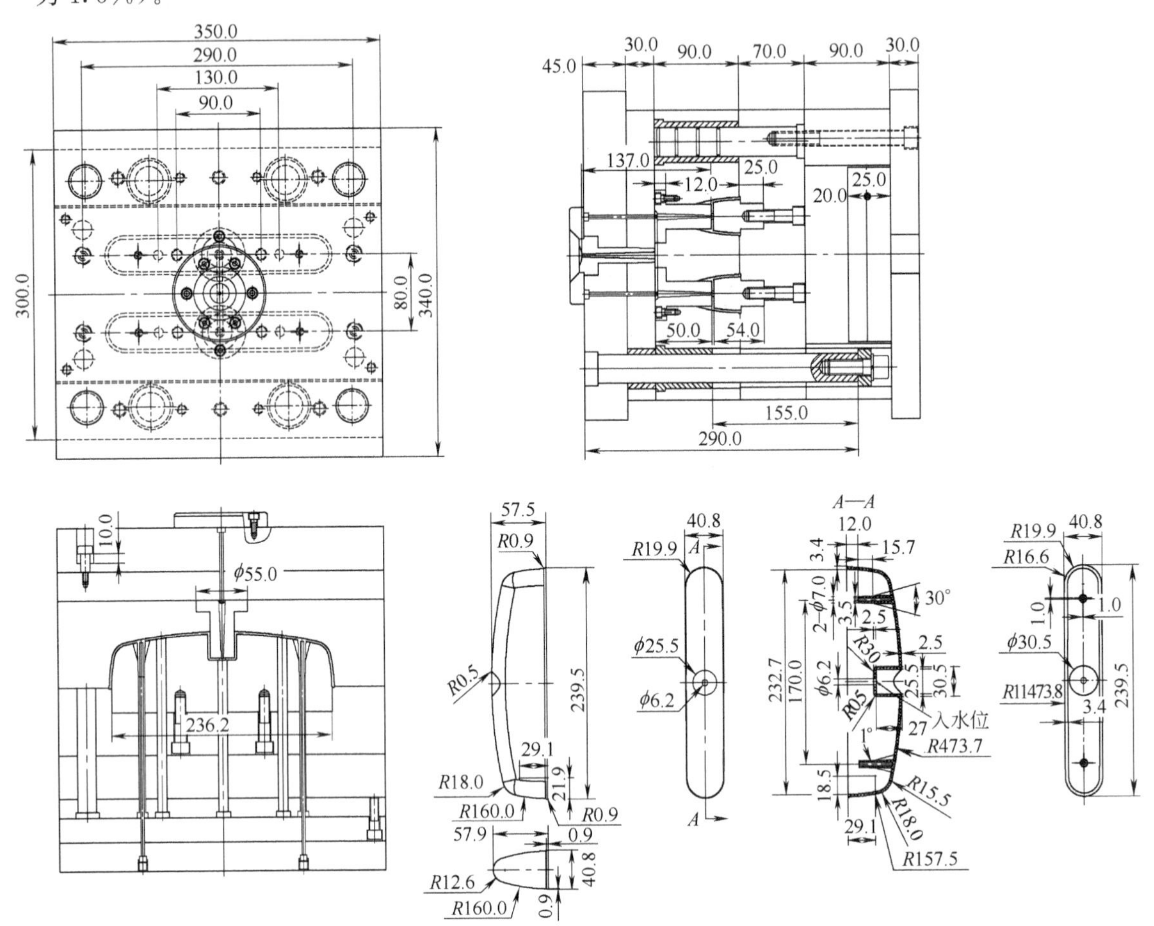

图 4-8 课题 1 模具装配图与制品图

2. 实训步骤

① 抄画模具装配图，在此基础上补全该模具装配图的第四个视图，想想第四个视图的作用；

② 补画标题栏与明细栏，将图中剖视图的剖面线补全；

③ 拆画模具中要加工零件的零件图；

④ 用第一角画法改画该模具所有的视图，并得到另一个完整的文件。

（二）课题2 改错并重画模具装配图

1. 课题说明

按实训步骤完成课题训练。图 4-9 中的塑料制品为套座，材料为 ABS（收缩率约为 0.5%）。

2. 实训步骤

① 找出图中所有的错误，首先是模具与制品的结构错误，也包括图样中的画法、标注、标题栏等的错误；

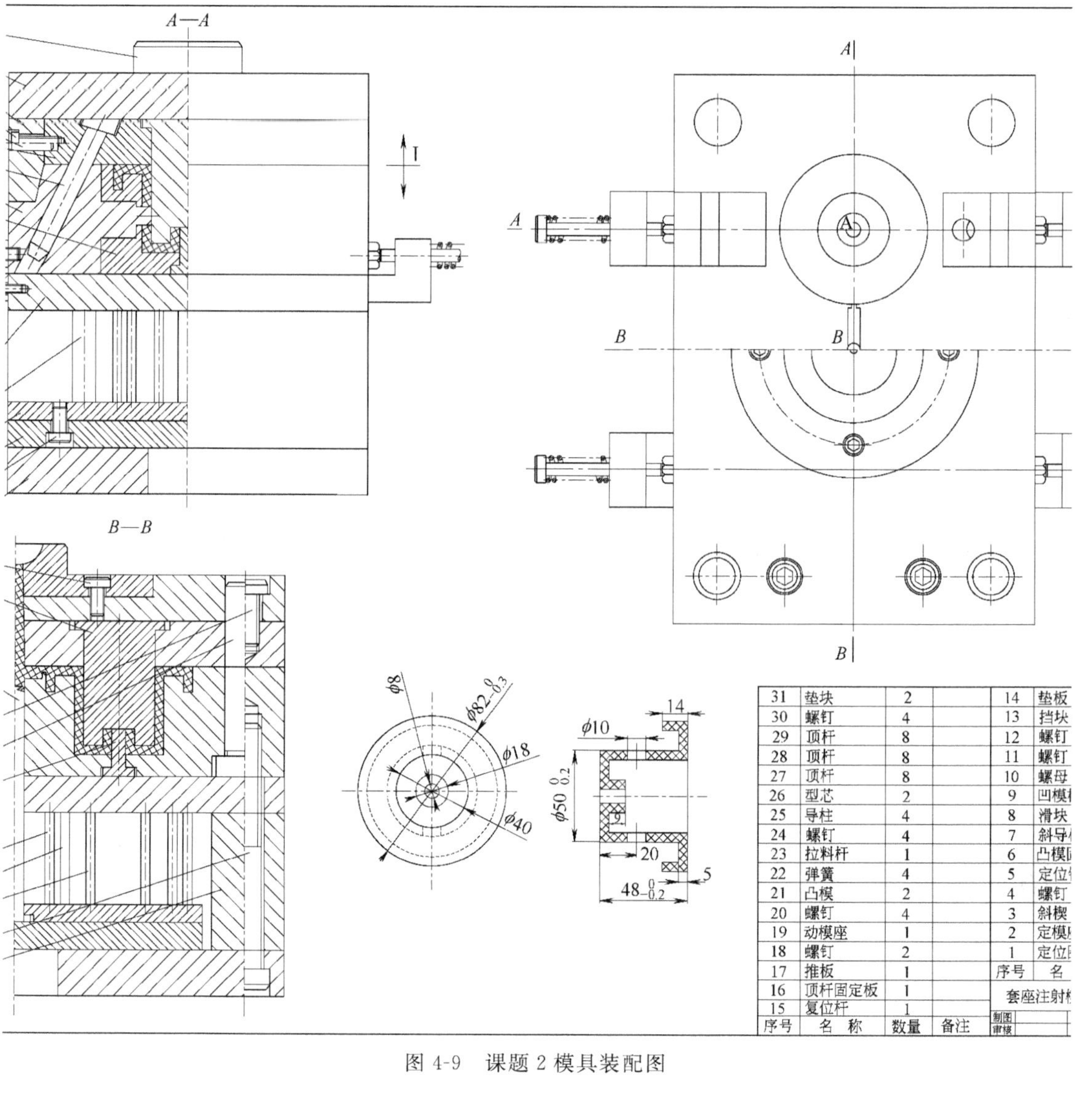

序号	名　称	数量	备注	序号	名
31	垫块	2		14	垫板
30	螺钉	4		13	挡块
29	顶杆	8		12	螺钉
28	顶杆	8		11	螺钉
27	顶杆	8		10	螺母
26	型芯	2		9	凹模
25	导柱	4		8	滑块
24	螺钉	4		7	斜导
23	拉料杆	1		6	凸模
22	弹簧	4		5	定位
21	凸模	2		4	螺钉
20	螺钉	4		3	斜楔
19	动模座	1		2	定模
18	螺钉	2		1	定位
17	推板	1		序号	名
16	顶杆固定板	1		套座注射	
15	复位杆	1		制图 / 审核	

图 4-9　课题 2 模具装配图

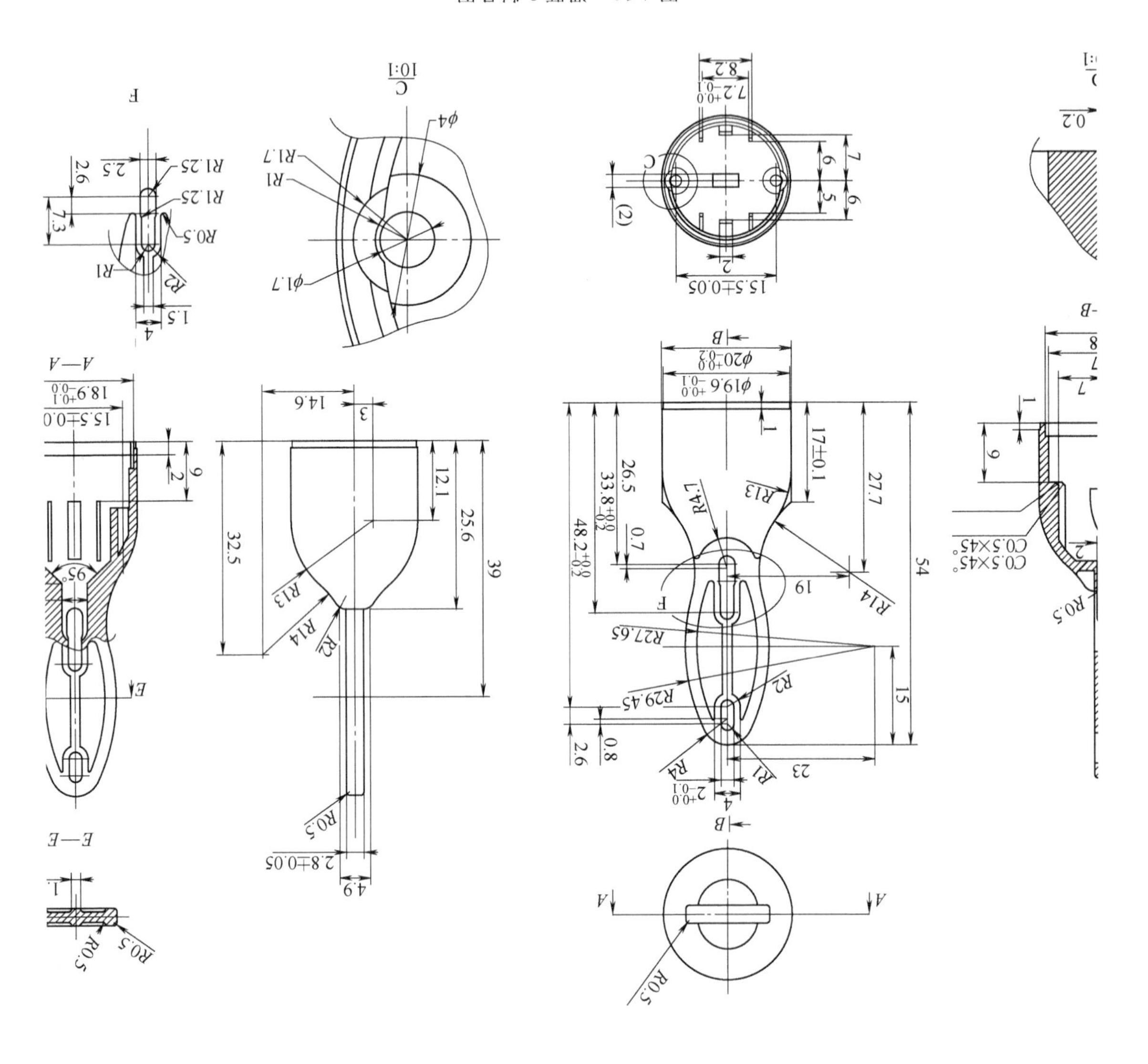

图4-10 课题3制品图

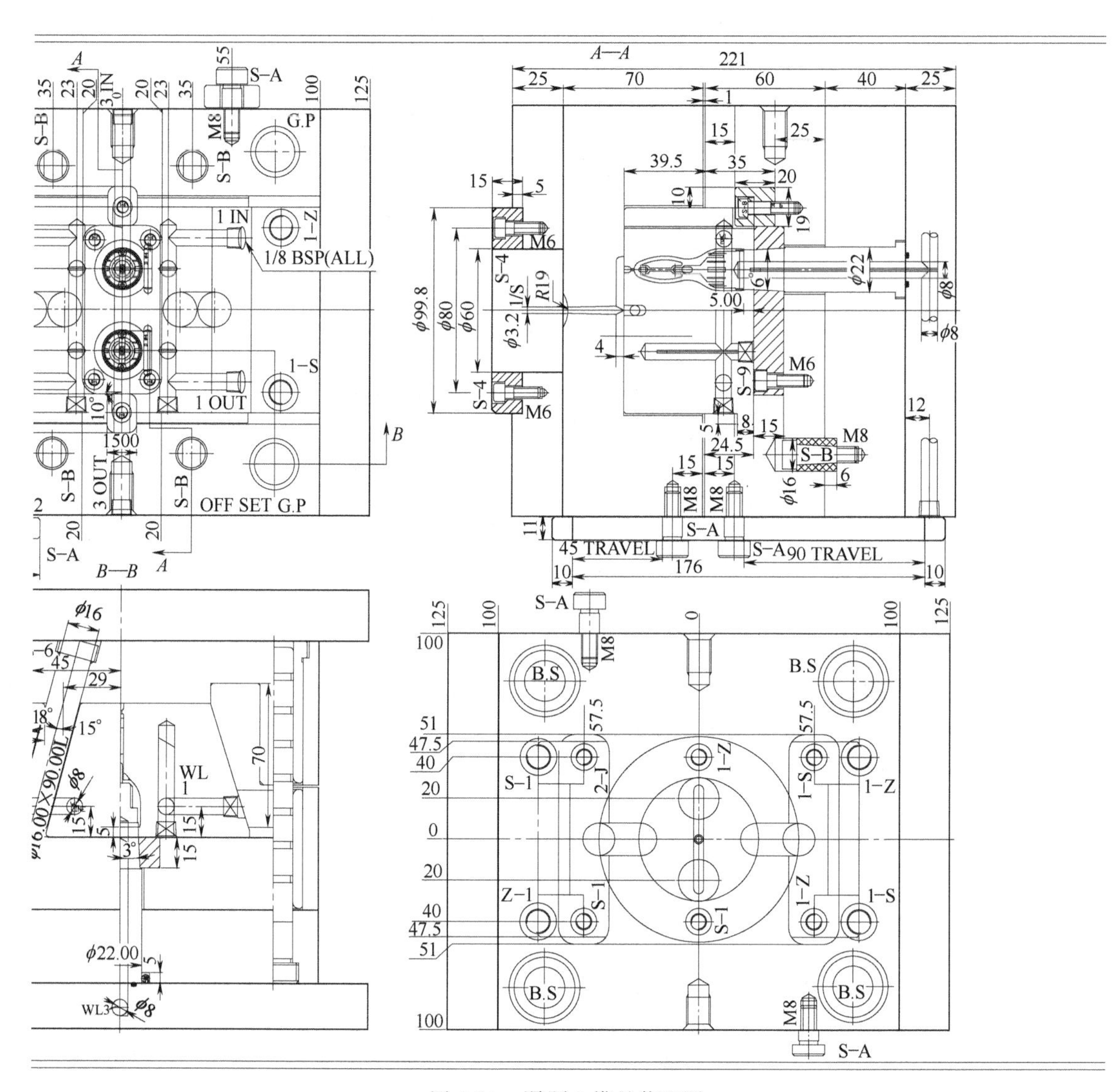

图 4-11　课题 3 模具装配图

② 用第三角画法重画该模具装配图，并拆画所有的零件图。

（三）课题3　抄画模具装配图

1. 课题说明

按实训步骤完成课题训练。图 4-10 中的塑料制品吊盖体，材料为 POM（收缩率约为 1.8%）。

2. 实训步骤

① 抄画模具装配图（见图 4-11）；

② 补画标题栏与明细栏，将图中的剖视图中的剖面线补全；

③ 拆画模具中要加工的零件的零件图；

④ 用第一角画法改画该模具所有的视图，并得到另一个完整的文件。

*第四节　模具设计实训

一、实训题目

设计注射塑料模，首先必须熟悉注塑模设计的相关原则，了解模具的常用结构及其特点。再根据制品的塑料性能、结构工艺与尺寸大小和精度要求等确定模具的分型面、模芯的尺寸大小和结构形式。然后，布置型腔的数目，设计主浇道和分浇道，确定浇口的位置。再设计推出机构和冷却系统。根据模芯的尺寸选取标准模架，再配置相应的标准件，如定位环、主流道衬套、拉料杆、支承柱及连接螺钉等零件。

根据如图 4-12 所示塑料吊环制品设计注塑模具，制品采用 PA6 塑料。

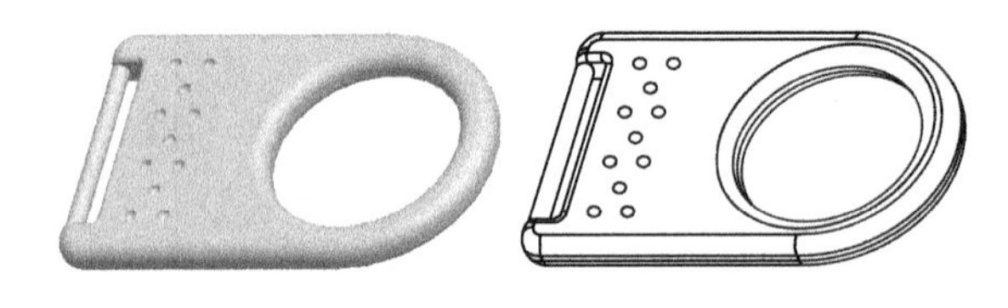

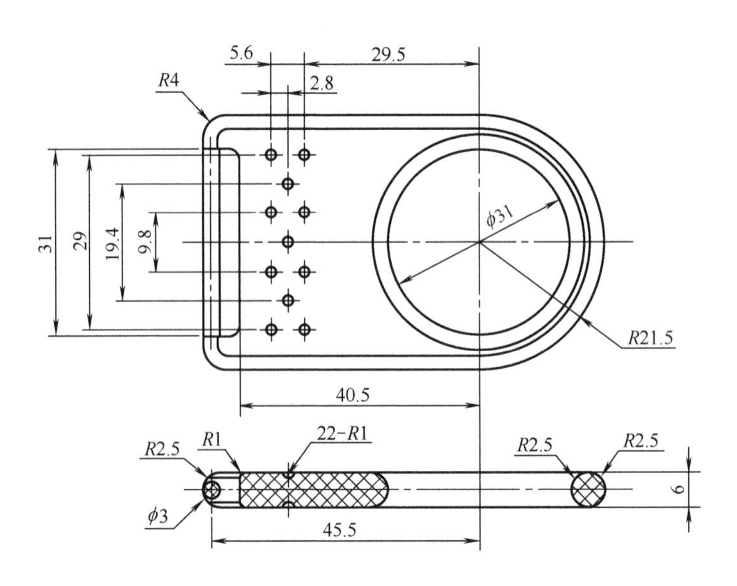

图 4-12　制品图

二、实训内容

（一）模具设计准备工作

1. 明确制品设计要求

从图 4-12 中明确制品的设计要求，这是模具设计的前提。

2. 确定型腔的数目

确定型腔数目的方法的根据有锁模力、最大注塑量、制件的精度要求、经济性等，在设计时应根据实际情况决定采用哪一种方法。

该模具采用一模八腔结构（见模具装配图 4-13）。

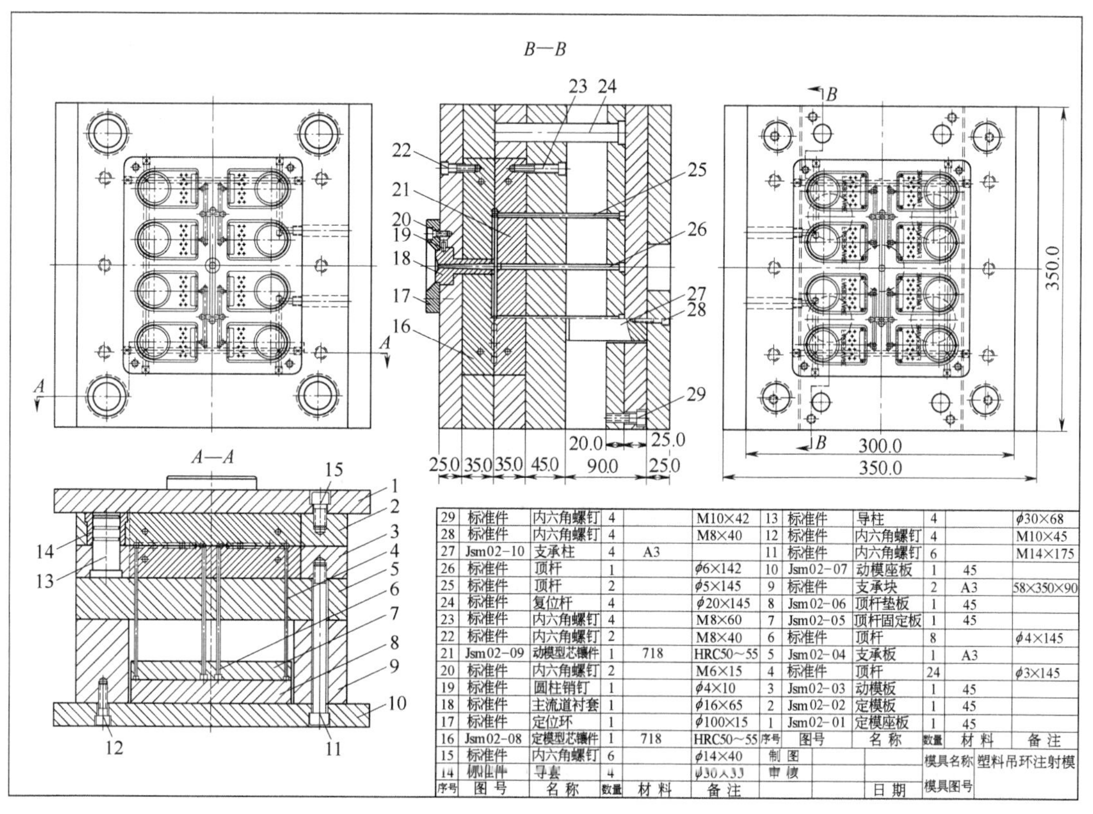

29	标准件	内六角螺钉	4		M10×42	13	标准件	导柱	4		φ30×68
28	标准件	内六角螺钉	4		M8×40	12	标准件	内六角螺钉	4		M10×45
27	Jsm02-10	支承柱	4	A3		11	标准件	内六角螺钉	6		M14×175
26	标准件	顶杆	1		φ6×142	10	Jsm02-07	动模座板	1	45	
25	标准件	顶杆	2		φ5×145	9	标准件	支承块	2	A3	58×350×90
24	标准件	复位杆	4		φ20×145	8	Jsm02-06	顶杆垫板	1	45	
23	标准件	内六角螺钉	4		M8×60	7	Jsm02-05	顶杆固定板	1	45	
22	标准件	内六角螺钉	2		M8×40	6	标准件	顶杆	8		φ4×145
21	Jsm02-09	动模型芯镶件	1	718	HRC50～55	5	Jsm02-04	支承板	1	A3	
20	标准件	内六角螺钉	2		M6×15	4	标准件	顶杆	24		φ3×145
19	标准件	圆柱销钉	1		φ4×10	3	Jsm02-03	动模板	1	45	
18	标准件	主流道衬套	1		φ16×65	2	Jsm02-02	定模板	1	45	
17	标准件	定位环	1		φ100×15	1	Jsm02-01	定模座板	1	45	
16	Jsm02-08	定模型芯镶件	1	718	HRC50～55	序号	图号	名称	数量	材料	备注
15	标准件	内六角螺钉	6		φ14×40	制图			模具名称	塑料吊环注射模	
14	标准件	导套	4		φ30×33	审核					
序号	图号	名称	数量	材料	备注			日期	模具图号		

图 4-13 模具装配图

3. 选定分型面（又称 *PL* 线）

虽然在塑件设计阶段分型面已经考虑或者选定，在模具设计阶段仍应再次核对，从模具结构及成型工艺的角度判断分型面的选择是否最为合理。

该模具采用的分型面如图 4-14 所示。

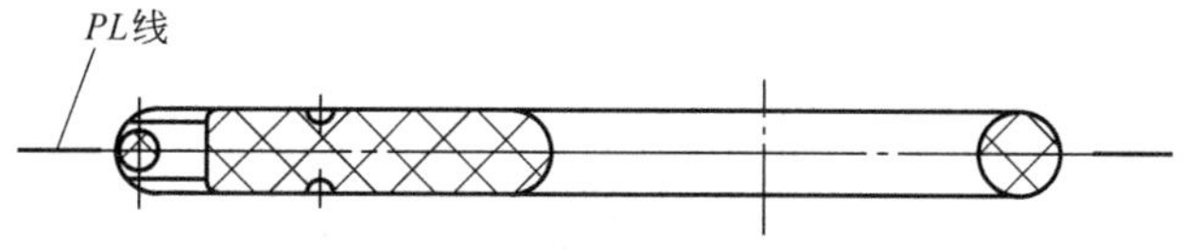

图 4-14 制品的分型面

4. 确定型腔的配置并选择标准模架

型腔的配置主要是指模芯的布局，特指一模多腔模具中的型腔镶件在模板上的分布。一旦型腔布置完毕，浇注系统的走向和类型便已确定。冷却系统和推出机构在配置型腔时也必须给予充分注意，若冷却管道与推杆孔、螺栓发生冲突，要在型腔布置中进行协调。

所以当型腔、浇注系统、冷却系统、推出机构的初步位置确定后，模板的外形尺寸基本上就已确定，从而可以选择合适的标准模架。

简单点说，型腔布局（几个型腔镶件在模板上占的空间，包括间距与边距）决定了选择什么型号规格的模架（即选 A、B 板的长宽尺寸）。

多腔模具中，型腔镶件中各型腔孔之间应有 12～20mm（特殊情况下，可以小到 3mm）的空间，当浇口为潜伏式浇口时，应有足够的潜水位置，型腔工作口位至型腔镶件边沿应有 15～50mm 的空间，具体边距与制品的尺寸有关，一般制品可参考下表经验数值选定：

制品的厚度	型腔工作口位至型腔镶件边沿数值	制品的厚度	型腔工作口位至型腔镶件边沿数值
20	15～20	30～40	30～40
20～30	20～30	>40	50

该例中制品布局（模具型腔或型芯布局）中，X 向、Y 向间距各取 20mm 与 15mm，X 向、Y 向边距各取 18mm 与 16mm，效果如图 4-15 所示。

根据模芯的尺寸选用型号为 2330-AI-A30-B30 的标准模架进行加载，并将模芯放入其中。

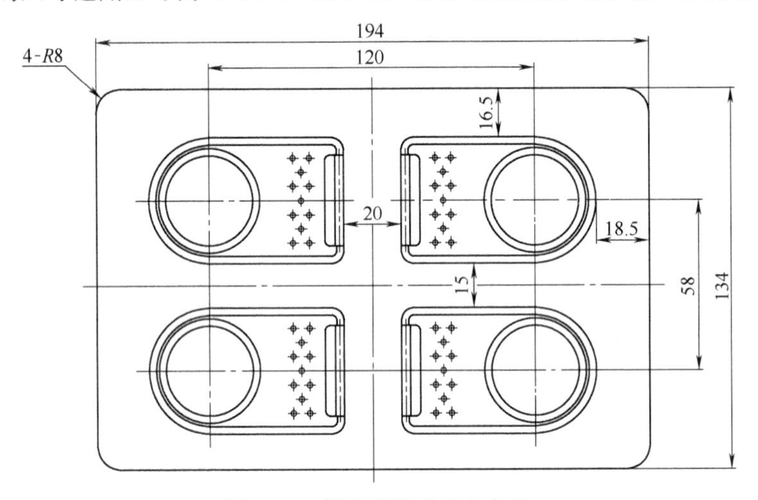

图 4-15 模具型腔或型芯布局

5. 确定浇注系统与模具类型

浇注系统中的主流道、分流道、浇口和冷料穴的设计中，浇注系统的平衡及浇口位置和尺寸是浇注系统的设计重点。另外，需要强调的是浇注系统决定了模具的类型，如采用侧浇口，一般选用单分型面的两板模即可，如采用点浇口，往往就需要选用双分型面的三板式模具，以便脱出流道凝料和塑料制件。

根据分型线的选择与型腔的布局，该模具选用侧浇口，浇注系统如图 4-16 所示。模具采用两板式模具。

6. 确定脱模方式

在确定脱模方式时首先要确定制件和流道凝料滞留在模具的哪一侧，必要时要设计强迫滞留的结构（如拉料杆等），然后再决定是采用推杆结构还是推件板结构。特别要注意确定侧凹塑件的脱模方式，因为当决定采用侧抽芯机构时，模板的尺寸就需要加大，在型腔配置时要留出侧抽芯机构的位置。

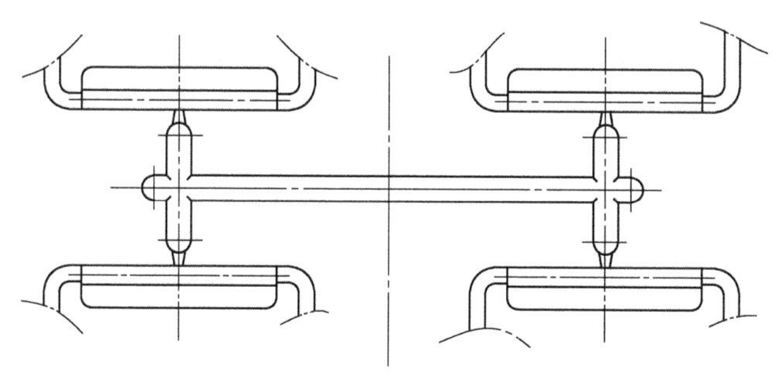

图 4-16　浇注系统

该模具选用顶杆顶出，在动模侧上的布局位置如图 4-17 所示。

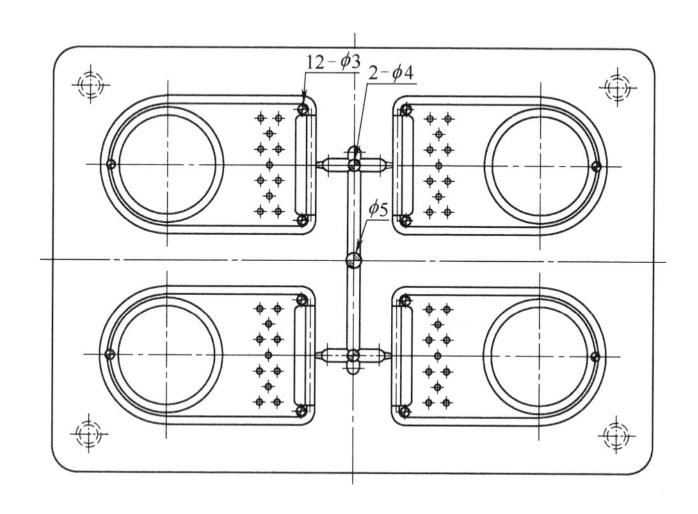

图 4-17　顶杆布局位置图

7. 冷却系统和推出机构的细化

冷却系统和推出机构的设计同步进行有助于两者的很好协调。

该模具动模型腔与定模型腔完全一致，动定模具的冷却也完全一致，冷却水路如图 4-18 所示。

8. 确定凹模和型芯的结构和固定方式

当采用镶块式凹模或型芯时，应合理地划分镶块并同时考虑到这些镶块的强度、可加工性及安装固定。

该模具动模型腔与定模型腔采用精框定位与螺钉固定的形式。

9. 确定排气方式

由于在一般的注塑模中注塑成型时的气体可以通过分型面和推杆处的空隙排出，因此注塑的排气问题往往被忽视。对于大型和高速成型的注塑模，排气问题必须引起足够的重视。

该模具采用侧浇口，所以以分型面接合面间隙排气。

（二）绘图工作

1. 绘制模具的结构草图

在第一步准备工作的基础上绘制注塑模完整的结构草图，在总体结构设计时切忌将模具结构搞得过于复杂，应优先考虑采用简单的模具结构形式，因为在注塑成型的实际生产中所出现的故障，大多是由于模具结构复杂化所引起的。结构草图完成后，若可能，应与工艺、

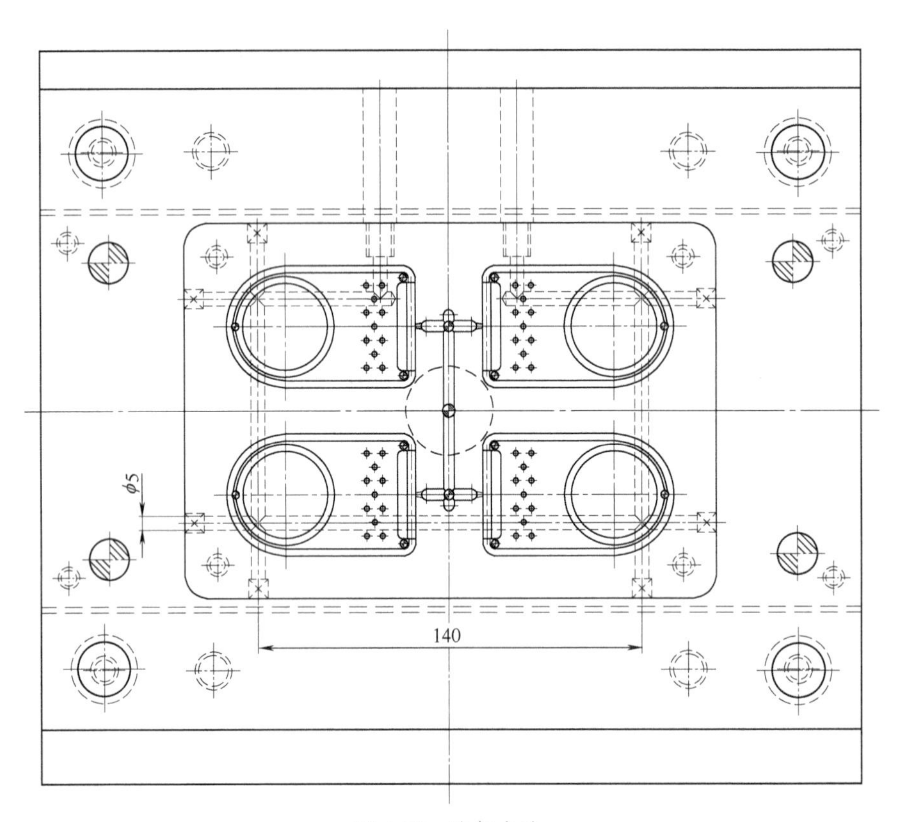

图 4-18 冷却水路

产品设计及模具制造和使用人员共同研讨直至相互认可。

2. 校核模具与注塑机有关的尺寸

因为每副模具只能安装在与其相适应的注塑机上，因此必须对模具上与注塑机有关的尺寸进行校核，以保证模具在注塑机上正常工作。

3. 校核模具有关零件的强度和刚度

对成型零件及主要受力的零部件都应进行强度及刚度的校核。一般而言，注塑模具的刚度问题比强度问题显得更重要一些。

4. 绘制模具的装配图

装配图应尽量按照国家制图标准绘制，装配图中要清楚地表明各个零件的装配关系，以便工人装配。当凹模与型芯镶块很多时，为了便于测绘各个镶块零件，还有必要先绘制动模和定模部装图，在部装图的基础上再绘制总装图。装配图上应包括必要的尺寸，如外形尺寸、定位圈尺寸、安装尺寸、极限尺寸。在装配图上应将全部零件按顺序编号，并填写明细表和标题栏。

该模具的装配图如图 4-13 所示。

5. 绘制模具零件图

由模具装配图或部装图拆绘零件图的顺序为先内后外，先复杂后简单，先成型零件后结构零件。

只拆画需要加工的模具零件图。如果是标准模架本身已有的，不需要加工，只画出形状和位置，不必标注尺寸。

图 4-19～图 4-27 为该模具中所有需要加工零件的零件图。

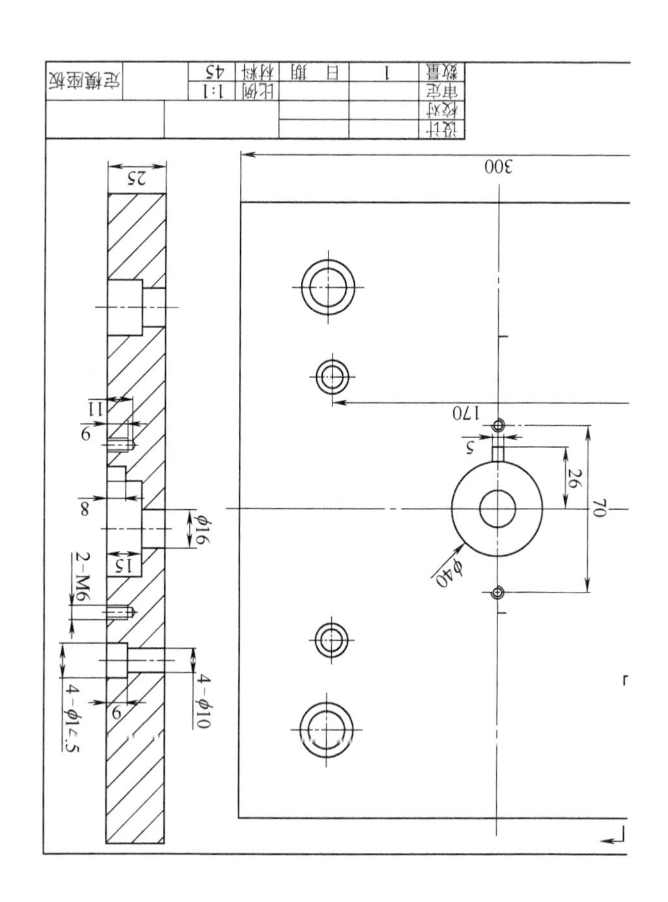

图 4-19　定模座板

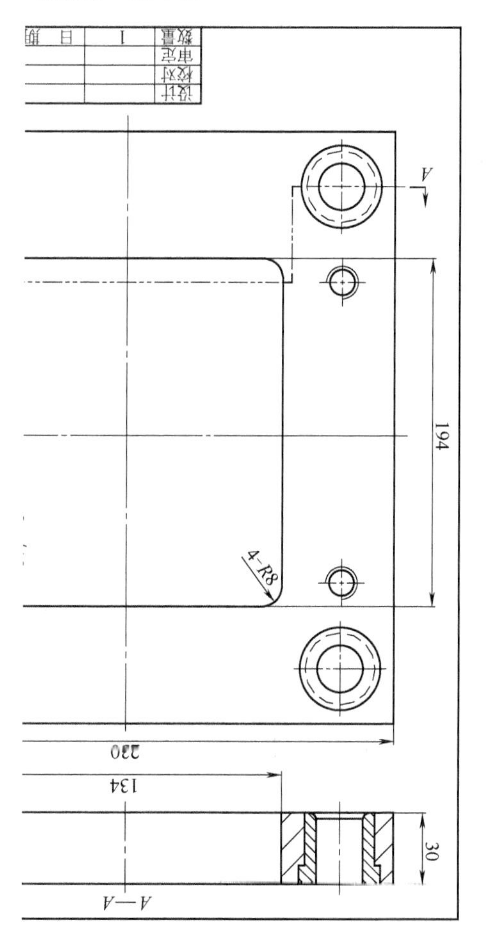

图 4-20　定模板

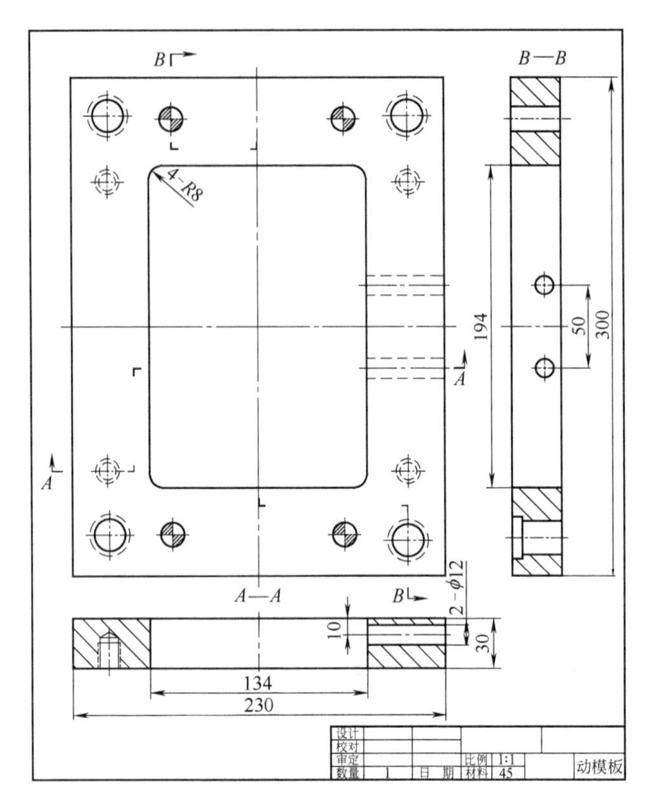

图 4-21 动模板零件图

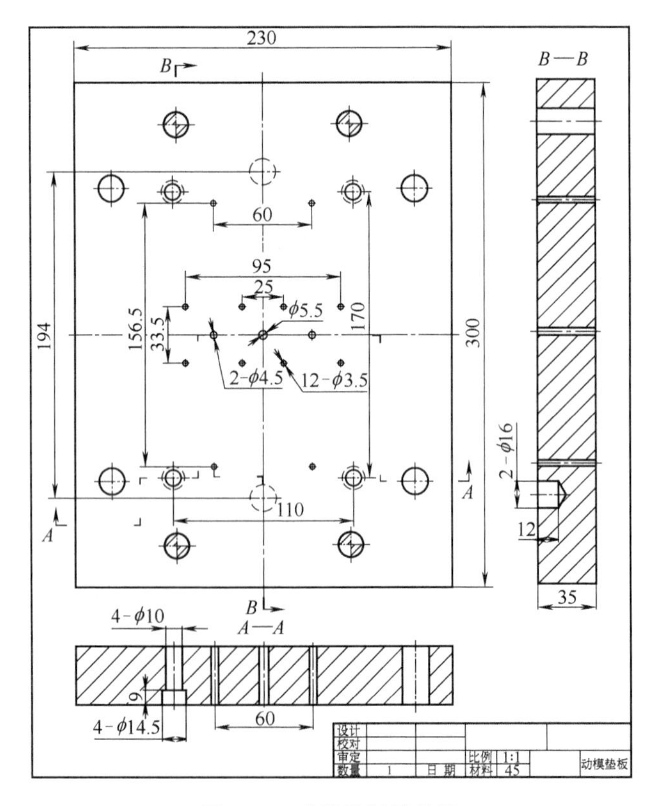

图 4-22 动模垫板零件图

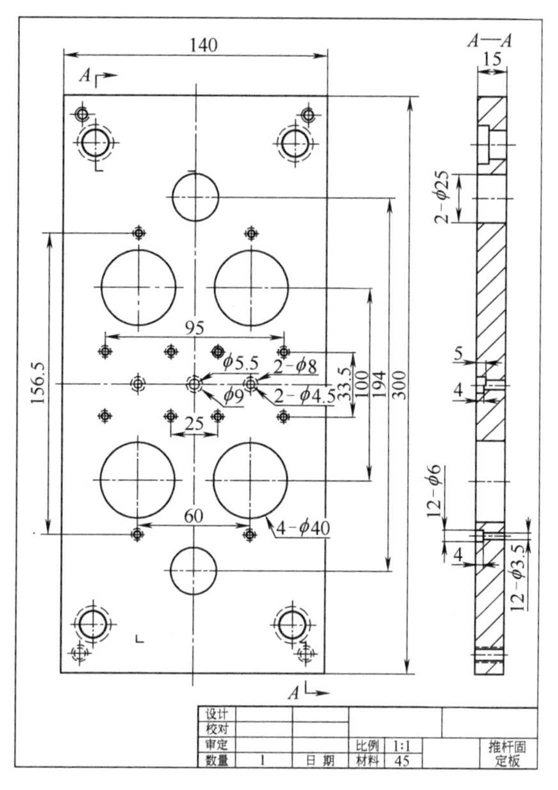

图 4-23　推杆固定板零件图

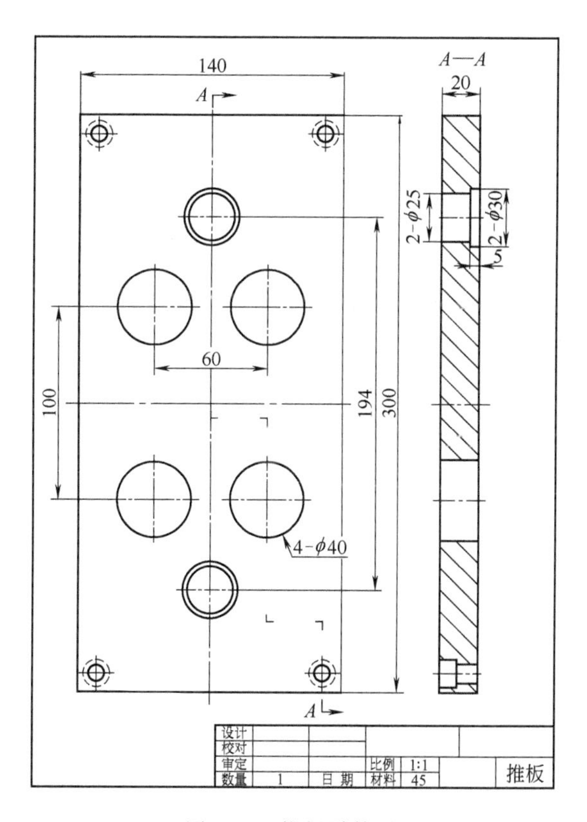

图 4-24　推板零件图

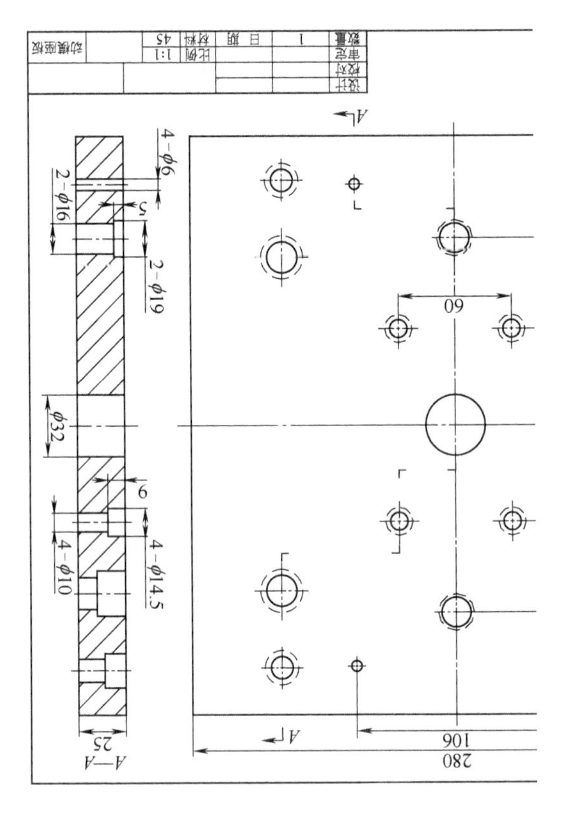

图 4-25 动模底板零件图

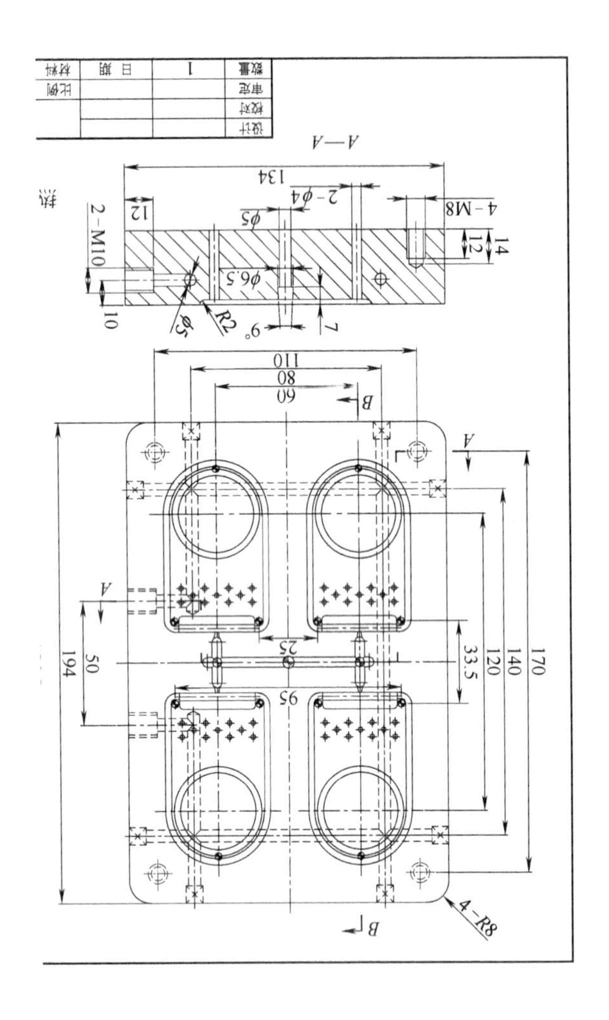

图 4-26 动模型腔镶块零件图

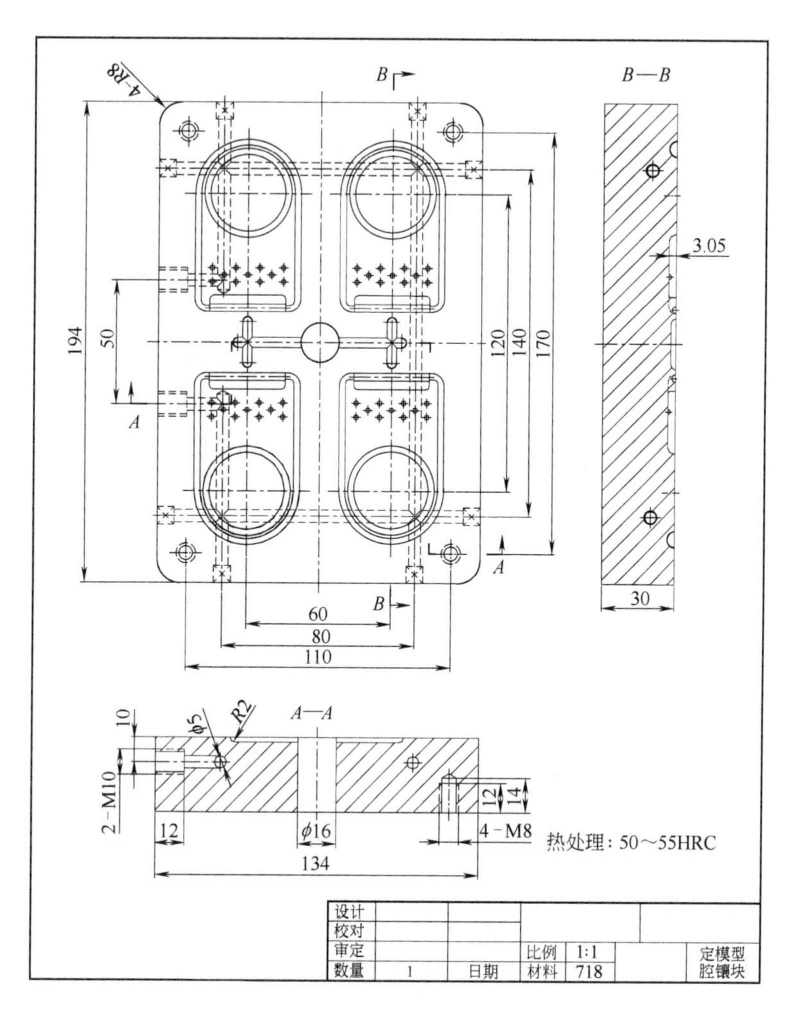

图 4-27　定模型腔镶块零件图

6. 复核设计图样

应按制品、模具结构、成型设备、图纸质量、配合尺寸、零件的可加工性等项目进行自我校对或他人审核。

第五章　注塑模具制造

第一节　注塑模具设计与制造全程实例

虽然模具种类繁多，各种模具结构又不相同，各模具生产厂的生产条件也不一样，但是模具设计与制造的流程是基本相同的。图 5-1 所示为某模具公司提供的塑料注射模具设计与制造流程表，可作为一般模具设计与制造通用的流程。

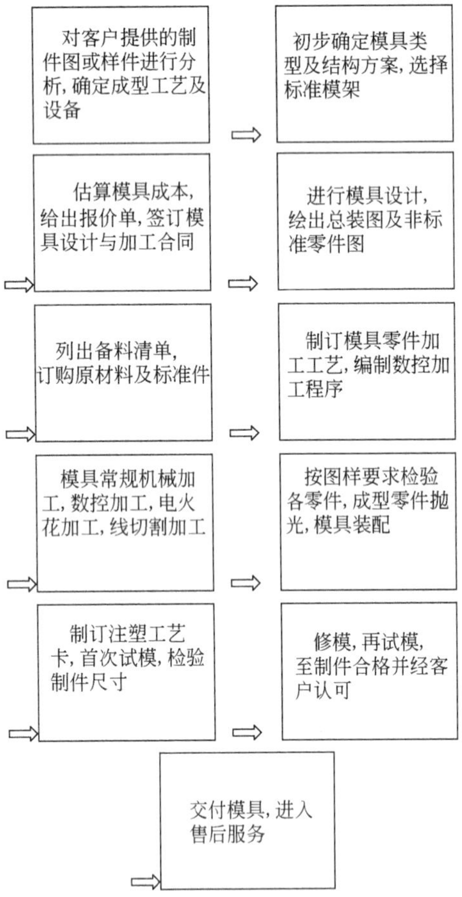

对客户提供的制件图或样件进行分析，确定成型工艺及设备
⇨ 初步确定模具类型及结构方案，选择标准模架
⇨ 估算模具成本，给出报价单，签订模具设计与加工合同
⇨ 进行模具设计，绘出总装图及非标准零件图
⇨ 列出备料清单，订购原材料及标准件
⇨ 制订模具零件加工工艺，编制数控加工程序
⇨ 模具常规机械加工，数控加工，电火花加工，线切割加工
⇨ 按图样要求检验各零件，成型零件抛光，模具装配
⇨ 制订注塑工艺卡，首次试模，检验制件尺寸
⇨ 修模，再试模，至制件合格并经客户认可
⇨ 交付模具，进入售后服务

图 5-1　模具设计与制造流程

从图 5-1 中可以看出，从客户提供制件图或样件到交付模具、进入售后服务，要经过许多环节。各个环节所涉及的内容都是与模具相关的内容，每个环节都是保证模具质量及使用性能的重要组成部分。

这里以某模具塑胶制品有限公司实际生产的电话机手柄为例。按照图 5-1 所示流程，介绍模具设计与制造的全过程。

一、分析制件，确定成型工艺

1. 熟悉制件及其材料性能

图 5-2、图 5-3 所示为电话机手柄的上、下盖制件，是电话机的通话装置。在使用上必须有听话口、传话口和电线入口。该制件的材料为工程塑料 ABS，属热塑性塑料，流动性好，成型收缩率较小（一般为 0.3%～0.8%），比热容较低，在料筒中塑化效率高，在模具中凝固较快，成型周期短。但吸水性较大，成型前必须充分干燥。可在柱塞式或螺杆式注射机上成型。ABS 的密度 $\rho=1.03\sim1.07g/cm^3$。

2. 制件工艺性分析

电话机手柄由两部分组成，分上、下盖，由上、下盖装配形成，是一个典型的盒状制件，为保证该手柄上、下盖颜色一致，并有利于生产安排，一般情况下，考虑将手柄上、下盖安排在同一套模具中成型，即一模二腔，上、下盖一次成型。

根据电话机手柄上、下盖制件图，并对该制件进行工艺性分析，可总结归纳出如下几方面特征。

① 手柄上、下盖的几何形状较复杂，轮廓尺寸大小为 218mm×50mm，属中等大小。

② 电话机手柄上、下盖的尺寸精度应满足上、下盖的装配要求，装配后上、下盖装配

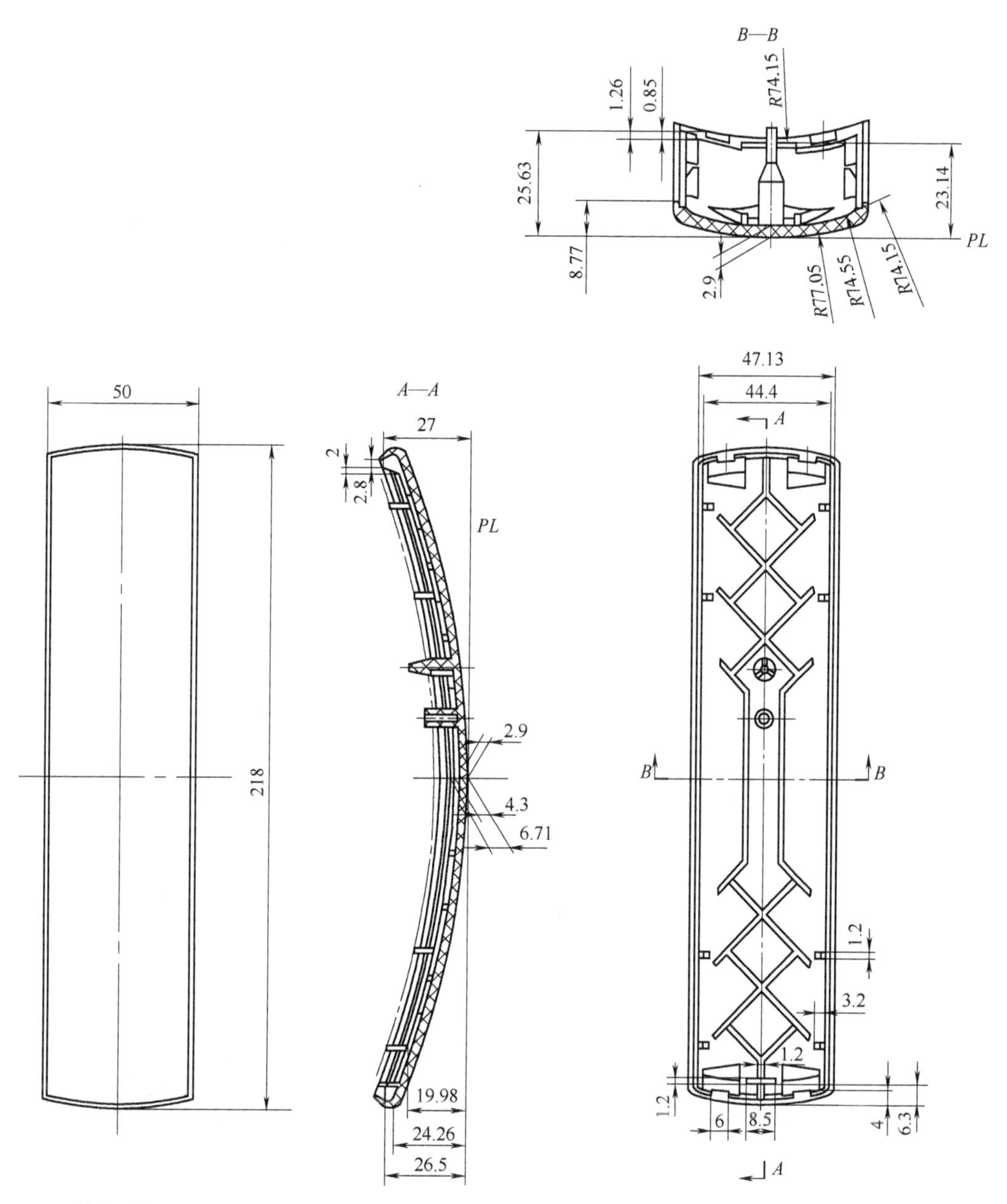

技术要求

1. 未注脱模斜度为1.05°。
2. 外表面皮纹处理，按指定的样板，内表面光洁，不得有刀痕。
3. 制品表面不得有冷料痕、气痕、缩水和披锋（也称"批锋"，即模具有些间隙产生的溢料，教科书上称为"飞边"）等缺陷。
4. 材料：黑色 ABS。

图 5-2 电话机手柄上盖

结合处表面应显平滑、光洁，不得有明显的不齐和凸凹感。上、下盖起连接作用的倒扣位置应准确，连接起来应紧凑。

③ 电话机手柄作为生活用品，既要满足其使用要求，又必须具有好的外形。所以弧形的外表面要求有较高的表面质量，表面不得有熔接痕、气痕、收缩不均引起的凸凹、飞边、顶白等缺陷。外表面需进行皮纹处理。

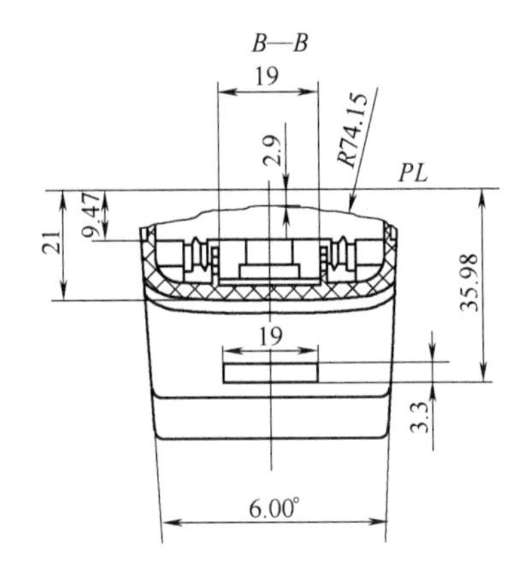

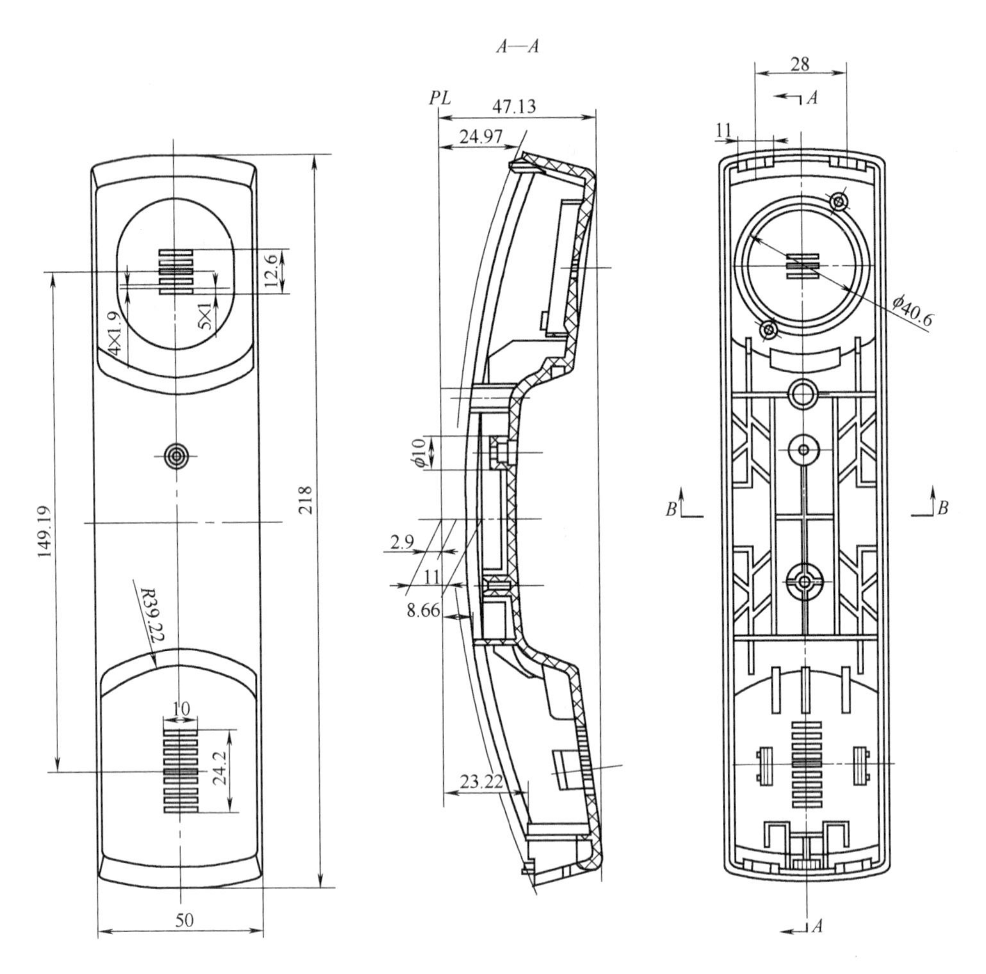

技术要求

1. 未注脱模斜度为1.05°。
2. 外表面皮纹处理，按指定的样板，内表面光洁，不得有刀痕。
3. 制品表面不得有冷料痕、气痕、缩水和披锋（也称“批锋”，即模具有些间隙产生的溢料，教科书上称为“飞边”）等缺陷。
4. 材料：黑色 ABS。

图 5-3　电话机手柄下盖

④ 电话机手柄内表面的表面质量要求没有外表面高，但内表面有很多的加强肋及功能结构，容易引起粘模、推出不畅、顶白等现象。所以内表面应注意脱模斜度的选择、抛光和推杆的位置设置等问题。

⑤ 电话机手柄上、下盖制件的壁厚设计均匀。壁厚均为 2.8～2.9mm，不存在壁厚不均的问题。为了保证制件的强度，在制件较薄弱的地方增加了一些加强肋。

⑥ 电话机手柄上、下盖制件要装配成一体，在上、下盖制件的两头各设有两个侧凹位，在成型此侧凹位的模具相应位置上需设置侧向抽芯机构。由于抽芯距较小，为使模具结构简单，电话机手柄上盖侧凹位可采用斜推杆抽芯机构，下盖侧凹位可采用弹簧侧抽芯机构。下盖内部用于安装其他零件的侧凹位，采用斜推杆抽芯机构。

根据以上特征，可知电话机手柄上、下盖为有装饰要求的带侧凹位的制件。处理好外形尺寸精度、表面质量及侧向抽芯问题是设计与制造该制件成型模具的关键。

3. 生产条件和模具制造水平

表 5-1 所示为生产厂模具制造设备及成型设备明细表。由表中可见，该厂具有生产加工精密塑料模具以及成型中、小型塑料制件的能力，能够生产该电话机手柄上、下盖模具，并能成型该制件。

表 5-1　某模具塑胶制品有限公司主要生产设备

设备名称	型号规格	数量	设备名称	型号规格	数量
CNC 加工中心	VMC-1500,SM/850 AC296、AS-1260	7 台	注射机	160T	13 台
铣床	JOINT-2VA～6VA RM3V、3V4 3KVHD、2SHG-B	30 台	注射机	50T 80T 90T	9 台
ZNZ 电火花机床	DE-650/MP-75 830/MP-50 500/MP-75 PATEK340/MP-30	10 台	注射机	120T	2 台
线切割机床	DK7750、DK7740	5 台	注射机	200T	17 台
平面磨床	M7130、HZ-034	2 台	注射机	180T	1 台
精密磨床	KGS-200	5 台	注射机	250T	1 台
车床	C6246A、CG6125B CD6240A	3 台	注射机	360T	1 台
摇臂钻	ZA3050×16 Z3040×16	2 台	注射机	500T	2 台
台钻	Z512B	2 台	模温机	Moldtepera-turemachine	8 台
立钻	Z5040	1 台	热浇道设备	Heat handle equiment	10 台
电脑	奔腾 3	20 台	成品组装生产线	Finished produce line	2 条

根据目前标准模架和标准件供应及生产情况，该模具模架可采用标准模架，推杆及推管等都可采用标准件。这些标准模架和标准件都可从专业厂家直接订购。

4. 确定制件成型工艺及设备

（1）制件成型工艺的确定　电话机手柄上、下盖塑料材料为 ABS，成型性能好，适合采用注射成型。注射成型适应大规模自动化生产，可满足电话机生产批量大的要求。该制件的注射成型工艺条件可根据塑料材料和成型要求从有关手册中查阅，也可参考厂家现有已定型的同类塑料制件的注射成型工艺。

（2）制件成型设备的确定　根据对制件的分析，采用一模二腔的多腔注射模成型。为了确定制件成型设备，必须首先估算制件的体积和质量。

① 根据制件的形状尺寸估算其体积和质量。

由于电话机手柄上、下盖为不规则形状，若有样件则可以实测，若只有制件图，就需采用计算方法进行估算。常用的计算方法一般有分割法和归整法，从图 5-2 可知，手柄上盖可分割成两个部分：一部分为弧形表面，形状接近长方形，大小为 218mm×50mm，厚度为 2.9mm；另一部分为边框，高为 4.6mm，厚为 1.45mm，周长为 2×（50＋218）mm＝53.6cm，设其体积分别为 V_1、V_2，则

$$V_1 \approx 21.8\text{cm} \times 5\text{cm} \times 0.29\text{cm} = 31.61\text{cm}^3$$

$$V_2 \approx 53.6\text{cm} \times 0.46\text{cm} \times 0.145\text{cm} = 3.58\text{cm}^3$$

上盖总体积为

$$V_{上} = V_1 + V_2 = 35.2\text{cm}^3$$

从图 5-3 可知，手柄下盖形状较上盖复杂，如要精确计算其体积比较困难，也没有必要。这里也可参考上盖采用的分割法进行估算。经估算，可得下盖的总体积为 $V_{下} = 63.2\text{cm}^3$。电话机手柄上、下盖总质量为

$$\begin{aligned} m_{件} &= (V_{上} + V_{下}) \times \rho = (35.2 + 63.2)\text{cm}^3 \times 1.07\text{g/cm}^3 \\ &= 98.4\text{cm}^3 \times 1.07\text{g/cm}^3 \\ &\approx 105\text{g} \end{aligned}$$

式中　ρ——塑料密度，ABS 的密度，$\rho = 1.03 \sim 1.07\text{g/cm}^3$。

一般情况下，对普通二板式注射模具，其浇注系统体积可根据主流道和分流道大小及布置情况进行估算。这里取浇注系统体积为 $V_{浇} = 15\text{cm}^3$，则浇注系统的质量为

$$m_{浇} = V_{浇} \times \rho = 15\text{cm}^3 \times 1.07\text{g/cm}^3 \approx 16\text{g}$$

注意：以上计算结果，也可以用三维造型软件（如 Pro/Engineer 或 UG）完成产品造型，利用三维软件中对造型体积与质量的查询功能快速得出。

② 初步确定成型设备型号及规格。

根据计算的制件体积和质量来确定成型设备的型号及规格。在确定注射机规格时，首先必须满足一次注射模塑周期内所需塑料的总量小于所选注塑机的最大注射量。因为如果注射机最大注射量小于制件质量，就会造成制件形状不完整或内部组织疏松、强度下降。而注射量过大时，则注塑机利用率降低，造成浪费。因此，为了保证正常的注射成型，根据生产经验，一次注射成型所需塑料的总质量宜为注射机最大注射量的 80%，即

$$m_{总} \leqslant 80\% m_{机} \quad 或 \quad m_{机} \geqslant m_{总}/0.8$$

式中　$m_{机}$——注射机实际的最大注射量，cm^3 或 g；

$m_{总}$——制件成型时所需要的塑料总量，cm^3 或 g。

电话机手柄上、下盖及浇注系统总质量为 $m_{总} = m_{件} + m_{浇} = 121\text{g}$，则

$$m_{机} \geqslant m_{总}/0.8 \approx 151\text{g}$$

根据计算结果，并查阅塑料注射机技术规格表，可初步选用 XS-ZY-250 型注射机。从规格表中可查出与模具设计有关的技术参数，包括额定注射量、注射压力、锁模力、最大与最小模具厚度、开模行程、顶出距离及装模部分尺寸等。

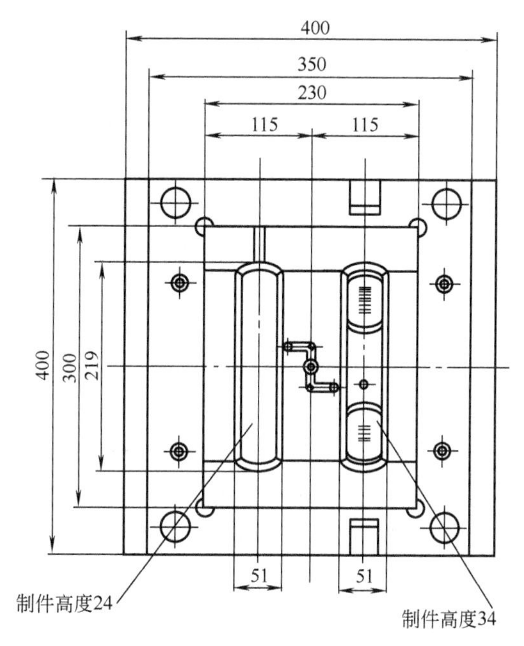

图 5-4　型腔排列

二、确定模具结构，选择标准模架

1. 模具类型及结构方案的确定

根据制件的成型工艺，可以确定电话机手柄采用注射模成型，下面分步骤来确定模具结构方案。

(1) 确定型腔数及其排列　根据前定的模具结构方案，型腔数为一模二腔，一次成型上、下盖两个制件。根据制件的形状特征，采用的型腔排列方式如图 5-4 所示。

(2) 确定分型面　为满足电话机手柄上、下盖的质量要求和便于成型，选择上、下盖装配的接合面为分型面，该分型面为曲面。

(3) 确定浇注系统　根据型腔排列方式，该模具可采用简单的二板式注射模结构，浇注系统为直浇注系统。下面分别叙述该模具浇注系统的主流道、分流道、浇口及冷料穴的确定。

① 主流道。主流道位于模具中心线上，它与注射机喷嘴的轴线重合，因制件生产批量较大，主流道采用浇口套，浇口套一般为标准件，小端直径一般取 3～6mm。这里根据注射机喷嘴尺寸取小端直径为 4.5mm。浇口套长度由定模座板的厚度确定。

② 分流道。因该模具为多腔模具，所以需设计分流道，分流道的排列最好采用平衡式，也就是分流道的大小、形状、长度要一致，这样各个型腔能够同时均衡进料，同时充满型腔。分流道的截面形状常用的有圆形、矩形和梯形。在这套模具中选用圆形。圆形截面分流道尺寸比主流道的大端略小些。该模具中取 $\phi 6$mm。

③ 浇口。浇口是分流道与型腔之间最狭窄短小的部分，浇口的形式有很多种，为了避免在制件外表面产生浇口痕迹，此处选用潜伏式浇口。潜伏式浇口的结构形式见表 5-2。

表 5-2　潜伏式浇口

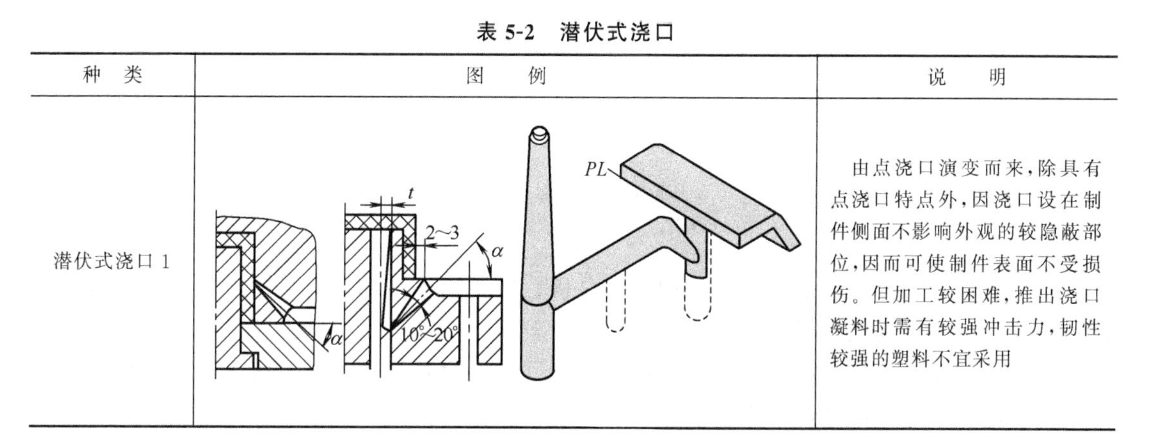

种　类	图　例	说　明
潜伏式浇口 1		由点浇口演变而来，除具有点浇口特点外，因浇口设在制件侧面不影响外观的较隐蔽部位，因而可使制件表面不受损伤。但加工较困难，推出浇口凝料时需有较强冲击力，韧性较强的塑料不宜采用

续表

种类	图例	说明
潜伏式浇口 2	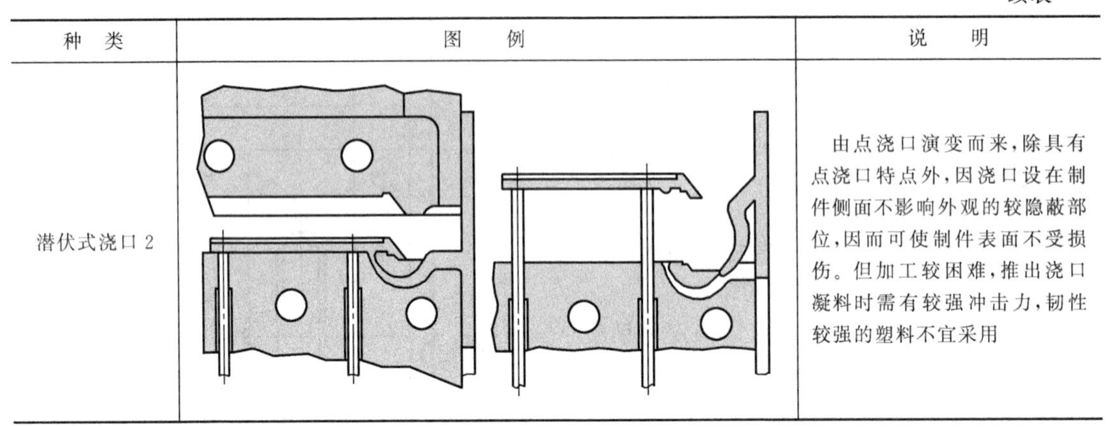	由点浇口演变而来，除具有点浇口特点外，因浇口设在制件侧面不影响外观的较隐蔽部位，因而可使制件表面不受损伤。但加工较困难，推出浇口凝料时需有较强冲击力，韧性较强的塑料不宜采用

④ 冷料穴。冷料穴是用来储藏注射间歇期间喷嘴所产生的冷凝料头和最先射入模具的温度较低的部分熔体，防止这些冷凝料进入型腔而影响制件质量。冷料穴的设置可根据浇注系统的布置情况而定。在此套模具中，除了在主流道下方采用带推杆的倒锥式冷料穴［参见图 5-5(b)］之外，还在流道转弯处设置了冷料穴。

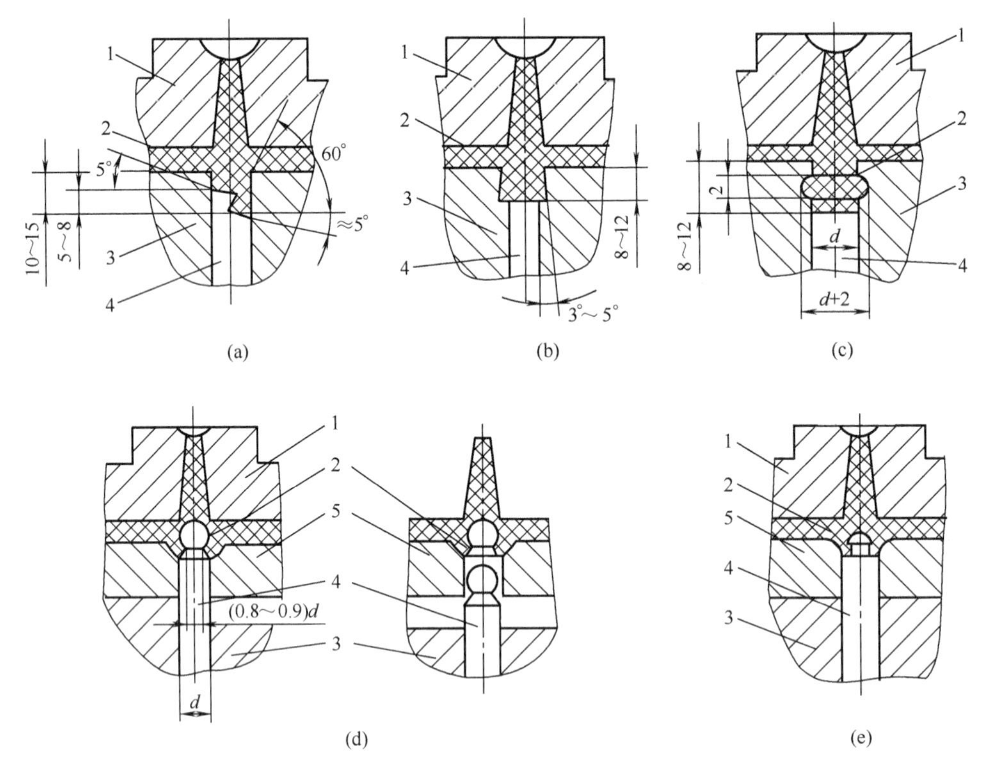

图 5-5 常用冷料穴与拉料杆的形式

1—定模座板；2—冷料穴；3—动模板；4—拉料杆（推杆）；5—推件板

（4）确定推出方式 根据制件结构形状分析，宜采用推杆和推管推出机构，由于制件加强肋较多，脱模力较大，所以需采用的推杆数目较多，推管推出机构的推管根据制件结构的要求设置，推管应尽量选择标准件。推杆和推管固定在模具的推杆固定板上，由注射机顶出装置推动，使推杆和推管运动实现推出动作，并依靠复位杆复位，推管推出机构的中心杆固定在动模座板上，以成型制件上的圆筒形中心孔。

(5) 确定侧凹与侧孔的成型方法及侧向抽芯机构　根据对制件结构的分析，知道该制件有多处侧凹及侧孔。下面根据各侧凹及侧孔的特点分别确定其成型方法及抽芯机构。

① 对于电话机手柄上盖两头的内侧凸台，由于抽芯距不大，故可采用斜推杆内侧分型抽芯机构。此机构结构简单可靠，斜推杆固定在模具的推杆固定板上，由推出动作实现侧向抽芯。

② 对于电话机手柄下盖两头的侧孔，由于此孔抽芯距小，抽芯力也不大，正常情况下一般采用斜销分型抽芯机构，但为了简化结构，在这里可采用弹簧侧向抽芯机构，即在滑块中安装压缩弹簧，以弹簧力代替斜销的抽拔力进行抽芯动作。此抽芯机构在抽芯距小，抽芯力不大的情况下采用是适合的，只是必须注意弹簧失效后要及时更换。

③ 对于电话机手柄下盖内侧的侧凹因抽芯距小，也可以采用斜推杆内侧分型抽芯机构。

④ 对于电话机手柄下盖外表面上的侧凹孔，因为外表面由定模镶块成型，而且此侧凹孔为盲孔，这里的分型抽芯机构只能设置在定模内。又因抽芯距小，抽芯力不大，在这里也可以采用弹簧侧向抽芯机构。为了使安装在定模座板上的楔紧块在抽芯时相对于滑块有一个相对的运动，必须将固定楔紧块的定模板设计成可以相对于定模座板移动的结构，当楔紧块移开时，滑块在压缩弹簧作用下进行分型抽芯动作。

(6) 确定成型零件结构形式　由于制件内部结构较复杂，故凸模（型芯）和凹模均采用镶拼结构，这样便于成型零件的加工、安装以及维修。

(7) 确定冷却及排气方式　由于 ABS 塑料成型时的模温为 40～60℃。故模具不需专门设置加热装置，只需设冷却系统。此模具可在动模镶块和定模镶块上分别开设直流式冷却水道，分别对动、定模进行水冷却。水道的设置以不与推杆孔及螺杆孔发生干涉为前提条件，同时管接头直接与镶块相连，以防止冷却水从镶块与固定板之间的接合面渗漏。排气主要是利用分型面间隙以及镶拼结构间隙和推杆与孔的配合间隙进行。

2. 确定标准模架的型号与规格

根据制件结构分析以及模具结构的要求，可以初步确定标准模架组合的型号与规格。

(1) 确定标准模架的型号　由于此模具有固定在定模部分的侧向抽芯机构，所以定模部分的两块模板之间应能相对运动，由定模部分的分型抽芯机构首先进行抽芯运动，然后再在动、定模之间分型。这就要求采用定模座板未设紧固螺钉的标准模架组合，在国标中，此类模架为派生型模架组合，暂无标准模架可供。这里选用企业标准中“龙记五金有限公司”的模架，型号为 GCI，如图 5-6 所示。

(2) 确定标准模架的规格　标准模架的规格是根据制件尺寸、模具型腔数及排列来决定的。确定的步骤如下。

① 根据制件的尺寸大小以及模具型腔排列方式，先确定动、定模镶块的尺寸。一般情况下，动、定模镶块的尺寸比制件外形尺寸大 30～80mm，制件外形尺寸越大，镶块尺寸与制件外形尺寸的差值也应选得越大。这里根据制件外形尺寸和型腔排列情况，选取动、定模镶块外形尺寸为 230mm×290mm。

② 根据动、定模镶块的外形尺寸，查阅“龙记五金有限公司”标准模架的产品目录，可以确定模架的平面尺寸为 350mm×400mm。

③ 标准模架动、定模板厚度。是根据镶块的厚度及镶拼结构形式确定的，这里根据镶

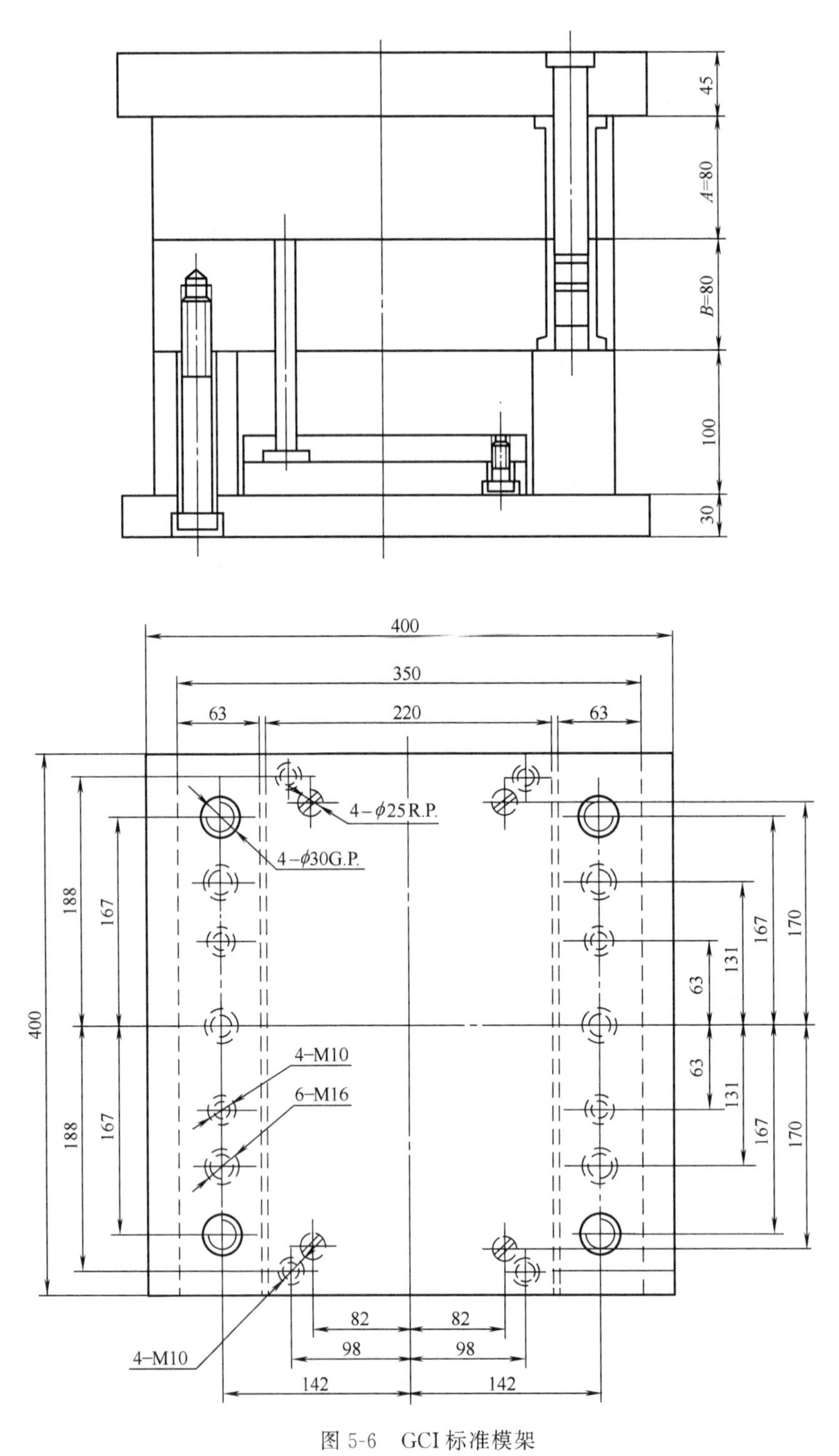

图 5-6 GCI 标准模架

拼结构取模板厚度为 80mm。

根据以上分析，可以初步确定标准模架型号为 GCI3450，A 板与 B 板厚度为 80mm。

三、估算模具成本，签订制造合同

1. 估算模具成本并报价

模具成本包括如下五项费用。

(1) 模具设计费 根据模具的复杂程度以及模具制造企业的设计水平及设计人员的工资进行确定。一般可参照同类模具设计费进行类比确定。此模具设计费确定为5000元。

(2) 模具标准件及材料费 根据初步确定的模具类型及结构，列出需购置标准件及材料明细表，再根据市场价格进行费用计算。经估算，考虑材料采购及报废风险因素，该模具所需的标准件及材料费为26680元。

(3) 模具制造费用 模具制造费用包括设备加工费和人工加工费。设备加工费根据各加工设备的每小时费用和加工工时进行计算，初步估算该模具设备加工费为16000元。人工加工费根据工人的每小时工资和加工工时进行计算，初步估算人工加工费为12000元。

(4) 试模费用 模具加工完成后必须进行试模，才能知道制件是否符合要求。对于注射模来说，因为模具结构复杂，模具加工很少能够一次试模成功，所以一般需要试模、修模、再试模的多次反复。通常情况下，一副模具需要2～4次试模。在这里，估算该模具的试模费为1600元。

(5) 模具生产管理费用 模具生产管理费用包括管理人员的工资及生产管理所需的费用，这项费用与模具制造企业的管理水平有很大关系。这里管理费取1200元。

综合上述五项，估算出该模具成本为62480元。

模具的总价格（报价）除包括模具成本外，还应加上税金及利润。对于复杂的模具，还应考虑制造风险费用。根据现行模具行业的利税情况，此模具利润为模具成本的20%，计12496元；税收为模具成本与利润之和的10%，计7498元。因此，模具总造价为82474元，详见表5-3。

表5-3 模具报价单

客户	________公司	产品名称	电话机手柄
		图号	
材料费(A)	注塑材料	ABS	
	型腔数	1+1	
	模架结构	3540 GCI、A板B板厚度均为80mm	
	模架费用	8200元	
	镶块费用	6650元	
	标准件费用	1800元	
	电极费用	3000元	
	材料采购及报废风险费用	19650元×36%=7030元	
	合计	26680元	
设备加工费(B)	CNC加工费	4500元	
	车床、磨床加工费	1500元	
	电加工费	10000元	
	合计	16000元	
人工加工费(C)	钳工工时/h	350h	
	工时薪资/(元/h)	35	
	合计	12000元	

续表

客户	______公司	产品名称	电话机手柄
		图号	
其他(D)	设计费	5000 元	
	试模费	1600 元	
	管理费	1200 元	
	其他费用		
	合计	7800 元	
利润 $E=(A+B+C+D)\times 20\%$		12496 元	
税收 $F=(A+B+C+D+E)\times 10\%$		7498 元	
模具造价 $G=A+B+C+D+E+F$		82474 元	
交货地点：			
付款方式：40%　30%　30%			
其　他：　制作周期 42 天			

2. 签订模具设计与加工合同

将模具结构方案及报价交客户确认，再经双方充分协商后，根据有关经济合同法律并参照合同范本，签订模具设计与加工合同。在合同中，应明确模具的验收要求、模具价格、付款方式、交货日期、交货地点、违约责任等。该模具的设计加工合同见表 5 4。

表 5-4　电话机手柄注射模设计与加工合同

供(甲)方：广州某模具公司　合同编号： 需(乙)方：　签证地点： 经双方充分协商，签订下列合同：　签订日期：						
品名	规格质量	单位	数量	单价	金额	交货日期
电话机手柄注射模	模架 GCI3540	副	壹	8.2 万元	8.2 万元	×年×月×日
货款合计金额(大写)　捌万贰仟元						
一、质量检验及验收办法：按甲、乙双方认可的模具设计图制作，按双方认可的样件验收。 二、原料供应办法及要求：模架采用“龙记五金有限公司”标准模架，原材料符合设计图要求。 三、包装要求及费用负担：甲方负责。 四、交(提)货办法、地点及运输方式：交货地点为甲方厂房，乙方自提。 五、结算方式及期限：签订合同时付 40%定金，首次试模付 30%货款，乙方验收合格后付清余款(30%)。 六、经济责任：按经济合同法和合同条例执行。 七、其他事项：产品保修壹年。 八、本合同一式两份，供需双方各执一份，自鉴证机关鉴证之日起生效，有效期限至×年×月×日						
供方(盖章) 签约代表人： 电话： 开户银行： 账号： 单位名称：	需方(盖章) 签约代表人： 电话： 开户银行： 账号： 单位名称：		合同管理机关鉴证意见 经办人： 电话： 年　月　日			

四、绘制模具总装图及零件图

1. 根据确定的模具类型及结构方案，进行模具结构设计并绘制模具结构草图

（1）确定模具零件主要结构尺寸 在标准模架选定之后，主要确定的模具零件是成型零件。成型零件的结构形式有整体式和组合式两类。在电话机手柄模中，因为制件形状比较复杂，所以成型零件的结构形式采用组合式。前面已经确定动、定模镶块大小尺寸为230mm×290mm。因为此模为一模二腔，为了便于加工和维修，将镶块230mm×290mm分成2个115mm×290mm的镶块组合而成。在标准模架中的动、定模固定板的中心位置上加工出230mm×290mm的长方孔，将镶块装配进去。镶块与动、定模固定板的配合采用H7/m6。在镶块结构设计时要注意镶块的定位与夹紧问题。

（2）确定模具零件的功能尺寸 功能尺寸一般是指抽芯距、斜销或斜滑块角度、定距分型的距离、推出距离等。在电话机手柄模中，因为抽芯距都不大（不超过5mm），所以滑块及斜推杆的角度可在正常范围内选取。参照有关手册并通过计算，初步确定滑块的斜角为16°，斜推杆的斜角为4°～8°。定距分型的距离是根据安装在定模上的抽芯机构要求的抽芯距来确定的。在电话机手柄模中，为满足抽芯距要求，取楔紧块的斜角为16°，定距分型距离为16mm。推出距离根据制件的高度确定，因电话机手柄上盖的高度最大不超过30mm，故推出距离大于35mm时就能满足要求。在电话机手柄模中，标准模架垫板高度为100mm，有效推出距离为55mm，故满足设计要求。

（3）模具与成型设备关系的校核 根据确定的模具结构及尺寸，对前述选定的注射机XS-ZY-250的有关工艺参数进行校核。

① 注射量的校核。由前面计算得制件质量为105g，根据模具结构算得浇注系统质量约为18g，则每次注射所需塑料量为123g。

注射机的最大注射量250g×0.8=200g>123g，能满足要求。

② 锁模力与注射压力的校核。注射机的锁模力必须大于型腔内熔体压力与塑料制件及浇注系统在分型面上的投影面积之和的乘积，即

$$F_{锁} \geqslant P_{模} A$$

$$F_{锁} \geqslant K P_{注} A$$

式中 $F_{锁}$——注射机的最大锁模力，kN，查得XS-ZY-250型注射机最大锁模力为1800kN；

$P_{模}$——模内平均压力，kPa，对ABS塑料，一般取$P_{模}=35\text{MPa}$；

$P_{注}$——注射压力，MPa；

K——压力损耗系数，一般取1/3～2/3；

A——制件及浇注系统在分型面上的投影面积，cm^2，经计算，投影面积约为$218cm^2$，则

$$P_{模} A=(35\times21800)\text{N}=763000\text{N}=763\text{kN}$$

由于$F_{锁}=1800\text{kN}$，故满足$F_{锁}\geqslant P_{锁} A$，同时根据$P_{模}=kP_{注}$，则$P_{注}=P_{模}/K$，取$K=1/3$，$P_{模}=35\text{MPa}$，得$P_{注}=105\text{MPa}$。

查手册知，XS-ZY-250型注射机额定注射压力为130MPa，故能满足ABS塑料成型的注射压力要求。

③ 模具厚度与注射机闭合厚度的校核。模具厚度必须在注射机允许的最大闭合厚度与最小闭合厚度之间，即

$$H_{min} \leqslant H \leqslant H_{max}$$

式中 H——模具厚度，mm；

H_{min}——注射机允许的最小闭合厚度，mm；

H_{max}——注射机允许的最大闭合厚度，mm。

查手册，H_{min}为200mm，H_{max}为350mm，初选的模架为GCI3450，其模具厚度为335mm，所以能满足要求。

④ 注射机开模行程校核。注射机开模行程应大于模具开模时取出制件所需的开模距，即满足下式

$$S \geqslant H_1 + H_2 + (5 \sim 10)$$

式中 S——注射机开模行程，mm，XS-ZY-250型注射机的$S=500$mm；

H_1——推出距离，mm，$H_1=30$mm；

H_2——制件高度+浇注系统高度，mm，本模具中$H_2=(30+135)\text{mm}=165\text{mm}$，则

$$H_1 + H_2 + 10 = (30+165+10)\text{mm} = 205\text{mm} < 500\text{mm}$$

所以满足要求。

(4) 模具结构的必要计算 这里主要介绍成型零件工作尺寸的计算。由于需要计算的成型零件工作尺寸很多，在此仅以电话机手柄上盖长度尺寸218mm为例计算其型腔的尺寸和公差。

从手册中查得尺寸218mm公差为0.56mm，该尺寸标注为$218_{-0.56}^{\ 0}$mm，取平均收缩率$S_{CP}=0.6\%$，则型腔尺寸及公差为

$$L_m = [L_s + L_s S_{CP} - 3\Delta/4]_0^{+\delta_z} = [218 + 218 \times 0.6\% - 3 \times 0.56 \div 4]_0^{+3/4 \times 0.56}\text{mm}$$

$$= [218 + 1.3 - 0.42]_0^{+0.14}\text{mm} = 218.88_0^{+0.14}\text{mm}$$

2. 绘制模具总装配图

通过上述有关问题的分析、选择、计算和校核，可以绘制模具的正式装配图，如图5-7所示。

3. 绘制模具零件图

要绘制的模具零件图主要是指非标准的模具零件图，特别是成型零件。对于这类非标准零件，应首先确定其坯料尺寸，以便进行成本估算、报价及订货。同时，由于成型零件加工精度高、周期长，因此需认真绘制零件图。零件图的结构设计应合理，并完整地标注尺寸、公差、表面粗糙度，提出适当的技术要求。

4. 模具图样的校对与审核

在进行模具设计图样的校对与审核时，必须先了解模具的工作过程。

本电话机手柄模具的工作过程是（对照图5-7）：模具开模时，因尼龙塞头18锁紧了分型面Ⅰ，模具首先从分型面Ⅱ处打开，同时楔紧块23松开，滑块25在弹簧作用下进行抽芯。当分型面Ⅱ分开至16mm时，限位螺钉19碰到定模座板13，模具开始在分型面Ⅰ处进行分型，同时滑块20在弹簧28作用下进行抽芯，模具继续开模至规定打开距离（约210mm）。然后，在注射机顶出机构作用下，模具的推动机构进行推出动作，斜推杆17、32进行推出抽芯，推杆5、6、30及推管7、29等同时进行推出动作，将制件推出模具。

在了解模具工作过程的基础上，分析模具结构是否合理，是否能够满足成型制件的需要，并对模具及模具零部件进行审核。审核内容主要包括是否满足制件质量、成型设备、模具结构、设计图样等几个方面要求，特别要注意模具设计的标准化问题。

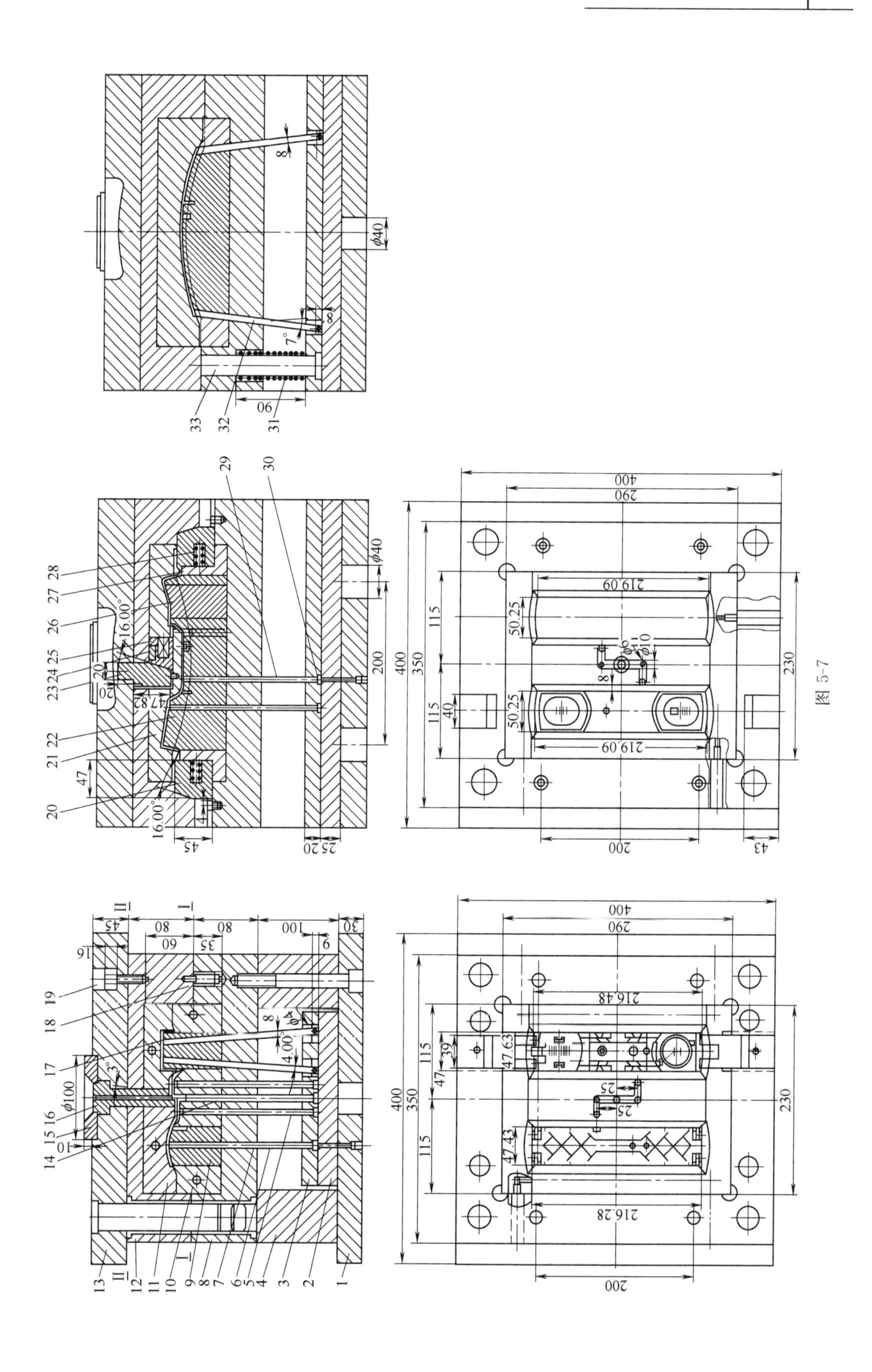

图 5-7

序号	名称	材料	数量	规格	序号	名称	材料	数量	规格
					17	斜推杆	CrWMn	2	200×15×15
33	复位杆	标准件	4	ϕ25×155	16	浇口套	标准件	1	2080　B型
32	斜推杆	CrWMn	4	15×15×220	15	定位圈	标准件	1	ϕ100×15
31	弹簧	标准件	4	50×25×100	14	拉料杆	标准件	1	ϕ8×200
30	推杆	标准件	1	ϕ2.2×250	13	定模座板	45	1	400×400×45
29	推管	标准件	1	ϕ5.5×ϕ2.2×175	12	定模板	CrWMn	1	400×350×80
28	弹簧	标准件	3	ϕ12×ϕ6×30	11	定模镶块	CrWMn		300×115×65
27	动模镶块	CrWMn	1	300×115×65	10	动模镶块	CrWMn		300×115×65
26	动模镶块	CrWMn	1	ϕ60×80	9	动模型芯	CrWMn	1	230×60×70
25	滑块	CrWMn	1	70×50×35	8	动模板	45	1	400×350×80
24	导轨	CrWMn	1	70×50×20	7	推管	标准件	1	ϕ6.5×ϕ2.2×190
23	楔紧块	CrWMn	1	70×50×45	6	推杆	标准件	1	ϕ2.2×250
22	型芯	CrWMn	1	300×80×60	5	推杆	标准件	2	ϕ8×200
21	定模镶块	CrWMn	1	300×115×65	4	垫块	45	2	400×100×65
20	滑块	CrWMn	2	65×50×50	3	推杆固定板	45	1	400×220×20
19	限位螺钉	标准件	4	M12×60	2	推板	45	1	400×220×25
18	尼龙塞头	标准件	4	16×25	1	动模座板	45	1	400×400×30

模架	电话机手柄注射模		比例	
			注塑材料	ABS
3540　GUI A=80　B=80	设计		收缩率	0.6%
	审核			

图 5-7　模具总装配图

五、模具的制造

模具制造主要包括备料、加工工艺过程的制订、数控加工程序的编制、辅助工具（如电加工电极等）的设计与加工、模具零件的加工以及模具的装配。

1. 备料

根据模具设计总装配图和零件图，列出备料清单（见表 5-5），并按照备料清单订购标准零部件和原材料。

表 5-5　备料单

制件名称:电话机手柄			模具类型:注射模				
序号	名称	型号规格	数量	单价/元	金额/元	交货时间	备注
1	模架	GCI3540 A=80mm B=80mm	1				订购
2	定模镶块	300×115×65CrWMn	2				订购
3	动模镶块	300×115×65CrWMn	2				订购
4	型芯	230×60×70CrWMn	2				订购
5	镶块	65×50×50CrWMn	4				订购
6	标准件	详见明细表	1 批				库存
7	铜电极	240×80×70	4				库存
合计人民币：			¥				

2. 制订模具零件加工工艺规程，编制数控加工程序，设计并加工辅助工具

这项内容包括：对每一个需要加工的模具零件进行加工工艺性分析，并结合模具加工现场生产条件制订各零件的加工工艺规程；对需要进行数控加工的零件，分析其数控加工的工艺路线并进行有关工艺计算，编制数控加工程序；对模具零件加工工艺规程提出的辅助工具（如专用量具或样板、专用夹具、工具电极等）进行设计和加工。

有关模具零件加工工艺规程的制订、数控加工程序的编制、模具加工辅助工具的设计等详细内容，请参考相关的技术资料。

3. 模具零件的加工

依据制订的模具零件加工工艺规程，对需要加工的每个模具零件进行组织加工。电话机手柄注射模具零件加工要用到常规机械加工、数控加工、电加工以及光整加工等方法。加工过程中主要注意如下一些问题。

（1）成型零件的加工　成型零件（镶块）是模具的重要零件，其形状比较复杂，加工精度与表面质量要求都很高，因而是加工中的难点。这类零件一般要经过多道工序用多种方法加工，所以加工时要特别注意基准的选择、加工和找正，并合理选择加工工艺参数，同时在加工过程中要随时进行检测，以保证零件型面的形状与位置精度，减少或消除废品的产生。

（2）动、定模固定板的凹孔加工　为了安装镶块，需要在动、定模座板上加工出与镶块配合的凹孔。凹孔的加工一般采用铣削方法。加工过程中也要注意加工基准的选择问题。应选择模板上同一方位互相垂直的侧基准定位，以保证镶块装入后的位置精度。

（3）滑块与导滑槽的加工　侧抽芯机构的滑块在模板上的导滑槽内应能灵活可靠地滑动，因此导滑槽要保证与滑块有较好的滑动配合精度和耐磨性要求。先将滑块与导滑槽分别

加工好。加工滑块时，应注意将与导滑槽的配合部分留出修配余量，装配时再通过配磨滑块来保证滑块与导滑槽的配合精度。另外，加工滑块时还要注意滑块上的侧型芯与镶块之间的配合关系，保证制件成型时侧凹的深度和不产生漏料飞边。

(4) 斜推杆与镶块配合孔的加工　斜推杆成型部分采用铣削或电火花加工，配合孔采用线切割加工。加工时应注意先加工好配合孔，再根据孔的实际尺寸配磨斜推杆，保证斜推杆在配合孔内滑动灵活可靠，且不产生漏料飞边。

(5) 冷却水道孔的加工　冷却水道孔的加工属于深孔加工，一般在摇臂钻床上进行。加工过程中，主要应注意防止深孔钻削时的偏心问题，可从刀具的刃磨和冷却等方面采取措施。

4. 模具的装配

模具零件加工完成以后，要进行模具的装配。装配时，每一相邻零件或相邻部件之间的配合和连接均需按装配工艺确定的装配基准进行定位与固定。

电话机手柄注射模的装配是在标准模架的基础上，全部非标准零件已加工完（除在装配时需配加工的部分以外）后进行的。具体装配的步骤是（对照图 5-7）：

① 按图样要求检验各零件尺寸；

② 将滑块 25 及弹簧装入定模镶块 21，再将动、定模镶块和型芯分别装入动模板 8 和定模板 12，并修磨分型面，保证分型面贴合紧密；

③ 过定模镶块 11 引钻、铰定模座板 13 上的浇口套安装孔，并以浇口套安装孔为基准加工定位圈安装孔；

④ 过动模镶块和型芯引钻动模板 8 上的推杆及推管过孔，并配加工推杆固定板 3、推板 2 和动模座板 1 上的推杆或推管安装孔；

⑤ 分别以动模型芯 9、型芯 22 为基准，加工动模板 8 上的斜推杆孔，并配合斜推杆 17、32 加工推杆固定板 3 上的斜推杆安装座孔；

⑥ 安装楔紧块 23，并配磨楔紧斜面，保证与滑块 25 之间贴合紧密；

⑦ 安装浇口套 16、定位圈 15 和限位螺钉 19；

⑧ 根据定模板 12 配磨滑块 20 上的斜面，保证楔紧斜面之间贴合紧密，再将滑块与定位螺钉和弹簧一起安装在动模上；

⑨ 安装推出机构，调整推出距离，修配各推杆、推管和斜推杆的长度，固定动模部分；

⑩ 安装尼龙塞头 18，合模检查各部分装配情况。

5. 制订注射成型工艺卡，试模，修模，交付

将加工好的模具零部件按照一定顺序装配好后，就要进行试模。试模是检验模具设计及制造技术水平高低的一个重要环节，也是进行修模的重要依据。

试模前，先根据塑料的成型特点，选择适合的注射成型工艺参数，制订注射成型工艺指导卡。电话机手柄的注射成型工艺指导卡如表 5-6 所示。

试模时，先将模具安装在所选的 XS-ZY-250 型注射机上，然后根据制订的注射成型工艺卡调整各工艺参数。试模过程中要根据试模件的情况，记录并分析成型制件的缺陷，找出产生缺陷的原因。这些缺陷可能是设计方面引起的，也可能是制造方面引起的，还有可能是成型工艺引起的，应根据具体情况进行调整或修改。

如果试模分析出来的原因是制造方面引起的，应进行修模。修模后的模具还要再进行试模，直至成型的制件完全合格，并得到客户的认可为止。

表 5-6　注射成型工艺指导卡

机型:XS-ZY-250			执行日期:					
产品名称		电话机手柄		颜色		黑色		
规格型号				每模数量		1+1		
材料名称		ABS		产品质量		125g		
主要成型工艺参数								
注射速度	一次	70%	一次	65%	一次		一次	
	二次	30%	二次	25%	二次		二次	
	三次	25%	三次	25%	三次		三次	
修订人								
注射压力	一次	60kg/cm²	一次	55kg/cm²	一次		一次	
	二次	40kg/cm²	二次	45kg/cm²	二次		二次	
	三次	35kg/cm²	三次	45kg/cm²	三次		三次	
修订人								
注射位置	一段	60mm	一段	55mm	一段		一段	
	二段	30mm	二段	30mm	二段		二段	
	三段	20mm	三段	20mm	三段		三段	
修订人								
时间	注射	6s	注射	6s	注射		注射	
	冷却	25s	冷却	25s	冷却		冷却	
	周期	42s	周期	42s	周期		周期	
修订人								
成型温度	喷嘴	一区	二区	三区	干燥	干燥时间	喷嘴	
	215℃	210℃	210℃	190℃	85℃	1.5h		

制件简图	成型中控制部位						
	外观	缺胶		粘模	√	顶白	
		缩水	√	夹水纹	√	模花	
		批锋	√	料花		色差	
		烧焦		混色		气纹	√
	包装材料及要求						
	纸箱编号						
	内包装数						
	整装箱数						
	备注						
定制:	审核:				批准:		

经试模、修模并认定模具完全合格后，便可交付给用户。至此，模具设计与制造的全部过程已经完成。

第二节　实训指导与课题

一、实训指导

(一)工艺小结

1. 常用加工工具及机器

(1) 测量工具　卡尺、千分尺、千分表、标准量块、标准角块、转盘、角规、投影仪、抄数机等。

(2) 加工机器及设备　锣床、车床、磨床、钻床、CNC（电脑锣）、火花机、线切割机等。

2. 加工方法及工艺

按模具设计图纸，订回模架（即模胚）、模具工作零件毛坯（即模仁毛坯）、滑块毛坯（即行位毛坯）、斜顶毛坯、镶件毛坯等钢料，完成以上订料过程即可开始安排加工。按加工工艺大概分为粗加工及精加工两块。模胚开框，由锣床或电脑锣先开粗框、后开精框（也可由模胚厂代为加工，但要付给相应的费用；一些小型单位为节约成本往往自己加工，但效率低，精度不高），其他部件同样也是先粗加工成粗胚，后经电脑锣、火花机、线切割机精加工到符合图纸精度要求，最后装配入模胚成为一套完整的模具。其流程大概如下：订料(→模胚开框)→模仁、行位等 CNC 加工→电极(铜公)加工→火花机加工型腔(EMD)→钳工加工(FIT 模)→抛光(省模)→装模→试模。

实际制造中，几种加工工艺交织在一起，需要模具设计人员与模具师傅安排好各个环节，一步出错，满盘皆输。返工往往造成对模具的损害，做出来的模就不漂亮了。要补救好的话，只能换料，这将增加时间和成本，而很多时候时间是最重要的。现在模具行业竞争很激烈，客户给模房的时间都很急，不能按时交模，最终将失去客户。

各加工机械设备的功能简介。

(1) 锣床　用于人工铣、切、钻形状较简单、规则的工件，如直线、斜线；常用来加工精度不是很高的工件，模胚开框、模仁、行位开料等。

(2) 车床　主要用于圆形的工件加工，如唧嘴、定位环、法兰等；精度可达较高的要求。

(3) 磨床　主要用于钢料磨平，磨基准等，可满足大部精度要求。

(4) 钻床　主要用于钻孔、攻牙、打运水孔等。

(5) CNC（电脑锣）　已成为现代化模具工业的标志性设备，主要用于复杂、不规则曲面的数控加工。其特点是精度高、可靠性好、效率高，基本上任何模具的加工都离不开它。型腔、铜公等工件的加工都由它完成，它几乎可以加工任何形状的工件。

电脑锣由计算机程控，因此，其操控人员——CNC 编程员除对电脑锣加工控制软件熟悉以外，还要对模具结构及加工方法有深入的了解。一个只懂加工软件而不懂模具结构及加工方法的编程员只能是纸上谈兵。

(6) 火花机　用于电蚀工件。把电极（铜公）装在机头上，通过机器的内部电路控制电流放电在工件上蚀出和电极形状一样的凹腔。

(7) 线切割机　用于工件外形的切割。它把一根极细的钼丝穿过预先在工件上打的孔，依照电脑内的数据，控制钼丝放电及运行，在工件上割出设定的形状。一般钼丝直径为0.07～0.10mm，因此，它加工的精度也很高。线切割分为快走丝、慢走丝。一般模房的线切割机都属快走丝，慢走丝顾名思意即加工速度很慢。它以牺牲速度换来的是高精度，基本上精密模具、一些五金端子模具都要用它来加工。单价为快走丝 3～5 倍。有个细节需提一提，即慢走丝使用的水是纯净水。当然，它也是数控的，需编写计算机程序来控制。

（二）模具订料

模具订料，是指模具设计和制造前的准备工作。根据客户提供的塑件报价（参考）资料或正式塑件资料，确定塑件在模具中的位置和数量，以及模胚和模料的尺寸、材料。

模具订料资料有订料图和订料单；订料图也是模具最初的设计方案，它为模具订料提供参考说明。

1. 绘制模具订料图

（1）非通框模具订料图 如图 5-8、图 5-9 所示，要求如下：

① 模具因行位或其他特殊结构使得模框开槽，这时模具不应制作通框；

② 线切割用料图中，料边距离 $f=30\text{mm}$，$e=5\sim10\text{mm}$；

③ 由于行位引导伸长，所以边钉需加长。

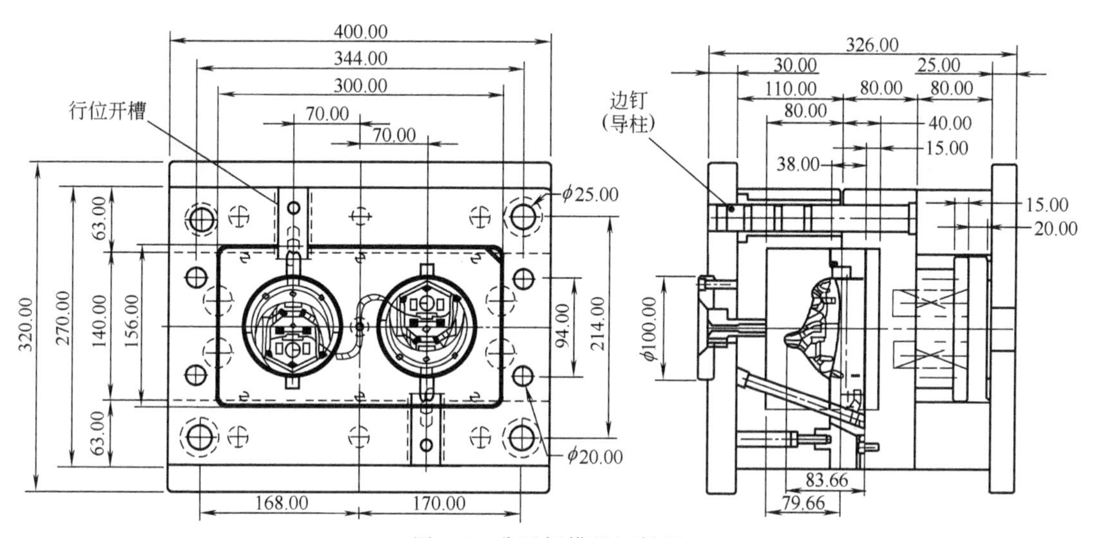

图 5-8 非通框模具订料图

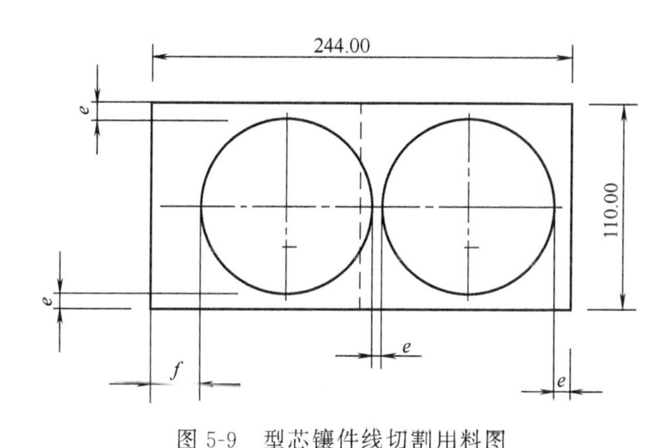

图 5-9 型芯镶件线切割用料图

（2）通框模具报价图 如图 5-10、图 5-11 所示，要求如下：

① 在模具结构允许的条件下，垫块宽度加宽（N 值加大），提高支承板强度，使 $C=5\sim15\text{mm}$；

② 模具（宽×高）为≥450mm×450mm 时，当模宽<550mm，增加两个推板导柱；当模宽≥550mm 时，增加四个推板导柱；

③ 因有吊环螺钉孔，推板导柱到边框距离 $M\geq40\text{mm}$；

④ 模具精框角位 R 值，当框深 1～50mm，$R=13\text{mm}$；当框深 51～100mm，$R=16.5\text{mm}$。

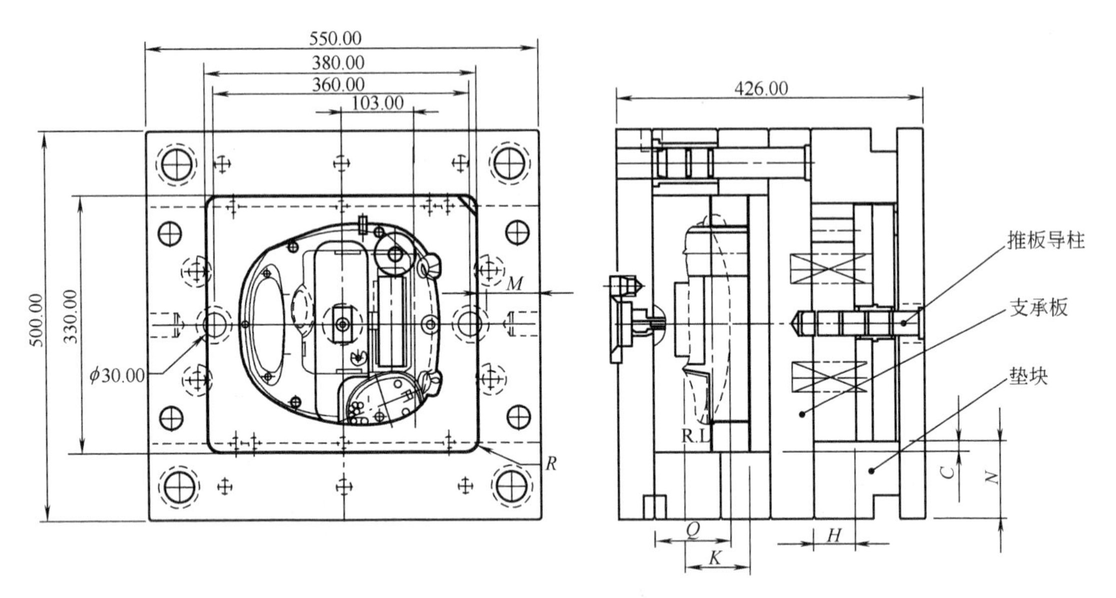

图 5-10　通框模具订料图

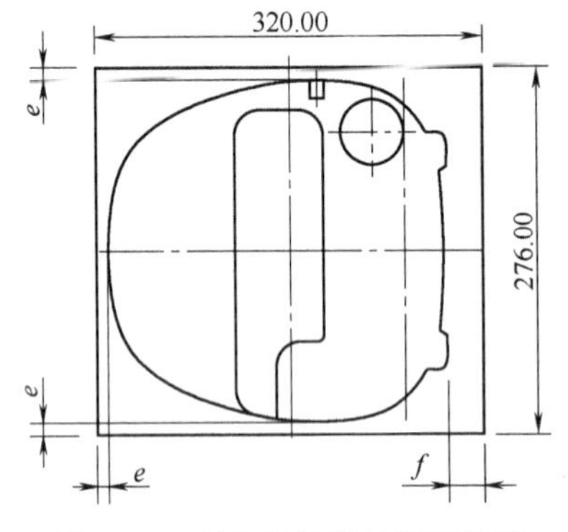

图 5-11　型芯镶件线切割用料图

（3）绘制报价图　应反映模具以下几方面：

① 依据模腔数要求，进行塑件排位；

② 确定塑件浇口形式，选择模具类型，如二板模或三板模；

③ 绘出模具机构的大体形状及位置要求，如行位斜度、行出距离及锁紧机构等；

④ 选定垫块高度，根据塑件各部位脱出定模型腔所需最大长度，使得 $H\geqslant$ 塑件脱模最大长度 $+10$mm 顶位空间，如图 5-10 所示；

⑤ 绘出模具动、定模最大料厚要求，如图 5-10 所示，前模厚 Q，后模厚 K；

⑥ 适当调整模具外形尺寸（宽×高×厚），使模具能在最经济（较小）的注射设备上生产。

2. 订料

订料是在已有订料图的基础上，绘制模架简图（见图 5-12），填写订料单（见表 5-7）。

订料几点注意：

① 模架简图和订料单中的数值（除特殊值外）以整数表示；

② 模架简图只反映模架制作公司所做的内容，订料图中其他结构内容都须删去；

③ 模具定、动模板，须注明开精框或粗框，及通框分中或非通框分中，非通框分中还须有深度值；对加工非对称框时，简图中必须详细绘出注明；

④ 吊环孔，对型腔模板厚≥100mm，外形≥400mm×400mm，注为“十字公制”——四边框中间位制作吊环孔；厚度<100mm，外形<400mm×400mm，注为“公制”——只在长度方向两边中间位制作吊环孔；

⑤ 模具镶件的料厚，应预留加工余量，在订料图厚度尺寸上加厚 1～2mm；另外，所

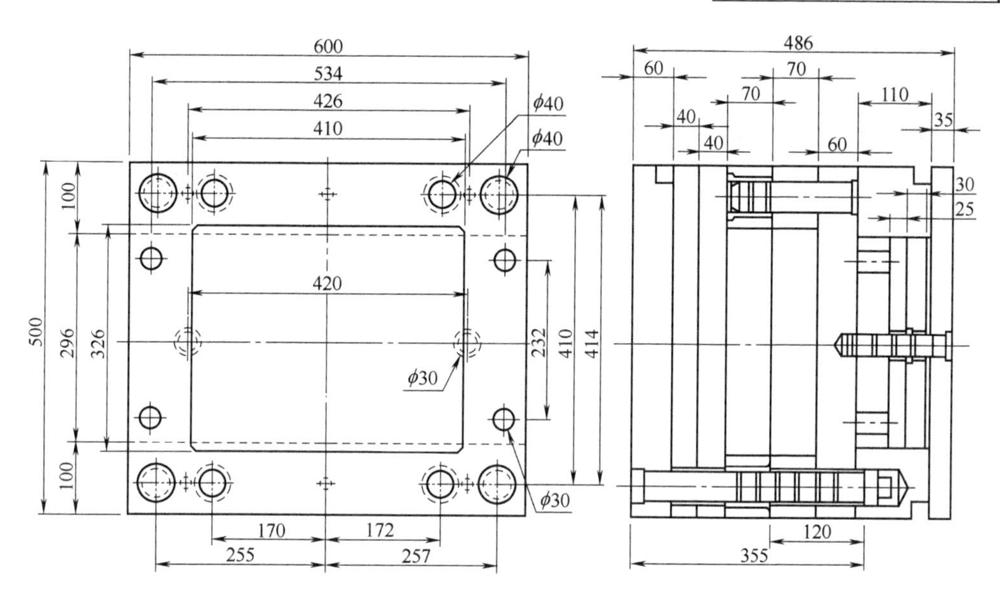

图 5-12 模架简图

表 5-7 模具订料单

两板式					成品编号		
三板式					成品编号		
出件数					模胚型号		
模板	厚	宽	长	件数	材料	导柱方向	附 加
1	60	500	600	1			
2	40	500	600	1			
3	40	500	600	1			
4	70	500	600	1			精、通框分中:326×410
5	70	500	600	1			精、通框分中:326×41
6	60	500	600	1			
7	110	100	600	2			
8	25	296	600	1			
9	30	296	600	1			
10	35	500	600	1			

流道板导柱

导柱

导柱位置

420

顶板导柱位置

型腔:70×326×410　M238H　钢　1件

型芯:66×326×410　M202　钢　1件

型芯镶件:78×240×370　王牌　钢　1件

垫板:25×326×410　王牌　钢　1件

以上钢件均需铣磨正曲尺。

零件	尺寸
导柱	4×φ40
导套	4×φ40
流道板导柱	4×φ40×355
流道板导套	4×φ40
复位杆	4×φ30
顶板导柱	2×φ30
顶板导套	2×φ30
码模坑	板 1
垫块	码模坑
吊环孔	十字公制
胚头	公制

模架外观尺寸:宽 500×高 600×厚 486

订镶件钢料需注明“铣磨正曲尺”；

⑥ 选择模具钢料应前模硬度高于后模，前、后模硬度相差 5HRC 以上。

二、模具制造实训课题 1

（一）课题说明

图 5-13 为塑料制品图，产品为 PE 塑料。图 5-14 为模具装配图，包括动模视图、定模视图、两个方向的剖视图，一共四个主要的视图。

图 5-13 制件图

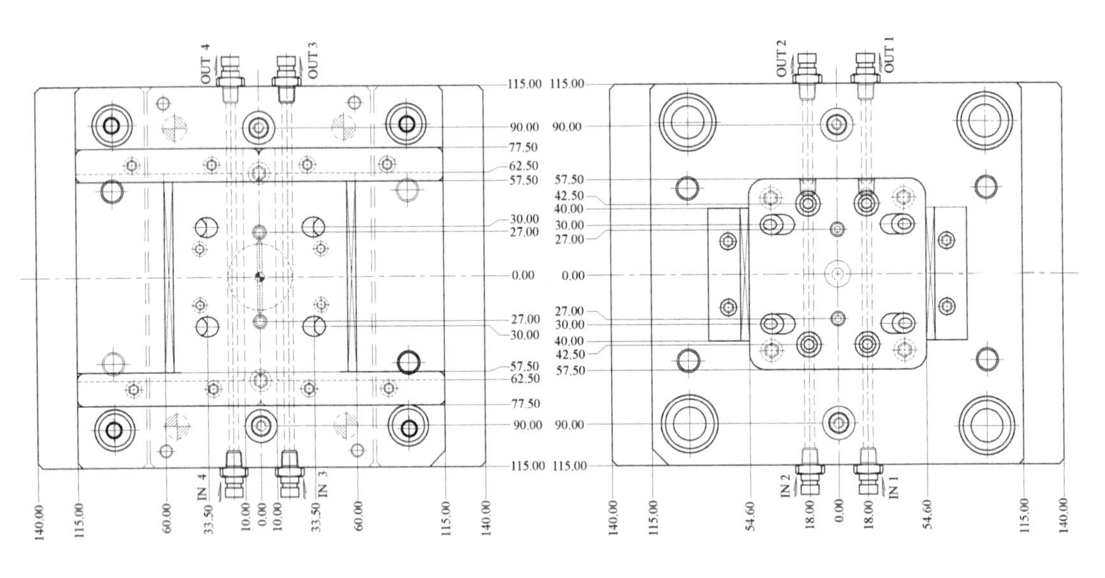

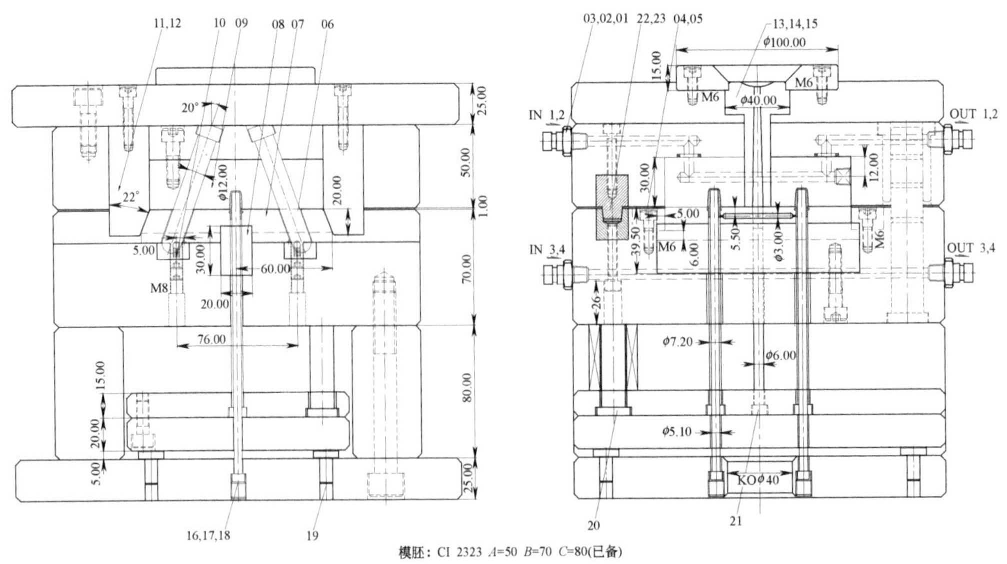

模胚：CI 2323 A=50 B=70 C=80(已备)

序号	名称		规格	数量	材料	备注
23	螺钉(辅助器)	S. H. C. S	M6×35	4	STD	
22	圆型定位柱	TAPERED LOCK BLOCK	ϕ20×19	2	STD	
21	顶针	EJECTOR PIN	ϕ6×150	1	STD	
20	弹簧	SPRING	ϕ30×80	4	STD	
19	垃圾钉	STOP PIN	ϕ16×5	4	STD	
18	无头螺丝	S. H. C. S	M10×10	2	STD	
17	司筒针	SLEEVE PIN	ϕ5.1×180	2	STD	
16	司筒	SLEEVE	ϕ7.2×ϕ5.1×125	2	STD	
15	螺钉(定位圈)	S. H. C. S	M6×20	2	S20+Ni	
14	唧嘴	SPRUE BUSH	ϕ16×80	1	SK3	
13	定位圈	LOCKING RING	ϕ100×15	1	S55C	
12	锁紧块	LOCKING BLOCK	25×66×80	2	P20+Ni	50～52HRC(氮化)
11	螺钉(锁紧块)	S. H. C. S	M8×35	8	STD	
10	拨珠螺丝	DOWEL PIN	M8	4	STD	
09	型腔	CAVITY	115×109.2×30	1	P20+Ni	50～52HRC(氮化)
08	型芯	CORE	30×20×155	1	P20+Ni	50～52HRC(氮化)
07	滑块	SLIDE	125×60×20	2	P20+Ni	50～52HRC(氮化)
06	斜导柱	ANGULAR PIN	ϕ12×85	2	SCM-21	
05	行位压块	SOUISH BLOCK	13.5×20×115	4	P20+Ni	50～52HRC(氮化)
04	螺钉(压块)	S. H. C. S	M6×20	8	STD	
03	密封圈	O-RING	ϕ15×ϕ12	4	STD	
02	快换水嘴	COUPLERS FORDIE	1/4″	8	STD	
01	运水堵头	SOCRET SETSCKEW	1/4″	2	STD	

制图		标准模架		
			材料:PE	
			投影方向	
			比例	单位:mm

图 5-14　模具装配图

（二）实训步骤

① 选取模架，列出模具中标准零件清单（含名称、规格与数量），列算成本清单。

② 拆画模具如下的零件图：动模板、定模板、型芯、型腔、滑块、侧型芯。

③ 制订以下零件的加工工艺：动模板、定模板、型芯、型腔、滑块、侧型芯。

④ 按五人一组制造该模具或按合适的缩小比例制作该模具的模型，也可仅加工模具的型芯、型腔。

三、模具制造实训课题 2

（一）课题说明

图 5-15 为塑料制品图，产品为 ABS 塑料。图 5-16 为模具装配图，包括动模侧视图、定模侧视图、X—X 向（即图中的 A—A）剖视图、Y—Y 向（即图中的 B—B）剖视图，一共四个主要的视图，另外有一个 A 向局部视图以及表达型芯镶件与斜顶的工作关系视图，这样整个模具装配图共有六个视图。

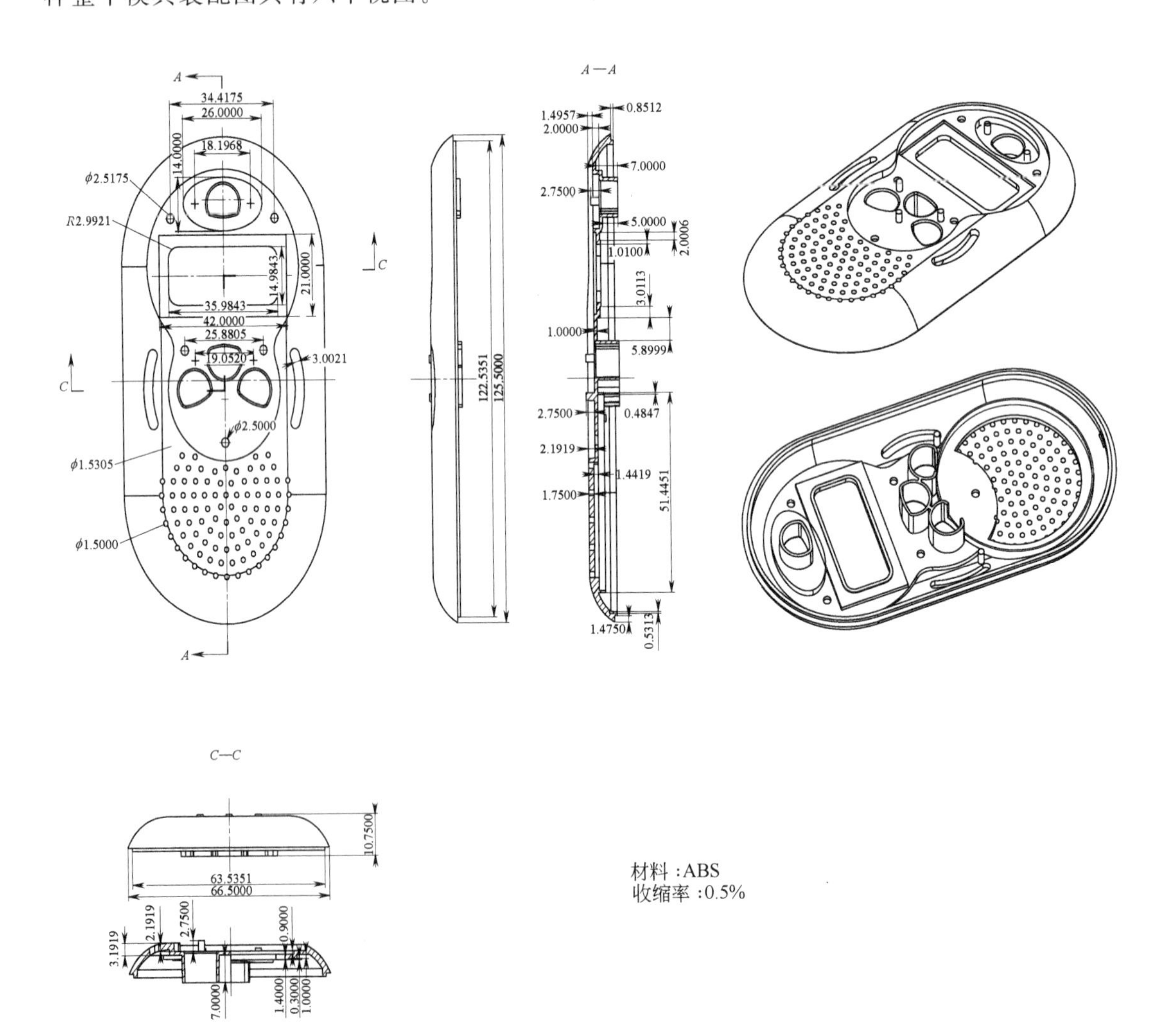

图 5-15 塑件图

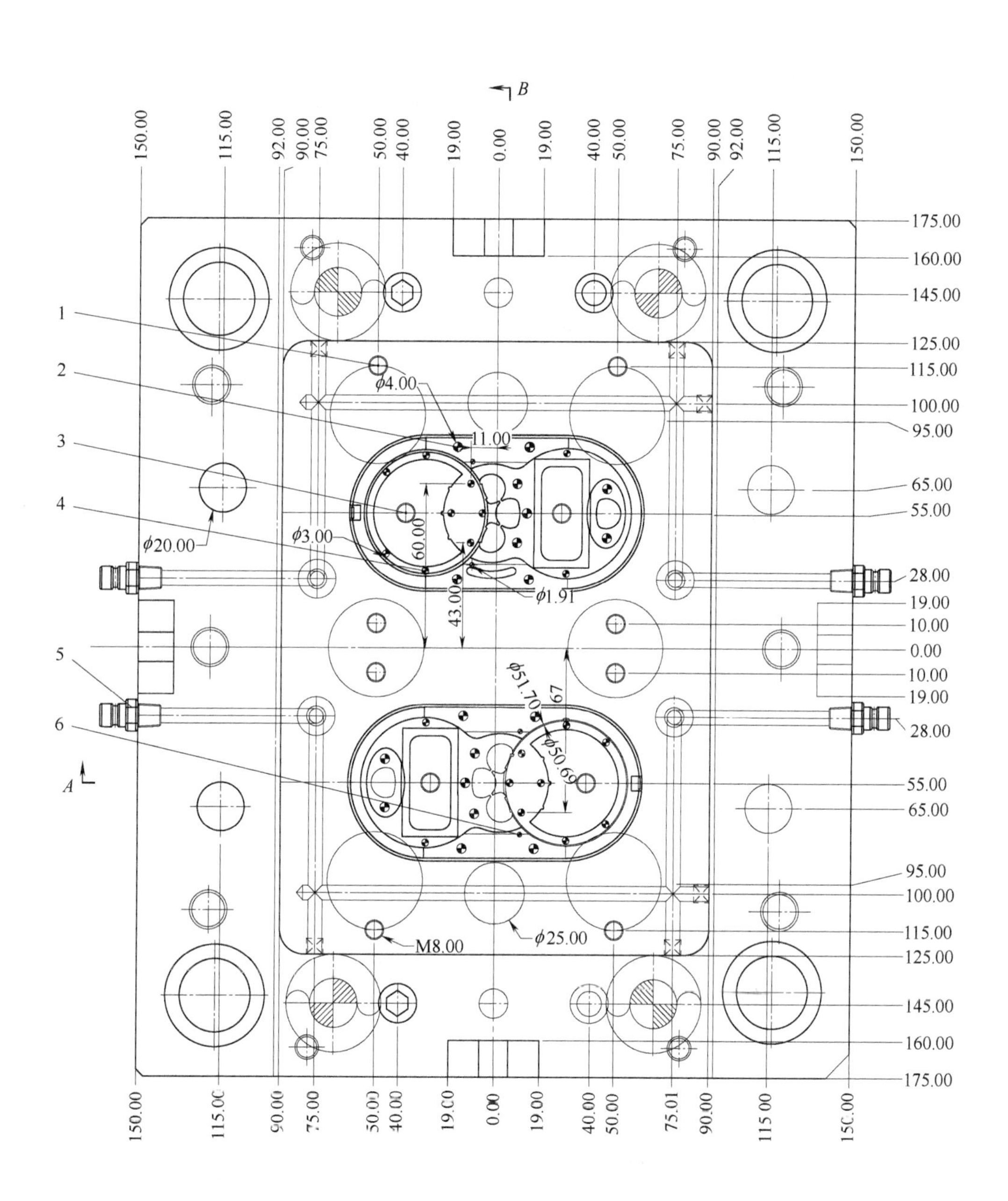

(a) 动模型芯侧视图

1,3—螺钉；2,4,6—顶杆；5—快换水管嘴接头

图 5-16

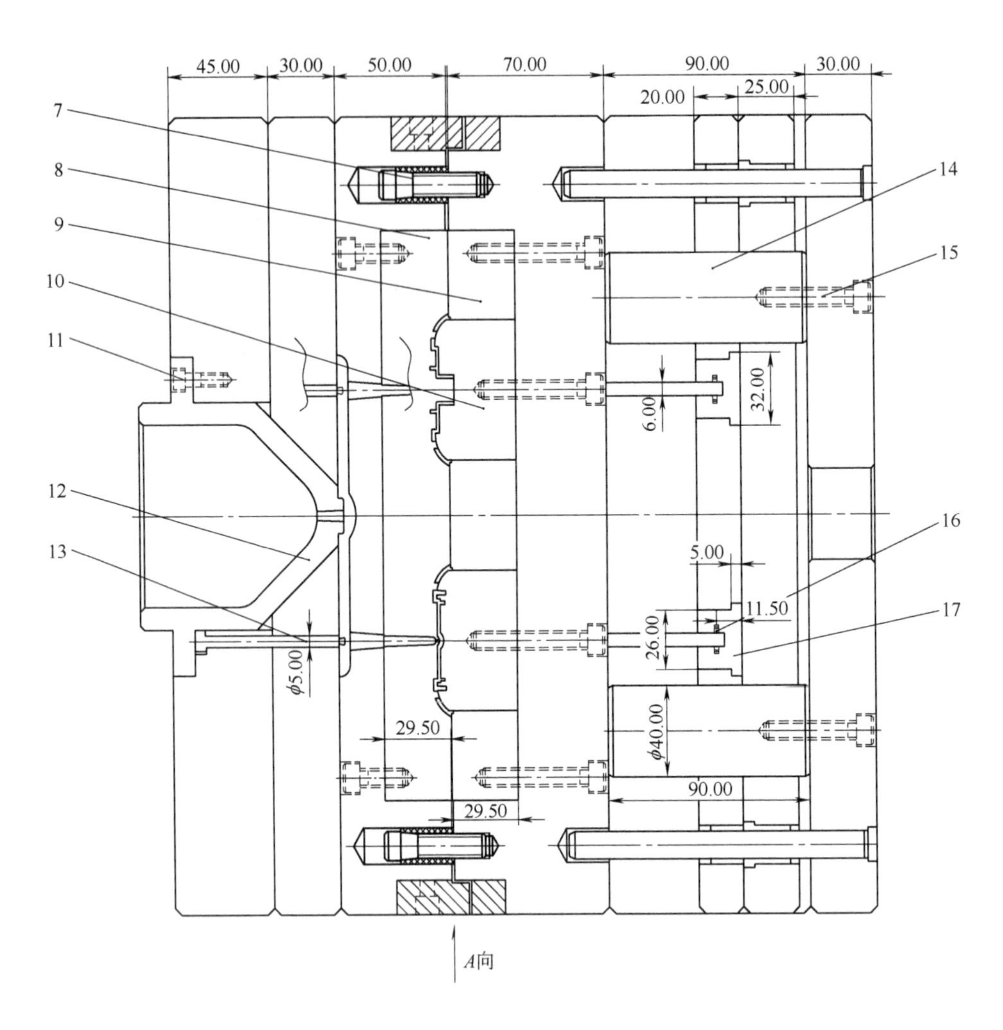

(b) B—B 剖视图

7—塑胶定位塞螺钉；8—型腔；9—型芯；10—型芯镶件；11—螺钉；12—主流道衬套；13—流道拉杆；14—支撑杆；15—螺钉；16—销钉；17—内抽芯（即斜顶）固定座

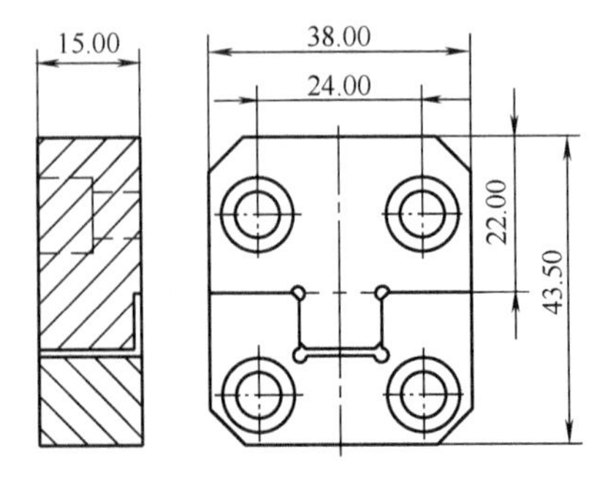

(c) A 向视图

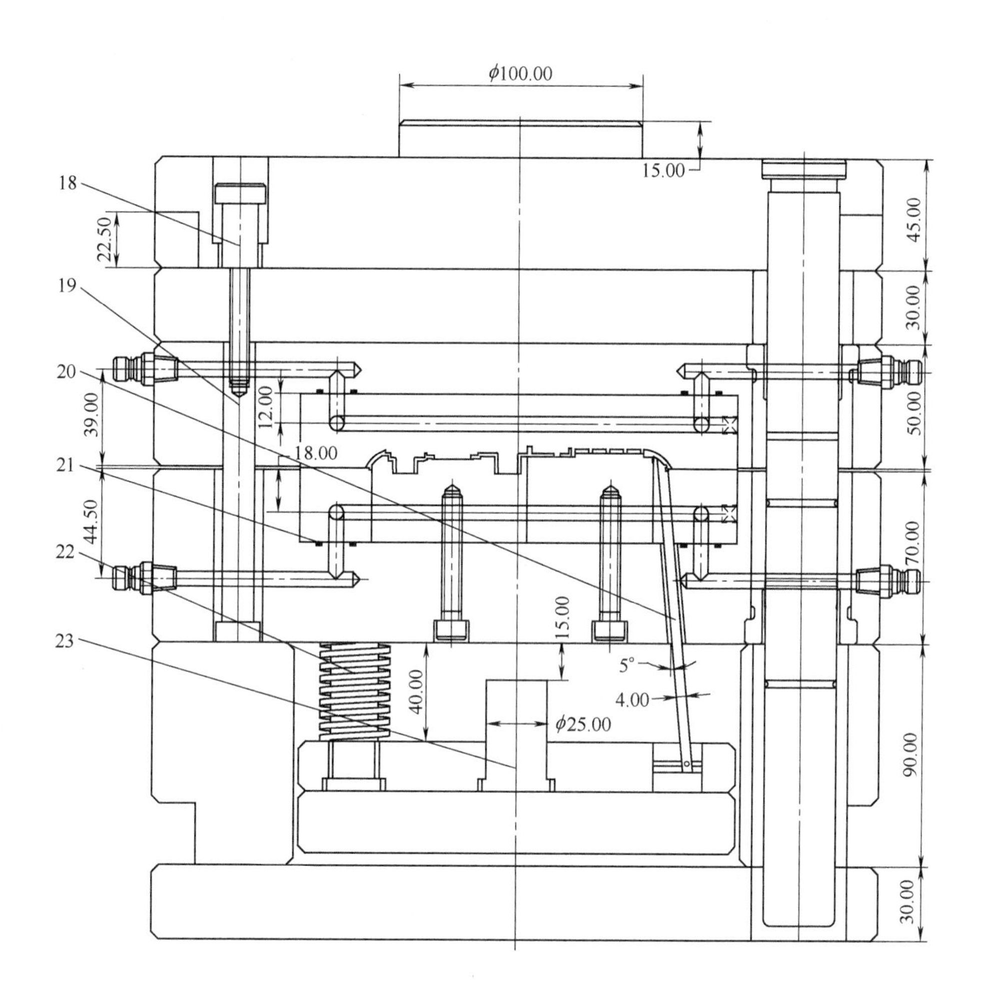

(d) A—A 剖视图

18—螺钉；19—定距拉杆；20—斜顶；21—密封圈；22—弹簧；23—定位柱

图 5 16

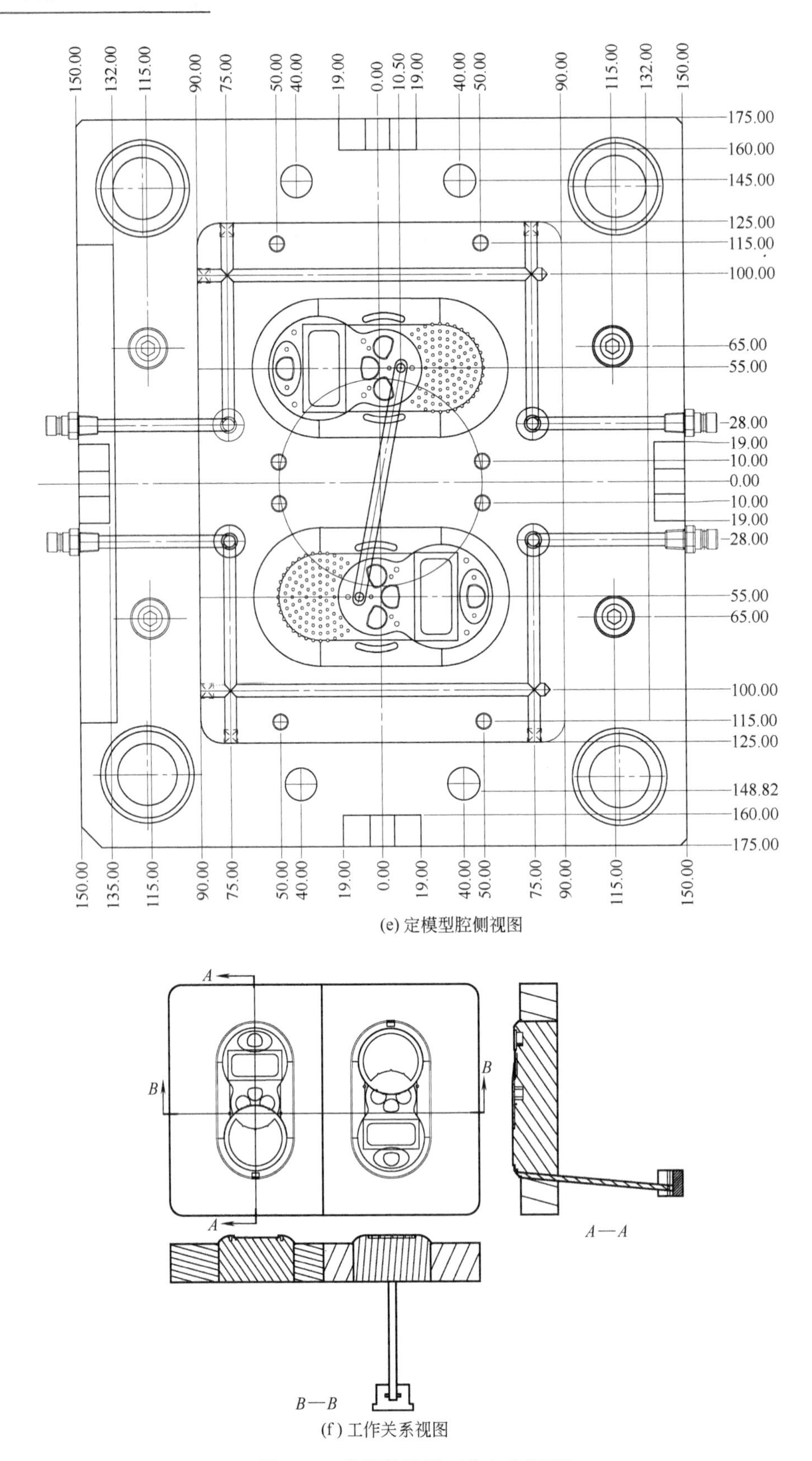

(e) 定模型腔侧视图

(f) 工作关系视图

图 5-16　模具装配图（共六个视图）

（二）实训步骤

① 用一款三维软件（如 Pro/Engineer、CAXA）绘制产品造型图，生成立体图与几个合适的视图，保存成 Iges 格式后转换成 DXF 格式；

② 在 AUTOCAD 中修改文件（如线型、多余线、漏线等），并标注；

③ 按第一角画法绘制模具装配图与所有的零件图；

④ 按第三角画法绘制模具装配图与所有的零件图；

⑤ 制订各零件的工艺文件；

⑥ 按五人一组制造该模具或按合适的缩小比例制作该模具的模型，也可仅加工模具的型芯、型腔。

四、模具制造实训课题 3

（一）课题说明

图 5-17 为塑料制品图，产品为 ABS 塑料。图 5-18 为模具开模状态图。

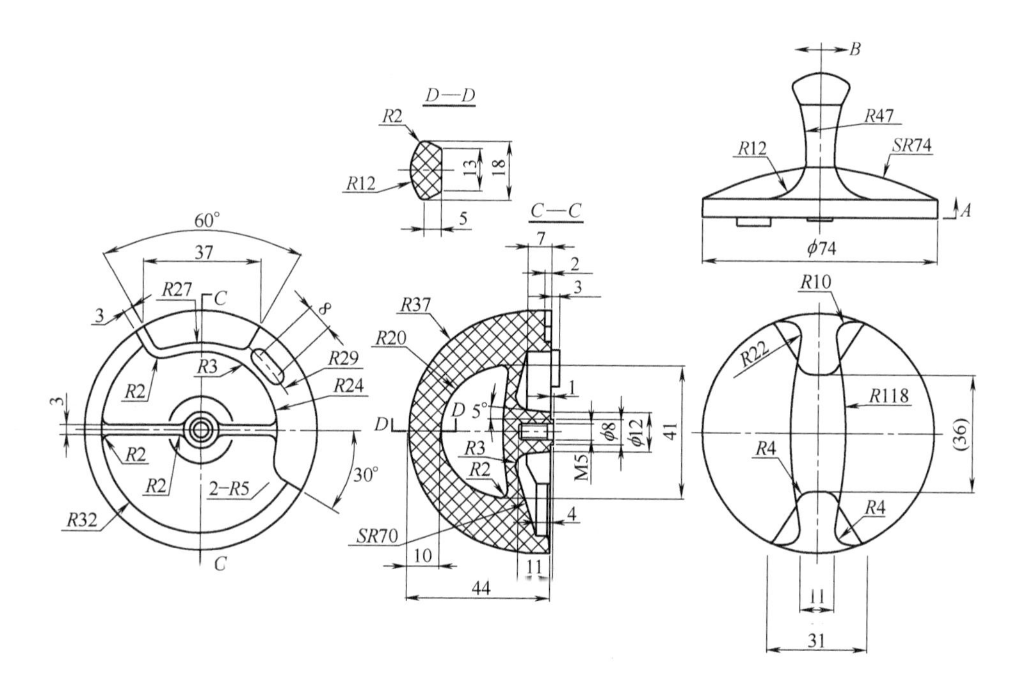

图 5-17　产品图

（二）实训步骤

① 选择模架，并绘制模架视图；

② 绘制模架的开框图；

③ 制订订购清单，请购订购清单中毛坯；

④ 根据制件图、模具开模状态图绘制该模具装配图及各零件图；

⑤ 制订各零件的加工工艺；

⑥ 按五人一组制作该模具或按合适的缩小比例制作该模具的模型，也可仅加工模具的型芯、型腔。

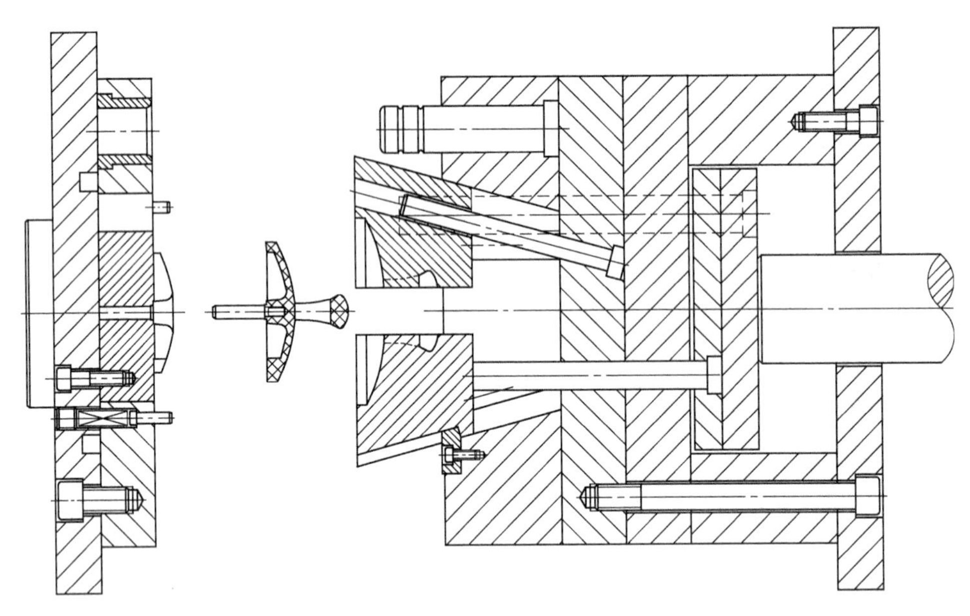

图 5-18 模具开模状态图

练习、思考及测试

一、练习（查找资料后完成）

（一）填空

1. 工艺规程是指规定产品、零件__________和__________的工艺文件。

2. 研磨导柱常出现的缺陷是______________________。

3. 装配好的推杆及复位杆，当模具处于闭合状态时，推杆顶面应______________型面______________________mm，复位杆端面应______________________分型面________________mm。

4. 电火花线切割加工是通过__________和__________之间脉冲放电时电腐蚀作用，对工件进行加工。常用__________作为电极，且接在脉冲电源的正极。

5. 铰孔适用于________________的孔的精加工，而镗孔适用________________的孔的加工。

6. 工艺规程是指规定产品、零件__________________和__________________的工艺文件。

7. 导柱外圆常用的加工方法有_______________、_______________、超精加工和研磨加工等。

8. 万能夹具因具有__________，可移动工件的__________，因此它能轻易完成对不同轴线的凸、凹圆弧面的磨削工作。

9. 模具生产属单件、小批量生产，在装配工艺上多采用__________________和__________________来保证装配精度。

10. 粗加工的主要任务______________________，使毛坯的形状和尺寸尽量接近__________________。

11. 电极丝位置常用的调整方法：__________、__________、__________。

12. 常见的修配方法有____________、____________、____________。

13. 生产类型是指企业（或车间、工段、班组、工作地）生产专业化的分类称为生产类型，包括____________、____________、____________三种类型。

14. 电规准分为____________、____________、____________三种，从一个规准调整到另一个规准称为电规准的转换。

（二）判断题

1. 精细车特别适合有色金属的精加工。（　）
2. 铰孔是对淬硬的孔进行精加工的一种方法。（　）
3. 在工艺尺寸链中，间接得到的尺寸称为封闭环。（　）
4. 按立体模型仿形铣时，仿形销的锥度应小于型腔的斜度。（　）
5. 用成型砂轮磨削法一次可磨削的表面宽度不能太大。（　）
6. 挤压法一般用于精度要求较高的中心孔。（　）
7. 成型磨削只能在工具磨床上辅以夹具进行。（　）
8. 型腔的表面硬化处理是为了提高模具的耐用度。（　）
9. 机械加工的最初工序只能用工件毛坯上未经加工的表面做定位基准，这种定位基准称为粗基准；粗基准一般只能使用一次。（　）

（三）选择题

1. 轴类零件在一台车床上车端面、外圆和切断。此时工序为（　）。

A. 一个　B. 两个　C. 三个　D. 四个

2. 下列不属于型腔加工方法的是（　）。

A. 电火花成型　B. 线切割　C. 普通铣削　D. 数控铣削

3. 下列不属于平面加工方法的是（　）。

A. 刨削　B. 磨削　C. 铣削　D. 铰削

4. 某导柱的材料为40钢，外圆表面要达到IT6级精度，$R_a 8\mu m$，则加工方案可选（　）。

A. 粗车—半精车—粗磨—精磨　B. 粗车—半精车—精车

C. 粗车—半精车—粗磨

5. 简要说明零件加工所经过的工艺路线的卡片是（　）。

A. 机械加工工艺过程卡　B. 机械加工工艺卡

C. 机械加工工序卡

6. 铰孔主要用于加工（　）。

A. 大尺寸孔　B. 盲孔、深孔

C. 中小尺寸未淬硬孔　D. 中小尺寸已淬硬孔

7. 单电极平动法的特点是（　）。

A. 只需工作台平动　B. 只需一个电极

C. 较轻易加工高精度的型腔　D. 可加工具有清角、清棱的型腔

8. 关于ISO代码中G00的功能说法正确的是（　）。

A. 直线插补指令　B. 快速移动且加工指令

C. 快速移动但不加工指令

9. 对于非圆型孔的凹模加工，正确的加工方法是（　）。

A. 可以用铣削加工铸件型孔　B. 可以用铣削作半精加工

C. 可用成型磨削作精加工

10. 对于非圆凸模加工，不正确的加工方法是（　　）。

A. 可用刨削作粗加工　　B. 淬火后，可用精刨作精加工

C. 可用成型磨削作精加工

11. 加工半圆 AB，切割方向从 A 到 B，起点坐标 $A(-5, 0)$，终点坐标 $B(5, 0)$，其加工程序为（　　）。

A. B5000BB10000GxSR2　　B. B5000BB10000GySR2

C. B5BB010000GySR2

12. 选择定位基准时，粗基准可以使用（　　）。

A. 一次　　B. 两次　　C. 多次

13. 为以后的工序提供定位基准的阶段是（　　）。

A. 粗加工阶段　　B. 半精加工阶段　　C. 精加工阶段

14. 制订工艺规程的最基本的原始材料是（　　）。

A. 装配图　　B. 零件图　　C. 工序图

15. 如要使脉冲放电能够用于尺寸加工时，必须满足（　　）的条件。

A. 工具电极和工件电极之间放电间隙尽可能小

B. 要持续放电　　C. 脉冲放电在一定绝缘性能的液体介质中进行

16. 模具电火花穿孔加工常用的电极结构形式有（　　）。

A. 整体式　　B. 多电极式　　C. 镶拼式　　D. 组合式

（四）综合题

1. 什么是修配装配法？

2. 导柱加工中为什么要研磨中心孔？

3. 编制零件机械加工过程时，确定其加工顺序应遵循哪些原则？

4. 编制如图 5-19 所示型芯线切割程序，分别采用 ISO 代码和 3B 代码，切割起点为 O，引入段长度 $OA=5$mm，加工顺序 $O \to A \to B \to C \to D \to A \to O$，选用钼丝直径为 $\phi 0.12$mm，单边放电间隙 $\delta=0.01$mm（尖角处不需加过渡圆弧）。

① 3B 格式；

② ISO 代码。

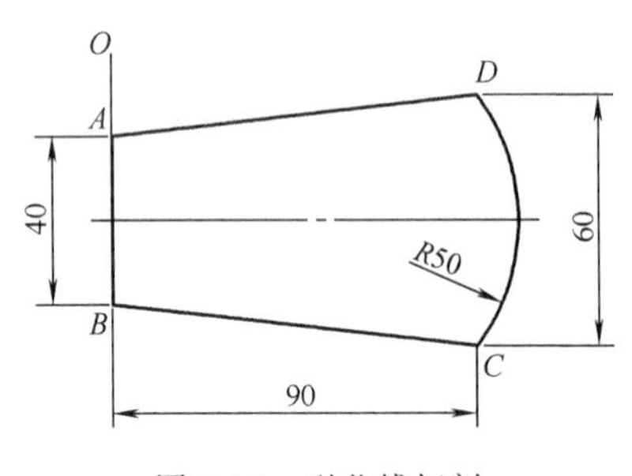

图 5-19　型芯线切割

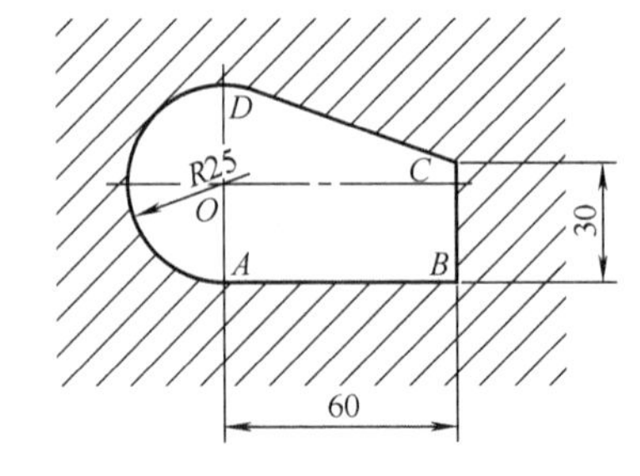

图 5-20　凹模线切割

5. 编制如图 5-20 所示凹模线切割程序，采用 ISO 代码，穿丝孔为 O 点，加工顺序 $O \to A \to B \to C \to D \to A \to O$，选用钼丝直径为 $\phi 0.18$mm，单边放电间隙 $\delta=0.01$mm（尖角处不需加过渡圆弧）。

6. 表 5-8 中是广东某大型模具企业制模术语，请仔细阅读理解并熟记。

表 5-8　制模术语

术语	含　义
拔罗	可以在 Z 方向旋转的平口钳
摆斜雕刻	在雕刻时，因有些面不易加工，把胶样摆成一定角度的加工方法
暴公	比粗公火花间隙还要大的铜公，用于粗加工
奔子孔	胶样上的一个基准孔，所有的位置都要从这个孔取数
避空	就是间隙
变形	由于内应力导致啤件的形状与尺寸发生变化
波子弹弓	内置弹弓
侧镶	镶件从侧面镶入，一般多用在行位上
插穿	两个面的侧面相接触，使料无法进入，而形成的无料区
拆铜公	使用三维绘图软件对内模或行位上需要用 EDM 加工的位置进行 CUT 操作，得到一个与内模相反的三维零件
出模	啤件在顶出机构的作用下离开模具的过程
粗公	粗加工时使用的铜公，火花间隙一般为单边 0.25
打孔图	确定模具上所要加工的孔的坐标的图纸
打盲孔	用电火花加工盲孔
打石膏钻	抛光时用的一种膏，涂在要加工零件的表面
打斜边	加工斜导柱的配合孔
打字麦	打字码
大水口	二板模
弹刀	用 CNC 加工薄壁件时产生的颤动的现象
刀把	装夹铣刀的刀柄
导边	导柱
导套	与导柱配合的套
导柱排气	避免导套内产生真空，在导套的顶面开的一个排气槽
倒扣	因为侧面角度或凹位而无法垂直出模的位置
吊孔	由于吊针形成的孔
吊针	由于壁厚不均匀而产生缩水时，在不均匀的位置加一跟针，使壁厚变均匀
调面	在雕刻时，调整胶样表面与要加工表面平行的过程
顶白	啤件外表面被顶针顶出白色痕迹
顶翻	由于顶针不平衡，顶出时啤件的顶出高度不同
顶高	因扣下模而使顶针把啤件局部顶变形
顶棍	在啤机上顶出装置
顶针包针	顶针过长或配针不当，而使顶针包在产品内
顶针出柱	用顶针的顶面来封住成型柱的底面，而使柱成型
定料	根据设计好的模图订购模坯和零件的过程
兜底镶	镶件从内模的下面镶入，直达上表面，通过整个内模，在镶件下面以台阶形式固定
反哥	型心在上模，型腔在下模的一种模具结构
放模	把加工好的模具交给客户
放样	胶样的比例放大
飞料	有料飞出模具
分模	确定分型面的过程
分型	把产品分为上下模的过程
分型资料	确定好产品的分型面，入水，顶出及行位的资料
复样	胶样的复制
隔片	把一个垂直的运水孔分为两部分的铜片
攻牙	用丝锥加工螺纹的方法
锅柱	柱的前端有一锥型孔，上大下小，起到铆钉的作用。多用于压铸模
过切	因为加工方法或道路而产生的过量切削的现象
过油石	用油石加工
合模	上下模合在一起
喉塞	堵住运水孔的平头螺丝
回针件	预复位机构，用于保护顶针，在顶针与行位或上模有干涉时使用
积碳	EDM 加工时产生的碳堆积在零件或铜公上，使被加工的零件的平面凹凸不平
基准角	模具上两条基准边的夹角
夹口	因上下模错位而产生
夹水	熔接痕
交办	把试好的啤件交给客户检验
精锣	用铣床或数控铣床进行精加工
开粗	粗加工
扣机	有尼龙扣机与机械扣机之分，主要用在三板模，起到控制开模顺序的作用
困气	因排气不好致使模内产生真空而无法进料
立体公	一个整体铜公，形状与整个上模或整个下模相同
留余量	留加工余量
流纹	由于温度或压力不够在产品表面可以看到的溶料流动的痕迹
锣正	用铣床铣平面或直角
码仔	压板和 T 型块
面镶	镶件从内模的上表面镶入一定的深度，不可到底面，下面用螺丝固定
磨角尺	用磨床磨直角
捻把	铰刀
排模	模具的排期
排位	在模图上合理布置啤件与顶针的位置
炮筒	啤机的料筒
炮头	啤机的注射头
配行位	对行位进行加工，使之与压条配合的过程
配压座	对压座进行加工，使之与行位配合
配针	装配顶针的过程
碰穿	两个面的正面相接触，使料无法进入，而形成的无料区
碰数图	EDM 打铜公时用的确定坐标的图纸
披锋	在分型面上有少量的料溢出
披士	台式平口钳
啤把	出模角度或者出模斜度
啤办	产品
啤件	产品
片弹弓	碟型弹弓
气泡	由于排气不良，而在啤件上产生凹坑
撬模槽	在模框的四个角开的槽
清角铜公	对有些直角部位，因 CNC 不能完全加工而留有余量。用来加工这些直角部位的铜公，叫清角铜公
入水水塘	啤件为透明件或要求变形较小的薄壁件入水时，采用在浇口与流道间所加的一段起到缓冲作用的位置方法，这个缓冲位置就是入水水塘

续表

术语	含　义
蛇纹	与流纹类似
省大肚	抛光时加工过量而使内模表面产生凹坑
试产	客户对新模进行试生产的过程
试运水	堵住出水口，在入水口加水并加压，看是否有漏水的情况
手板	手工制作的样板
水口	浇口
损公	损耗的铜公
锁模片	装在外面，把上下模固定在一起的铁片
镗蚀	铜公水平运动加工
通镶	镶件从内模的下面镶入，直达上表面，通过整个内模
拖花	因为出模角度不够而出模时内模把啤件刮伤
外置弹弓	暴露在外面可以看得到的弹弓
细水口	三板模
镶针出孔	用镶针成型孔
镶针出柱	用镶针的顶面来封住成型柱的底面，而使柱成型
斜导边	斜导柱
幼公	精加工时使用的铜公，火花间隙一般为单边0.07

术语	含　义
原身出	用内模加工出要成型的形状来成型的方法
圆口	抛光时因方法不当而使利角产生了倒圆角的现象
造型	用三维绘图软件对产品进行仿真绘制
胀模	扣模
照数	用中心镜对要加工部位进行坐标值确定
枕穿	两个枕位面相接触，使料无法进入，而形成的无料区
正哥	型腔在上模，型芯在下模的一种模具结构
种针	基准针，配针时以此针为基准
转水口	可以控制入水方向的一种入水装置
装办	对啤件进行装配
装配	用三维绘图软件把绘制好的三维零件组合在一起的过程
走料不齐	走料不均匀，啤件没有均匀充满
Fit 插穿	用打磨机把插穿位精加工到要求的配合公差范围
Fit 平面	用打磨机把平面精加工到要求的配合公差范围
Fit 行位	用打磨机把行位精加工到要求的配合公差范围
Fit 针	用打磨机对镶针或顶针进行磨削加工，使之达到合适的配合公差
Fit 枕位	用打磨机把枕位精加工到要求的配合公差范围

7．国家标准对 R_a 数值作了规定。不同数值所反映的表面粗糙度，以及获得该项指标的加工方法见表 5-9，查找资料后填补该表。

表 5-9　表面粗糙度

表面特征	R_a 代号	加工制作方法	适用范围
粗加工面	50　25　12.5		
半光面	6.3　3.2　1.6		
光面	0.8　0.4　0.2		
最光面	0.1　0.05　0.025		
毛坯面			

8．表 5-10 列出了几种零件的结构对比图，请在表中填写工艺性优劣原因。

表 5-10　填写工艺性优劣原因

序号	结构的工艺性不好	结构的工艺性好	说　明
1	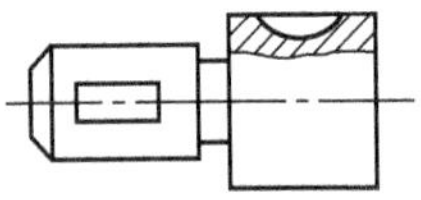	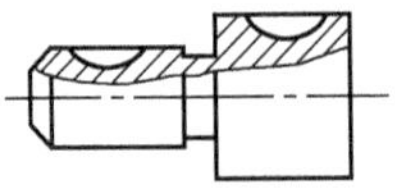	
2	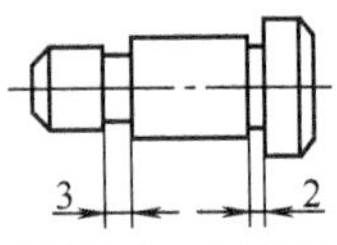 3　2	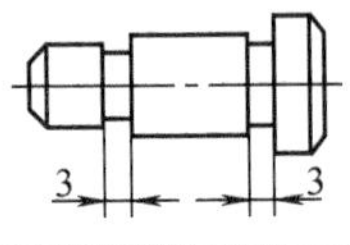 3　3	

续表

序号	结构的工艺性不好	结构的工艺性好	说　　明
3			
4			
5			
6	配作　淬硬型腔		
7			
8	淬硬	淬硬	

二、思考题（查找资料后完成）

图 5-21 为塑料制品图，外形尺寸为 390×270×140，采用防火 PC＋ABS 材质，收缩率为 0.5%，模具装配图如图 5-22 所示。模具加工时采用标准模架开框、型芯料开粗框再进行精加工等。模具设计时列出的模具采购单如表 5-11 与表 5-12 所示，模架订购图如图 5-23 所示，图 5-24 为模具的顶出位置分布图，A 板、B 板的零件图如图 5-25与图 5-26 所示。

依照以上材料，完成以下作业：

① 简要说明该模具的设计方案与要点；

② 制订该模具的报价清单；

③ 说说该模具的制造流程，并总结；

④ 编制 A 板、B 板的加工工艺卡；

⑤ 说出图 5-24 中顶出元件的类型。

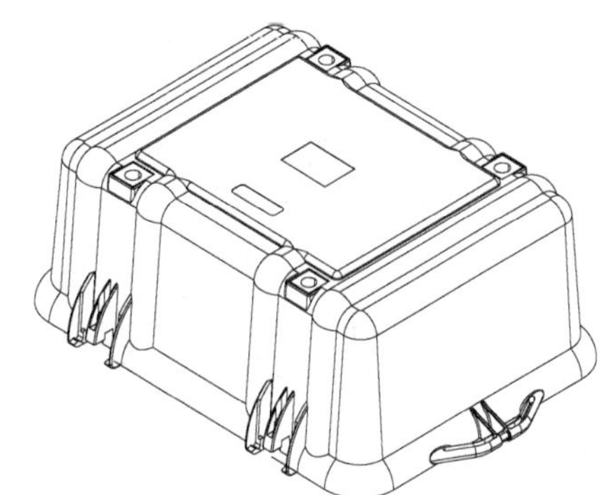

图 5-21　制品图

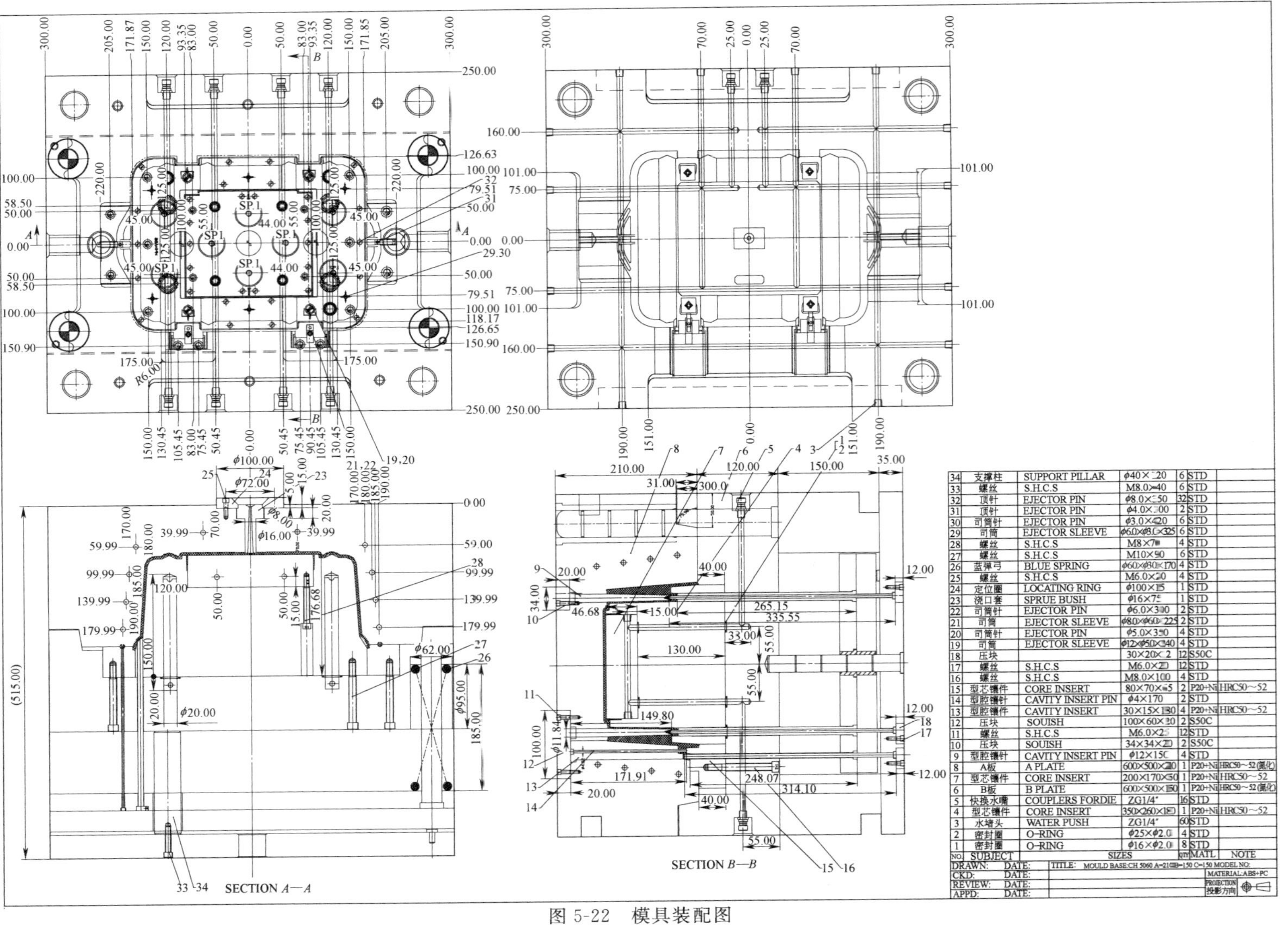

NO.	SUBJECT		SIZES	QTY	MATL	NOTE
34	支撑柱	SUPPORT PILLAR	φ40×[illegible]20	6	STD	
33	螺丝	S.H.C.S	M8.0×40	6	STD	
32	顶针	EJECTOR PIN	φ8.0×[illegible]50	32	STD	
31	顶针	EJECTOR PIN	φ4.0×[illegible]00	2	STD	
30	司筒针	EJECTOR PIN	φ3.0×420	6	STD	
29	司筒	EJECTOR SLEEVE	φ6.0×φ3.0×325	6	STD	
28	螺丝	S.H.C.S	M8×7[illegible]	4	STD	
27	螺丝	S.H.C.S	M10×90	6	STD	
26	蓝弹弓	BLUE SPRING	φ60×φ30×170	4	STD	
25	螺丝	S.H.C.S	M6.0×[illegible]0	4	STD	
24	定位圈	LOCATING RING	φ100×15	1	STD	
23	浇口套	SPRUE BUSH	φ16×7[illegible]	1	STD	
22	司筒针	EJECTOR PIN	φ6.0×3[illegible]0	2	STD	
21	司筒	EJECTOR SLEEVE	φ8.0×φ6.0×225	2	STD	
20	司筒针	EJECTOR PIN	φ5.0×3[illegible]0	4	STD	
19	司筒	EJECTOR SLEEVE	φ12×φ5.0×340	4	STD	
18	压块		30×20×[illegible]2	12	S50C	
17	螺丝	S.H.C.S	M6.0×20	12	STD	
16	螺丝	S.H.C.S	M8.0×100	4	STD	
15	型芯镶件	CORE INSERT	80×70×[illegible]5	2	P20+Ni	HRC50～52
14	型腔镶针	CAVITY INSERT PIN	φ4×170	2	STD	
13	型腔镶件	CAVITY INSERT	30×15×1[illegible]0	4	P20+Ni	HRC50～52
12	压块	SOUISH	100×60×[illegible]0	2	S50C	
11	螺丝	S.H.C.S	M6.0×2[illegible]	12	STD	
10	压块	SOUISH	34×34×20	2	S50C	
9	型腔镶针	CAVITY INSERT PIN	φ12×150	4	STD	
8	A板	A PLATE	600×500×[illegible]0	1	P20+Ni	HRC50～52(氮化)
7	型芯镶件	CORE INSERT	200×170×50	1	P20+Ni	HRC50～52
6	B板	B PLATE	600×500×150	1	P20+Ni	HRC50～52(氮化)
5	快换水嘴	COUPLERS FORDIE	ZG1/4"	16	STD	
4	型芯镶件	CORE INSERT	350×260×1[illegible]0	1	P20+Ni	HRC50～52
3	水堵头	WATER PUSH	ZG1/4"	60	STD	
2	密封圈	O-RING	φ25×φ2.[illegible]	4	STD	
1	密封圈	O-RING	φ16×φ2.0	8	STD	

DRAWN: DATE: | TITLE: MOULD BASE:CH 5060 A=210 B=150 C=150 MODEL NO:
CKD: DATE: | MATERIAL:ABS+PC
REVIEW: DATE: | PROJECTION 投影方向
APPD: DATE:

图 5-22 模具装配图

表 5-11 模架与精料清单

名称		规格	数量	材料	备注
模架		CH5060:A210×B150×C150	1	A、B板材料用P20且加工到位,需定做	
型芯镶件精料	1	81×70×65	2	P20+Ni	
	2	188×160×50	1	P20+Ni	
	3	344.8×254.3×180	1	P20+Ni	

表 5-12 模具配件采购

项目	规格	数量	材料	供应商	备注
圆顶针	EPDϕ8.0×400	32	STD		
	EPDϕ4.0×300	2	STD		
扁顶针					
有托顶针					
司筒	ϕ6.0×ϕ3.0×355	6			
	ϕ8.0×ϕ6.0×255	2			
	ϕ12.0×ϕ5.0×270	4			
司筒针	ϕ3.0×450	6			
	ϕ6.0×350	2			
	ϕ5.0×350	4			
定位圈	LRBϕ100×ϕ36	1			
浇口套	SBBϕ16×80-20	1			
快换水嘴	ZG1/4″	16			
密封圈	ϕ25×ϕ2.0	4			
	ϕ16×ϕ2.0	8			
螺钉	M8.0×40	6	STD		
	M8.0×70	4	STD		
	M10.0×90	6	STD		
	M6.0×20	16	STD		
	M8.0×100	4	STD		
	M6.0×20	12	STD		
内六角盘头螺丝					

续表

项　　目	规　　格	数量	材料	供应商	备注
螺塞	ZG1/4″	60			
T 型定位辅助器					
圆形定位辅助器					
拨珠					
弹簧	ϕ60×ϕ30×170(蓝色)	4			
导柱					
其他					

注：易损耗件（如顶针、密封圈等），可在模具设计需要数量的基础上增加 5%～10%。

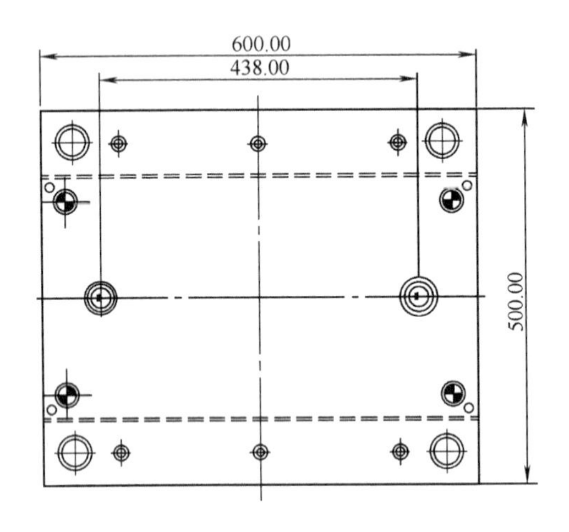

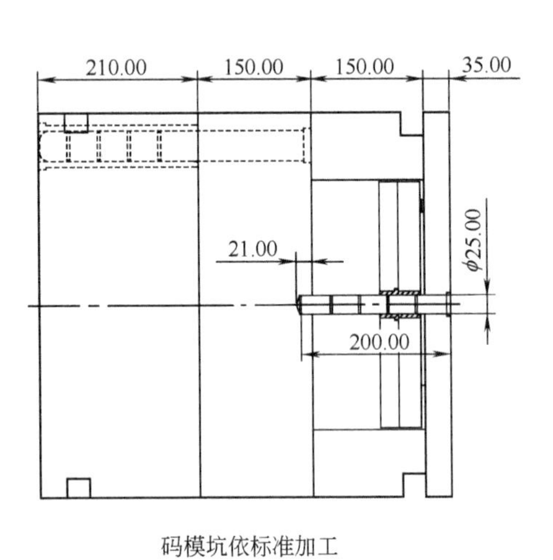

码模坑依标准加工

600.00

图 5-23　模具订购图

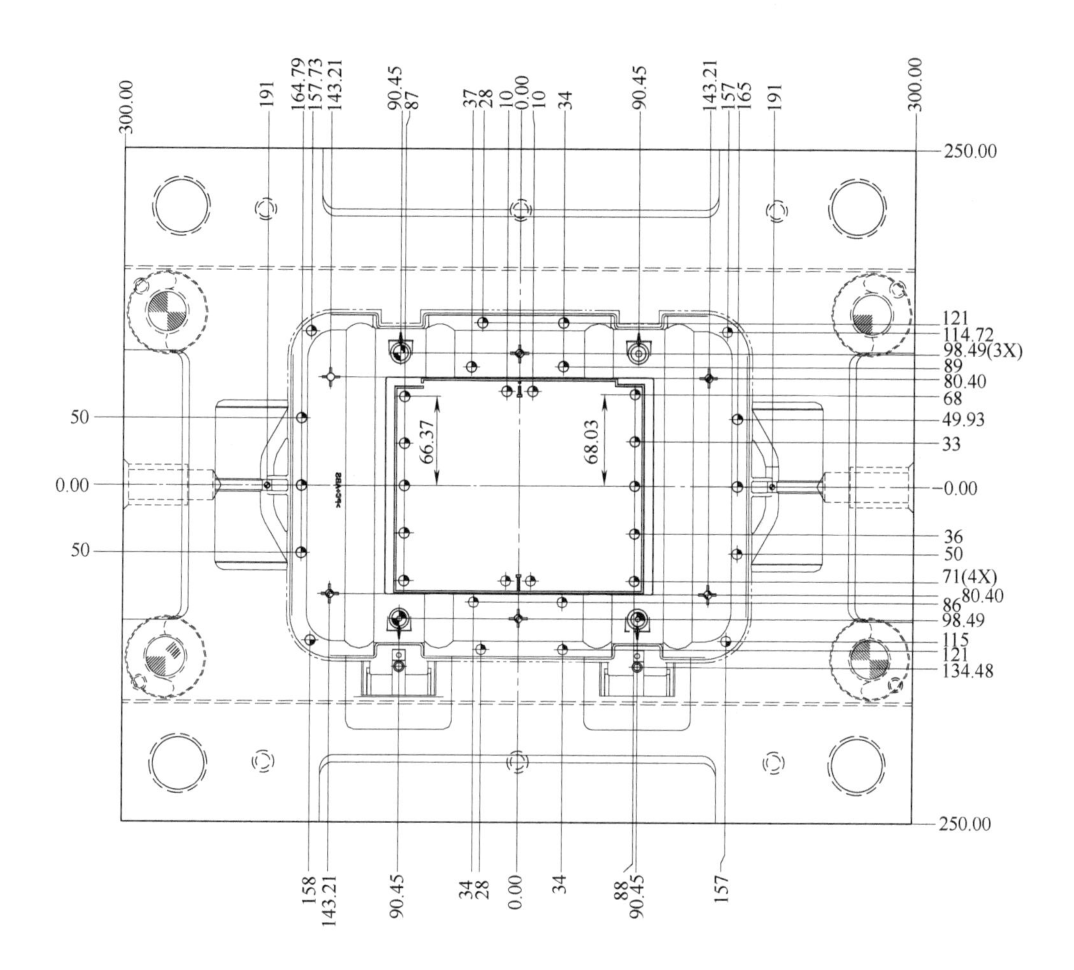

样式	规　格	数量
	ϕ8.0×350	32
	ϕ6.0×ϕ3.0×325	6
	ϕ8.0×ϕ6.0×225	4
	ϕ4.0×300	2
	ϕ12.0×ϕ5.0×ϕ240	2

图 5-24　模具的顶出位置分布图

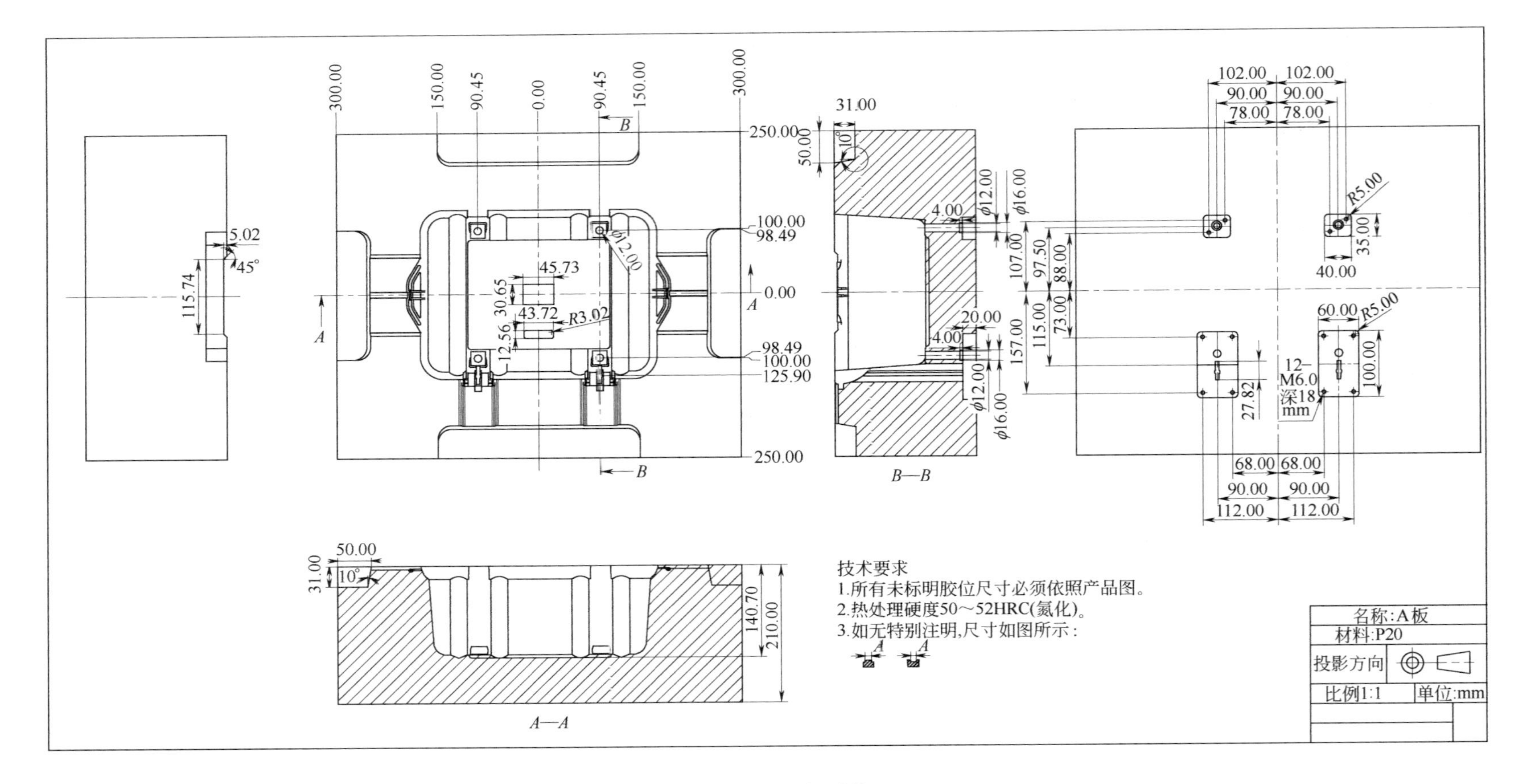
A—A
B—B
技术要求
1.所有未标明胶位尺寸必须依照产品图。
2.热处理硬度50～52HRC(氮化)。
3.如无特别注明,尺寸如图所示:
名称:A板
材料:P20
投影方向
比例1:1
单位:mm
12-M6.0深18mm

图 5-25 A 板零件

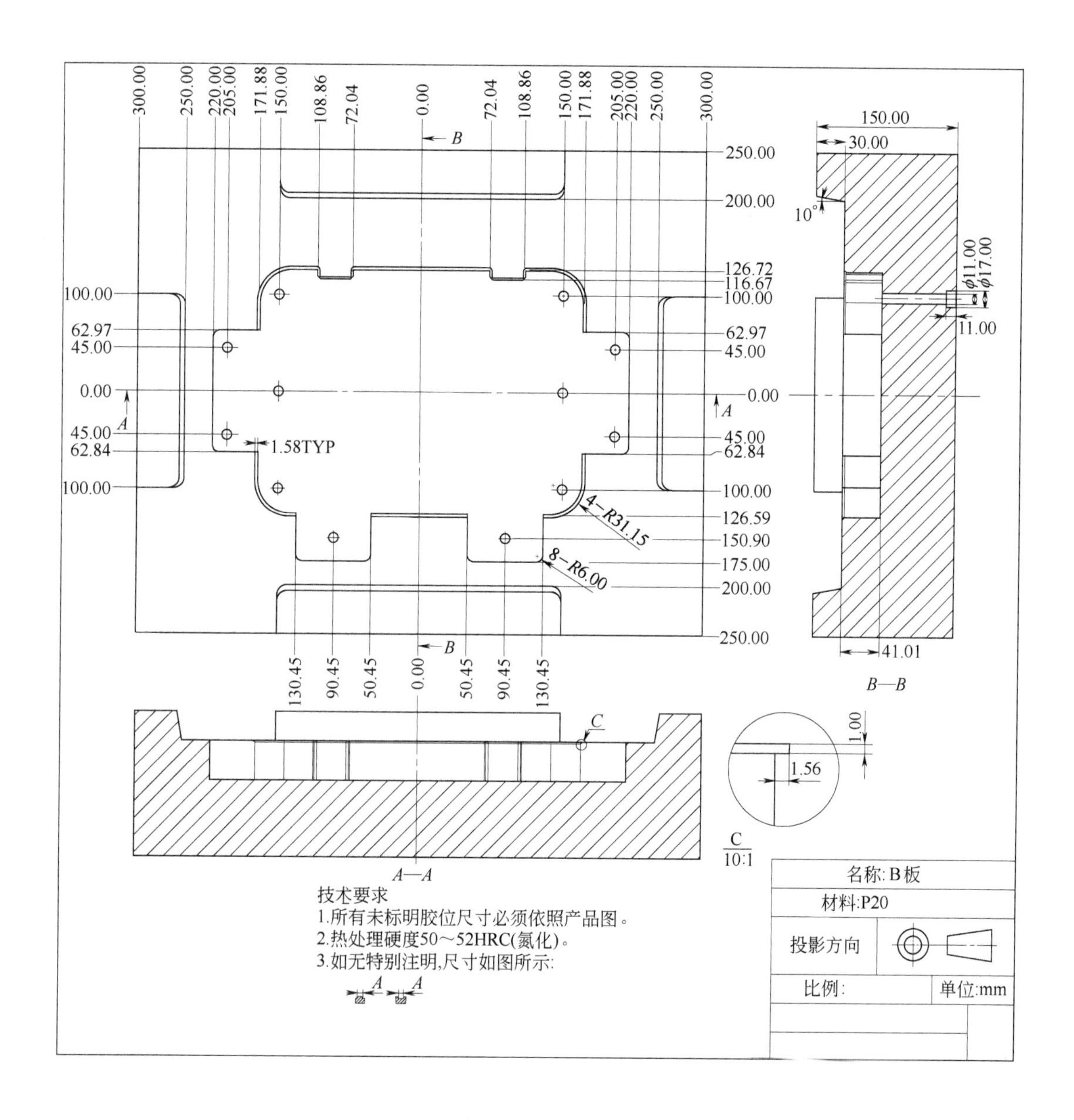

图 5-26　B 板零件

三、测试

1．认真识读图 5-27 所示的模架开框图，模架参数是 3040DCI，A80、B110、C90，所有棱角边都要倒 1×45°角。

查找资料，完成以下作业：

① 模架参数 3040DCI 的含义是什么？

② 对标准模架进行开框，一般来讲模架的哪些零件需要加工？需要哪些加工设备？加工时关键的要求是什么？

③ 该模具一模几腔？是否有抽芯机构？如果有抽芯，行位在动模还是定模？

④ 该模具可能采用的脱模机构或元件会有哪些？最不可能的顶出元件是哪些？为什么？

⑤ 列出该模架零件的清单，制订出定模板与动模板的加工工艺。

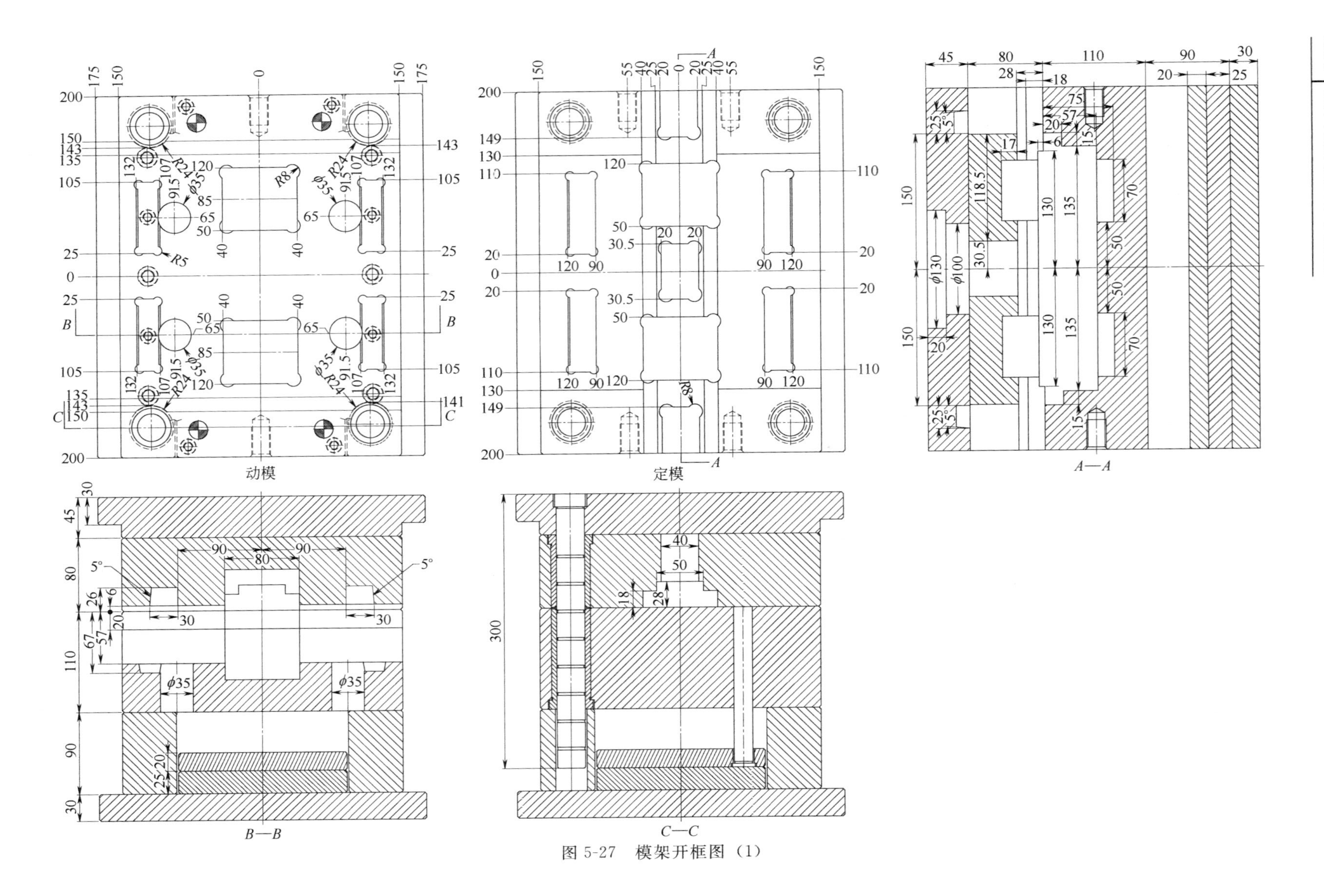

图 5-27 模架开框图（1）

2. 认真识读图 5-28 所示的模架开框图，模架参数是 5065DCI，A185、B165、C120（非标准），边钉、回针、AB 板吊模孔按图示位置加工，其他按标准依图位置增加四支 ϕ30 的中托边，B 板加做四个 30×30×5（深）撬模坑，所有棱角边都要倒 1×45°倒角。

查找资料，完成以下作业：

① 标准模架与非标准模架的主要区别是什么？

② 模架开框图应当什么时候完成最合适？根据开框图绘制模架的订购图。

③ 该模具一模几腔？是否有抽芯机构？如果有抽芯，行位在动模还是定模？

④ 列出该模架零件的清单，制订出定模板与动模板的加工工艺。

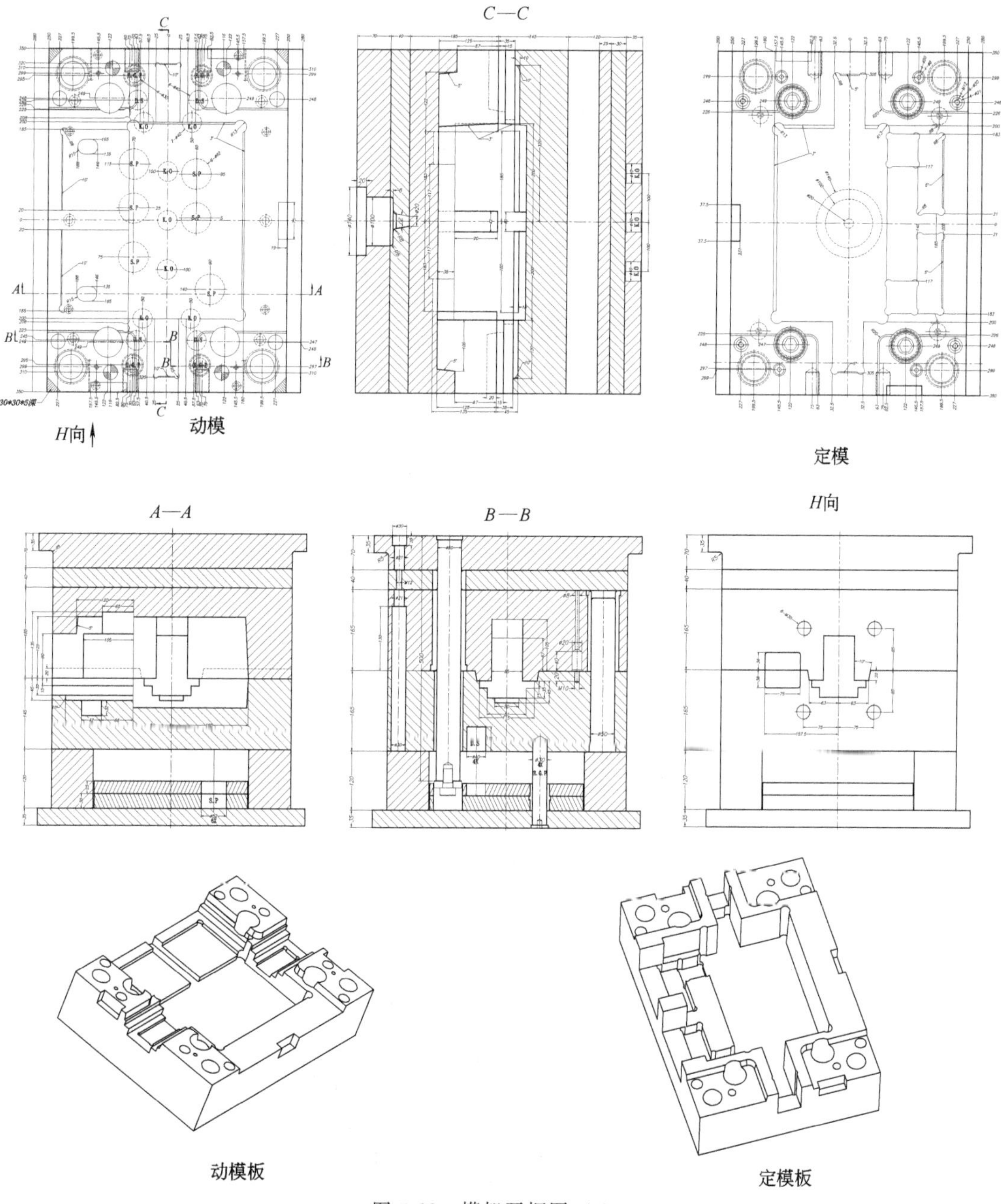

图 5-28　模架开框图（2）

3. 图 5-29 为一型腔的两种不同结构的示意图，请按要求答题。

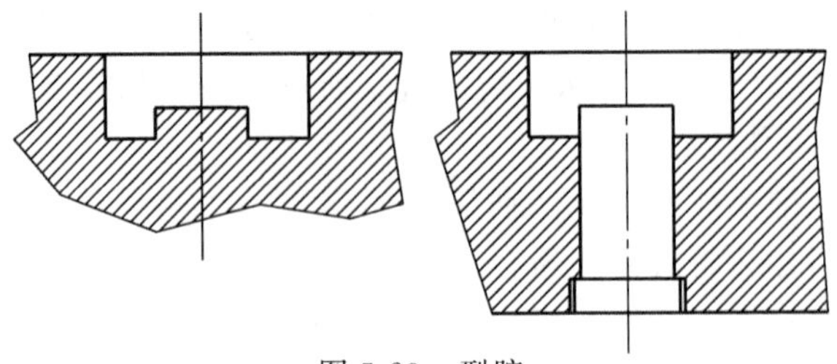

图 5-29　型腔

① 说说两种结构的优缺点。

② 左图结构可以采用哪些加工方法？右图结构可以采用哪些加工方法？比较两种结构在加工上的不同。

③ 设计第三种同功能的结构，并制订加工工艺。

4. 图 5-30 为一模板的零件图，请按要求答题：

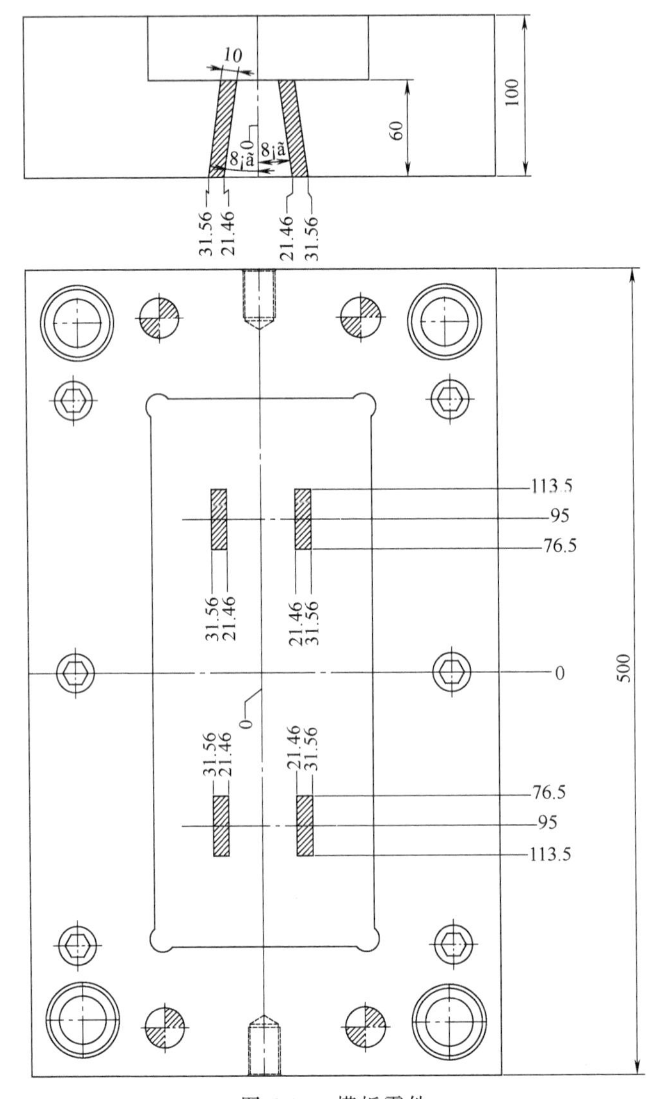

图 5-30　模板零件

① 指出零件上各孔框的名称，如果模具为标准模架，到模具厂以后该零件上哪些部位需要加工？

② 该零件是动模侧零件还是定模侧零件？最可能是什么零件？为什么？

③ 请用 3B 与 ISO 两种格式编写零件上最适合线切割加工部位的线切割程序。

5. 图 5-31 为一模具的零件图，请按要求答题：

① 该零件是动模侧零件还是定模侧零件？最可能是什么零件？为什么？

② 该零件选材有什么要求？请选择三种可行的材料。

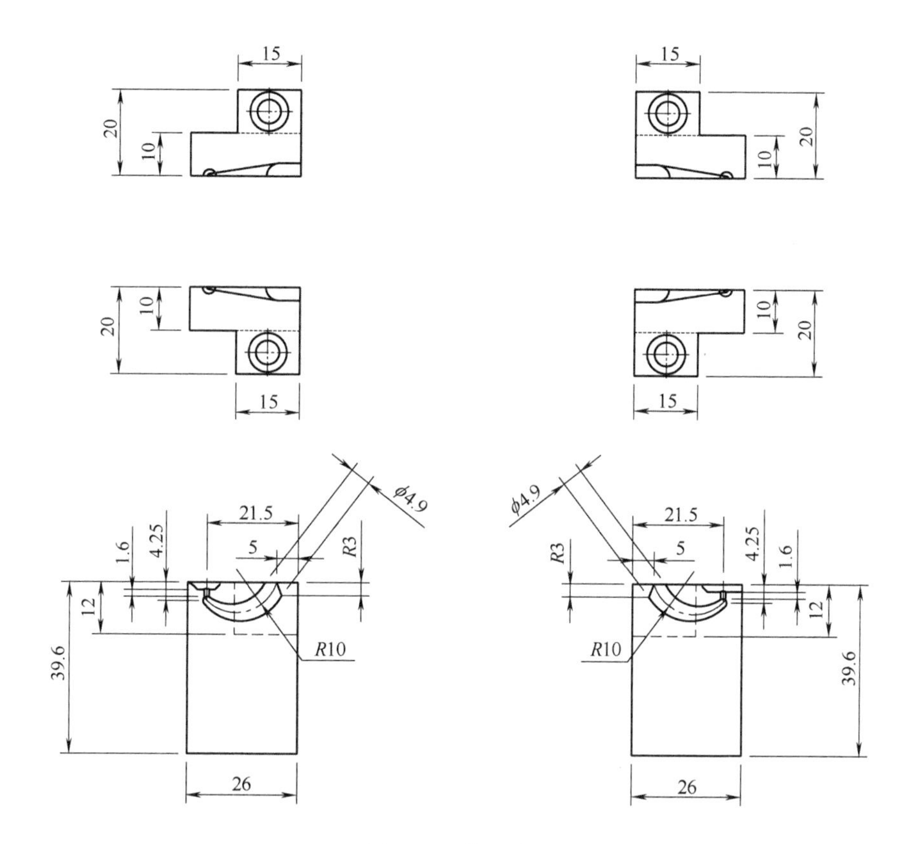

图 5-31　模具零件

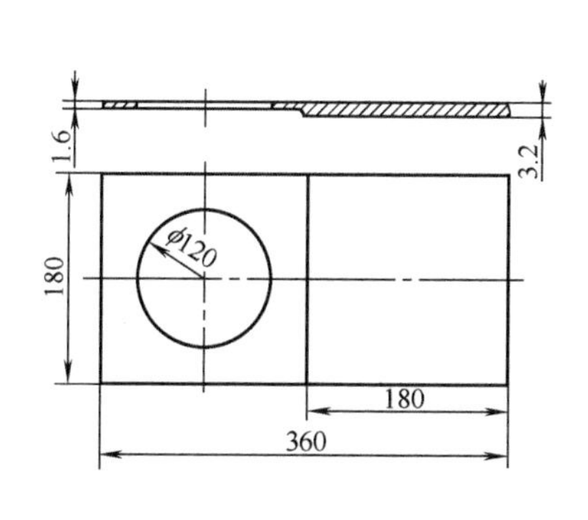

图 5-32　题 6 图（1）

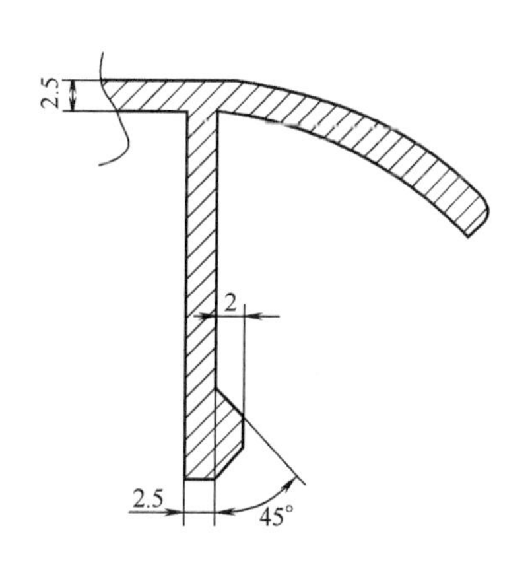

图 5-33　题 6 图（2）

③ 编制该零件的加工工艺。

6. 以下是广东某大型模具企业招聘模具师的面试问卷，学完本书后（包括做完本书的所有练习）请自我测试，看看学习效果。

① 请尽可能多地写出浇口类型及特点（10 分）。

② 在图 5-32 上画出浇口类型及位置（可附文字说明）（20 分）。

③ 请指出图 5-33 所示产品有哪几种顶出方式（配简图）（20 分）。

④ 请写出下列钢材的特性及适用的塑料粒子（10 分）：

P20　　2738

H13　　NAK80

S136　　S136H

⑤ 请写出下列塑料粒子的特性（常用缩水、填充性能、模温、料温及吸湿性等）（10 分）：

PP、ABS、PA6、PMMA

⑥ 请写出下列标准件的基本参数及一般换算关系（10 分）：

螺纹、轴承、齿轮

⑦ 请写出注塑成型原理及影响因素（10 分）。

⑧ 请写出模仁的一般加工工艺流程（10 分）。

参 考 文 献

[1] 申开智. 塑料模具设计与制造. 北京：化学工业出版社，2006.

[2] 许发樾. 实用模具设计与制造手册. 第 2 版. 北京：机械工业出版社，2005.

[3] 陈为. 数控铣床及加工中心编程与操作. 北京：化学工业出版社，2007.

[4] 李贵胜. 模具机械制图. 北京：电子工业出版社，2006.

[5] 付宏生，刘京华. 塑料制品与塑料模具设计. 北京：化学工业出版社，2007.

[6] 邓万国. 塑料成型工艺与模具结构. 北京：电子工业出版社，2006.

[7] 翁其金. 塑具设计与制造实验指导书. 第 2 版. 北京：机械工业出版社，2004.